Karl Kurbel

Modellierung betrieblicher Informationssysteme

De Gruyter Studium

Weitere empfehlenswerte Titel

ERP und SCM
Enterprise Resource Planning und Supply Chain Management in der Industrie
Karl Kurbel, 2020
ISBN 978-3-11-070118-0, e-ISBN 978-3-11-070120-3

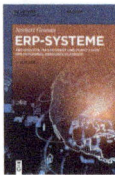

ERP-Systeme
Architektur, Management und Funktionen des Enterprise Resource Planning
Norbert Gronau, 2021
ISBN 978-3-11-066283-2, e-ISBN 978-3-11-066339-6

Einführung in die Wirtschaftsinformatik
Ein fallstudienbasiertes Lehrbuch
Michael A. Bächle, Stephan Daurer, Arthur Kolb, 2021
ISBN 978-3-11-072225-3, e-ISBN 978-3-11-072226-0

AutomationML
Das Lehrbuch für Studium und Praxis
Rainer Drath, 2022
ISBN 978-3-11-078293-6, e-ISBN 978-3-11-078299-8

Personalized Human-Computer Interaction
Hrsg.: Mirjam Augstein, Eelco Herder, Wolfgang Wörndl, 2023
ISBN 978-3-11-099960-0, e-ISBN 978-3-11-098856-7

Karl Kurbel

Modellierung betrieblicher Informationssysteme

Modelle, Methoden und Werkzeuge

DE GRUYTER
OLDENBOURG

Autor

Prof. Dr. Karl Kurbel ist emeritierter Professor für Wirtschaftsinformatik an der Europa-Universität Viadrina in Frankfurt (Oder).

ISBN 978-3-11-106319-5
e-ISBN (PDF) 978-3-11-106384-3
e-ISBN (EPUB) 978-3-11-106403-1

Library of Congress Control Number: 2023944140

Bibliografische Information der Deutschen Nationalbibliothek
Die Deutsche Nationalbibliothek verzeichnet diese Publikation in der Deutschen Nationalbibliografie; detaillierte bibliografische Daten sind im Internet über
http://dnb.dnb.de abrufbar.

© 2024 Walter de Gruyter GmbH, Berlin/Boston
Coverabbildung: Mit freundlicher Genehmigung von MIDRC (https://midrc.org) erstellt.
Satz: VTeX UAB, Lithuania
Druck und Bindung: CPI books GmbH, Leck

www.degruyter.com

Vorwort

Modellieren ist der Einstieg in die Softwareentwicklung. „Modeling is the designing of software applications before coding", schreibt der für UML (Unified Modeling Language) verantwortliche Vizepräsident der Object Management Group [Siegel 2005]. Und in der Tat, mit der Erstellung geeigneter Modelle ist ein betriebliches Informationssystem umfassend und aus allen Blickwinkeln beschrieben.

Dieses Buch folgt einem pragmatischen Ansatz. Anders als bei anderen Werken zur Modellierung stehen nicht modelltheoretische Erörterungen, sondern der Zweck der Modellierung im Vordergrund: Am Ende möchte man ein funktionsfähiges Softwaresystem haben. Es soll die Organisation, welche die Entwicklung beauftragt hat, darin unterstützen, ihre Aufgaben gemäß der spezifizierten Anforderungen zu lösen. Modellierung hilft, die zu bewältigenden Probleme zu durchdenken, zu verstehen, zu zerlegen und zu strukturieren.

Als Beispiel stelle man sich einen neuen Lieferdienst vor, der in einen bereits gut besetzten Markt einsteigen und sich gegen den Wettbewerb durchsetzen möchte. Dazu muss er sein Geschäft besser organisieren als die anderen. Effektive Informationssysteme können eine Schlüsselrolle spielen, und eine systematische Modellierung trägt entscheidend zum Entwicklungserfolg bei.

Was gibt es zu bedenken? Die Geschäftsprozesse und Arbeitsabläufe müssen für Kunden und Mitarbeiter reibungslos funktionieren, das enorme Datenvolumen (Bestellungen, Lieferanten, Speisekarten, Kundenstammdaten und -präferenzen etc.) muss effizient bewältigt werden, die Organisation des Unternehmens muss den Geschäftsprozessen entsprechen, und die Ziele des Unternehmens müssen mithilfe angemessen modellierter Funktionen unterstützt werden, sodass sie letztlich in Softwarefunktionalität umgesetzt werden können.

Für jeden dieser Aspekte gibt es erprobte Modellierungsansätze. Diese werden in dem Buch systematisch behandelt. Sie führen zu Prozessmodellen, Datenmodellen, Organisationsmodellen und Funktionsmodellen.

Das zu entwickelnde Informationssystem wird nicht das einzige System des Lieferdiensts sein, sondern mit anderen Systemen zusammenarbeiten müssen. Aus dieser Sicht sollten die diversen Systeme der Anwendungslandschaft so integriert werden, dass sie effektiv kooperieren. Mit Blick auf den Einsatz des Systems bzw. der gesamten Anwendungslandschaft ist schließlich auch eine angemessene IT-Infrastruktur vorzusehen. Im zweiten Teil des Buchs wird deshalb, neben weiterführenden Themen, die Modellierung von Prozesslandschaften, Anwendungssystemlandschaften und IT-Infrastrukturen erörtert.

Eine Fallstudie zur integrierten Modellierung rundet das Buch ab. Hier wird auf Basis eines Modellunternehmens die Anwendung der verschiedenen Modelltypen und ihre Integration demonstriert. Ein kurzer Epilog zum Abschluss des Buchs blickt zurück und deutet an, was man sich nach erfolgreicher Modellierung noch so wünschen könnte.

https://doi.org/10.1515/9783111063843-201

Das Buch wurde sowohl für Studierende, Einsteiger als auch für Praktiker geschrieben. Theoretische Erörterungen zur Modellierung rücken zugunsten praktischer Hilfestellungen in den Hintergrund. Dies schlägt sich nicht zuletzt darin nieder, dass auch auf Modellierungswerkzeuge eingegangen wird. Werkzeuge werden nicht nur thematisiert, sondern in den zahlreichen Abbildungen auch praktisch benutzt. Das heißt, der überwiegende Teil der Abbildungen wurde mit in der Praxis verbreiteten Modellierungswerkzeugen erstellt.

Zu den Modellierungsansätzen und -werkzeugen ist anzumerken, dass in der Welt betrieblicher Informationssysteme im Wesentlichen zwei große „Modellierungswelten" existieren: ARIS (Architektur integrierter Informationssysteme) und UML. Beide haben ihre Vor- und Nachteile. Modelle aus beiden Welten werden erläutert und in den Beispielen benutzt. Etwas stärkeres Gewicht liegt auf der ARIS-Welt, die in der Wirtschaftsinformatik (und in der Praxis) weit verbreitet ist.

Viel Spaß beim Studieren und Modellieren!

Karl Kurbel

Inhalt

1 Einführung

Der Titel dieses Buchs lautet „Modellierung betrieblicher Informationssysteme". Deshalb erscheint es zweckmäßig, als Erstes zu klären,

1) was ein „betriebliches Informationssystem" ist,
2) was „modellieren" bedeutet und
3) warum man überhaupt modellieren will.

1.1 Was ist ein betriebliches Informationssystem?

Es gibt viele engere und weitere Beschreibungen und Definitionen
des Begriffs „betriebliches Informationssystem". In der Wirtschaftsinformatik spricht man häufig von *sozio-technischen Systemen* oder
Mensch-Aufgabe-Technik-Systemen. Damit soll zum Ausdruck gebracht
werden,

Sozio-technische
Systeme,
Mensch-Aufgabe-
Technik-Systeme

- dass Informationssysteme da sind, um (betriebliche) Aufgaben zu erledigen,
- dass sie Menschen bei ihrer Arbeit unterstützen und
- dass hierzu (Computer-) Technik benutzt wird (insbes. Softwaretech-
  nik).

Im Sprachgebrauch meint man mit Informationssystem meist ein (größe-
res) *Softwaresystem*. Oft wird auch der Begriff *Anwendungssystem* verwendet. Dieser ist historisch begründet:

In den Anfängen der Datenverarbeitung war es üblich, *Systemsoft-
ware*, d. h. Betriebssysteme und sog. systemnahe Software (z. B. Compi-
ler), von *Anwendungssoftware* (z. B. Lohn- und Gehaltsabrechnung, Materialbedarfsplanung) zu trennen. Später entstanden – als Synonyme zu
„Anwendungssystem" – die Begriffe *Applikation* (oder *Applikationssys-
tem*). Heute spricht man überwiegend verkürzt von *„App"*.

„Anwendungssystem"
(und andere Begriffe)

Definition. Im engeren Sinne ist ein *betriebliches Informationssystem
(IS)* ein computergestütztes System für betriebliche Aufgabenstellungen,
bei dem die Erfassung, Verarbeitung, Speicherung und Übertragung von
Informationen durch den Einsatz von Informationstechnik automatisiert ist [Gabriel 2019].

Definition
Informationssystem (IS)

Im weiteren Sinne wird unter den Begriff das (Gesamt-) System eines Betriebs verstanden, das Informationen erzeugt, benutzt und kommuniziert, bestehend aus Menschen, Maschinen (Computer, Netzwerke,
Kommunikationseinrichtungen) und Software.

In der Wirtschaftsinformatik ist die engere Auslegung des Begriffs
am weitesten verbreitet; sie wird auch in diesem Buch zugrunde gelegt.

https://doi.org/10.1515/9783111063843-001

Ein Informationssystem in diesem Sinne löst entweder Aufgaben selbstständig, oder es stellt Benutzern auf den verschiedenen Organisationsebenen geeignete Informationen, die sie zur Lösung ihrer Aufgaben benötigen, zur Verfügung.

Informations- und
Kommunikationssystem
(IKS)

Da die Bedeutung von Informationssystemen zu einem wesentlichen Teil daher rührt, dass die Informationen *kommuniziert*, d. h. übertragen werden, spricht man auch von „Informations- und Kommunikationssystemen (IKS)" statt nur von „Informationssystemen". Damit wird der Kommunikationsaspekt stärker betont. Gebräuchlicher ist aber die Bezeichnung *Informationssystem*, worin die „Kommunikation" dann einfach mit eingeschlossen ist.

1.2 Zwecke und Ebenen der Modellierung

1.2.1 Modelle

Modellieren bedeutet, ein Modell zu erstellen. Dies führt als Erstes zu der Frage: Was ist ein Modell?

Modellbegriff

Ein *Modell* ist eine vereinfachte Abbildung eines Ausschnitts der Wirklichkeit. Ein Modell wird üblicherweise in einer geeigneten Darstellungsform beschrieben (z. B. mithilfe grafischer Symbole mit definierter Semantik, mit mathematischen Gleichungen und/oder Ungleichungen, in einer Modellierungssprache o. a.).

„Vereinfacht" bezieht sich darauf, dass nicht alle Aspekte der Wirklichkeit dargestellt werden, sondern nur die für den vorliegenden Zweck relevanten bzw. diejenigen, die der Modellierer berücksichtigen möchte. Vereinfachung kann sich auch daraus ergeben, dass es zu aufwendig wäre, alle Details des gewählten Ausschnitts der Wirklichkeit in das Modell aufzunehmen.

Beispiel
Modelleisenbahn

Beispielsweise werden bei einer *Modelleisenbahn* (genauer: dem Modell einer Eisenbahnstrecke mit Zügen und Haltestellen im Gelände) sicherlich Objekte wie Gleise, Weichen, Lokomotiven, Waggons, Bahnhöfe, Brücken, Schranken etc. sowie ihre Beziehungen zueinander berücksichtigt werden.

Andere Aspekte, die bei realen Bahnstrecken eine Rolle spielen, wird man dagegen weglassen, beispielsweise:

*   Absicherung gegen wetterbedingte Einflüsse wie Starkregen oder Schneesturm – *bewusstes Setzen der Modellgrenzen*
*   Antriebsart der PKWs, die an Bahnschranken warten – *nicht relevant*
*   Klimaanlagen in den Waggons – *zu viel Detail*

Ob die Signale an Bahnübergängen blinken sollen, wenn sich ein Zug nähert, oder nicht ist eine Entscheidung, die der Modelleisenbahnbauer bewusst treffen (und umsetzen) kann.

Ein IT-näheres Beispiel (Datenmodellierung): Ein großes betriebliches Informationssystem (z. B. ein ERP-System – Enterprise-Resource-Planning-System) unterstützt zahlreiche Geschäftsprozesse; eine Vielzahl von Benutzern arbeitet mit dem System. Die Datenbank des Systems hat Hunderte oder Tausende von Tabellen, auf die in den verschiedensten Geschäftsprozessen von diversen Programmen des Informationssystems und von zahlreichen Benutzern zugegriffen wird.

Bei der Modellierung des Informationssystems wird man die verschiedenen Sichten trennen und nicht alles auf einmal modellieren, sondern zum Beispiel die Datenbank für sich, die Geschäftsprozesse für sich und die Benutzer mit ihren Zugriffsrechten für sich. Alles zusammen zu modellieren wäre viel zu komplex.

Bei der Erstellung des *Datenmodells* konzentriert man sich dann auf die Datenobjekte und ihre Beziehungen zueinander. Die Geschäftsprozesse, in denen die Daten verwendet werden, lässt man erst mal weg, ebenso die Organisationseinheiten, welche die Daten benutzen sollen. Diese Sichten auf das Informationssystem werden separat, in eigenen Modellen, behandelt, was erheblich zur Vereinfachung beiträgt. | *Beispiel Datenmodell*

Eine weitere Vereinfachung besteht darin, dass man sich auf einer gewissen Abstraktionsebene bewegt und von implementierungstechnischen Fragestellungen absieht. Bei der Erstellung des Datenmodells wird man z. B. davon abstrahieren, auf welchen konkreten Magnetplattenspeichern oder SSD-Laufwerken die Daten letztlich abgelegt werden, oder ob die Datenbank auf einen oder mehrere Server im Netzwerk verteilt wird. Dies sind Fragestellungen, die zwar auch zu einem lauffähigen Informationssystem gehören, aber nicht zum Datenmodell. Sie werden auf einer anderen Ebene angegangen. | *Abstrahieren*

Wie diese Beispiele schon zeigen, wendet man beim Modellieren einige grundlegende *Prinzipien* an [Hansen et al. 2019, S. 130 ff.]: | *Modellierungsprinzipien*

- *Partitionierung* – bezeichnet die Zerlegung eines großen Problems oder Sachverhalts in einzelne, weitgehend isolierbare Teilbereiche.
- *Projektion* – bedeutet Betrachtung eines Sachverhalts aus einer bestimmten Perspektive. Dabei werden Sachverhalte weggelassen, die für diese Perspektive nicht relevant sind.
- *Abstraktion* – bezeichnet das Ausblenden von Details und ermöglicht so die Konzentration auf die wesentlichen Sachverhalte.

Eingangs wurde die Frage aufgeworfen, warum man überhaupt modelliert. Der Antwort nähert man sich am besten mit einer Gegenfrage: | *Wozu modellieren?*

Was ist die Alternative? Man stelle sich ein großes Informationssystem vor, das am Ende aus Hunderttausenden von Programmzeilen und Hunderten von Datenbanktabellen mit Tausenden von Attributen bestehen wird.

Das Projektteam wird nicht planlos anfangen, einfach Programmcode drauflos zu schreiben oder Felder einer Tabelle zu definieren, ohne sich vorher Gedanken über den riesengroßen „Rest" des Systems zu machen, d. h. über:

- die *Geschäftsprozesse*, die das System unterstützen soll, und die Programme, die dies letztlich leisten,
- die *Daten*, die in den Prozessen benötigt bzw. erzeugt werden (z. B. Kundendaten, Artikeldaten, Lieferantendaten, Betriebsmitteldaten, Kundenaufträge, Fertigungsaufträge u. v. a.),
- die *Softwarearchitektur* und die *Systemstruktur* (d. h., aus welchen Komponenten wird das Informationssystem insgesamt softwaretechnisch zusammengesetzt?),
- die *Benutzer* bzw. *Organisationseinheiten*, die mit dem System arbeiten werden,
- die *anderen Informationssysteme* des Unternehmens, die weiterhin betrieben werden und mit denen das System zusammenarbeiten muss,
- u. v. a.

Modelle dienen dazu, die verschiedenen Sichtweisen auf das Informationssystem erst einmal zu erfassen und geeignet zu dokumentieren. Später werden die Modelle dann nach und nach in ein lauffähiges Informationssystem überführt.

1.2.2 Modellierungszwecke und Modellierungsebenen

Modelle werden nicht nur zu Dokumentationszwecken erstellt, sondern bringen auch eine Reihe weiterer Vorteile mit sich:

Vorteile von Modellen
- *Übersichtlichkeit*: Ein Modell erleichtert den Überblick über den modellierten Sachverhalt und die wichtigsten Zusammenhänge.
- *Verständnis*: Der Prozess des Modellierens hilft dabei, ein besseres Verständnis des zukünftigen Informationssystems bzw. der gewünschten Funktionsweise zu erlangen.
- *Formalisierung*: Je nach verwendeter Notation trägt ein Modell dazu bei, die modellierten Sachverhalte zu präzisieren. Bei einem formalen oder semi-formalen Modell ist dies noch stärker der Fall als bei einem rein verbalen Modell.

- *Spezifikation*: Das Modell stellt eine abstrakte Beschreibung eines Ausschnitts des Informationssystems dar. Es kann als Spezifikation betrachtet werden und somit den „nächsten Schritt" bei der Umsetzung erleichtern.
- *Dokumentation*: Das Modell dient zur Dokumentation des modellierten Sachverhalts. Dieser wird für Dritte besser nachvollziehbar, und spätere Änderungen des Systems werden erleichtert.

Durch Anwendung der Modellierungsprinzipien Projektion, Partitionierung und Abstraktion vereinfacht sich die Modellierungsaufgabe, indem anstelle eines sehr großen Gesamtmodells mehrere Teilmodelle erstellt werden. Die Teilmodelle sind kleiner und damit besser handhabbar.

Vereinfachung durch Teilmodelle

Das *Prinzip „Projektion"* erlaubt es, das Informationssystem (nur) aus einer bestimmten Sichtweise (oder Perspektive) zu betrachten und andere Perspektiven auszublenden. So kann man sich beispielsweise auf die Perspektive der *Daten* konzentrieren und die anderen Perspektiven – Prozesse, (System-) Funktionen, Organisationsstruktur etc. – einfach ausblenden.

Prinzip „Projektion"

Das *Prinzip der „Abstraktion"* erlaubt es, von Umsetzungsdetails bzw. Verfeinerungen erst mal abzusehen. Dies kann sich über mehrere Ebenen (Abstraktionsebenen) fortsetzen. Die unterschiedlichen Abstraktionsebenen spielen bei der Modellierung eines betrieblichen Informationssystems eine wichtige Rolle.

Prinzip „Abstraktion"

In einem weitverbreiteten Modellierungsansatz, den wir später noch ausführlicher betrachten werden (ARIS – Architektur integrierter Informationssysteme), spricht man von „Beschreibungsebenen" (vgl. Abbildung 1.1). Die geschwungenen Linien rechts deuten den Detaillierungsgrad an, von grob (oben) hin zu fein (unten).

Beschreibungsebenen

Angenommen, das zugrunde liegende Projekt steht relativ am Anfang. Zunächst sind die groben Zusammenhänge und Strukturen des Informationssystems zu definieren. Ausgehend von der betriebswirtschaftlichen Problemstellung wird das Informationssystem auf verschiedenen Ebenen modelliert – erst einmal fachlich, später DV-näher, dann implementierungstechnisch.

Betrachtet man als Beispiel wieder die Perspektive der Daten (Datensicht), so ist es zunächst erforderlich, die wichtigsten Datenobjekte anzugeben, die in dem zukünftigen System eine Rolle spielen (z. B. Bestellungen, Angebote, Aufträge, Lieferanten, Kunden, Artikel etc.), sowie ihre Beziehungen zueinander. In ARIS erfolgt dies mithilfe von Entity-Relationship-Modellen, auf die später noch ausführlicher eingegangen wird (vgl. „Fachkonzept"-Ebene in Abbildung 1.2).

Datensicht

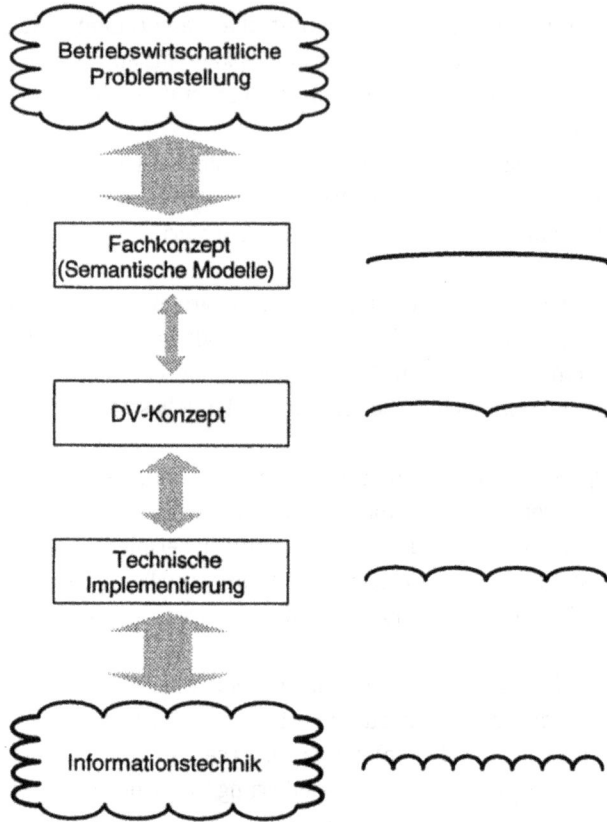

Abb. 1.1: Beschreibungsebenen in ARIS [Scheer 1997, S. 15].

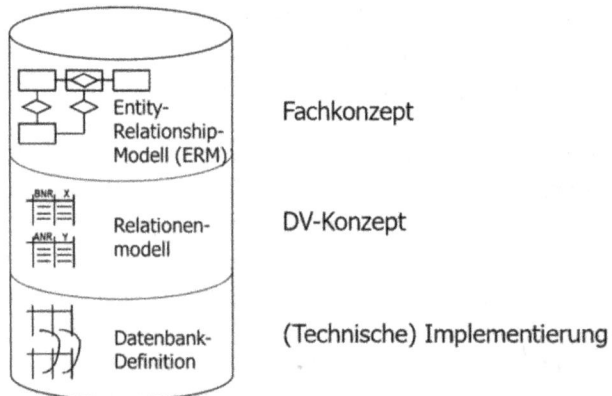

Abb. 1.2: Beschreibungsebenen für die Datensicht in ARIS [Scheer 1997, S. 82].

Auf der Ebene des Fachkonzepts kommt es *nicht* darauf an, bereits zu wissen, wie die Datenobjekte im Detail aussehen werden oder welche Datenbanktabellen mit welchen Primär- und Fremdschlüsseln angelegt werden müssen. Dies sind Eigenschaften, die erst später, auf der „DV-Konzept"-Ebene modelliert werden.

Noch weniger kommt es darauf an, bereits jetzt festzulegen, wie die Datenbankdefinitionen in der Datenbankbeschreibungssprache (DDL – Data Definition Language) des zu verwendenden Datenbankmanagementsystems formuliert werden müssen – in SQL also die zahlreichen „Create Table"-Statements. Dies erfolgt später, auf der Ebene „Implementierung".

Daten werden mehrmals modelliert, auf unterschiedlichen Abstraktionsebenen

Man modelliert also die gleichen Daten mehrmals auf unterschiedlichen Abstraktionsebenen. Das Gleiche gilt für die anderen Sichtweisen auf das Informationssystem. Zum Beispiel interessieren auch die Details der Geschäftsprozesse am Anfang noch nicht. Sie werden erst später, in implementierungsnäheren Modellen, betrachtet.

In ARIS werden die unterschiedlichen Sichtweisen (Perspektiven) bei der Modellierung „Sichten" genannt. Neben der Datensicht gibt es noch die Organisationssicht, die Steuerungssicht, die Funktionssicht und die Leistungssicht.

1.3 Modellierungssprachen und -werkzeuge

Zur Darstellung eines Modells bedient man sich geeigneter Beschreibungsmittel, die je nach Modellart (Prozessmodell, Datenmodell etc.) unterschiedlich sind. Oft werden sie in einer grafischen Notation verwendet.

Modellierungssprache

Die zur Beschreibung einer bestimmten Modellart verfügbaren Elemente und die Regeln zu ihrer Verwendung werden als *Modellierungssprache* bezeichnet. Der Begriff Sprache schließt hier nicht nur textliche, sondern auch grafische Ausdrucksmittel ein. Eine Modellierungssprache wird durch vier Merkmale charakterisiert [vgl. Frank, van Laak 2003, S. 20 ff.]:

- Symbole
- Syntax
- Semantik
- Grammatik (oder Metamodell)

Symbole und Syntax

Als *Symbole* werden die erlaubten textlichen und/oder grafischen Elemente bezeichnet, z. B. ein Befehlswort oder ein Rechteck mit abgerundeten Ecken. Die *Syntax* definiert, wie die Symbole benutzt und angeordnet werden dürfen. Die *Semantik* beschreibt die Bedeutung der verfügbaren Symbole.

Grammatik, Metamodell

Die *Grammatik* gibt Regeln für die Verwendung der Symbole vor. Bei Modellierungssprachen sind diese Regeln häufig nicht in Form einer textlichen Grammatik, sondern in einem sog. *Metamodell* definiert. Ein Metamodell legt fest, wie auf ihm basierende Modelle zu gestalten sind.

„Modellierungswelten": ARIS, UML

Die gängigen Modellierungssprachen werden in den nachfolgenden Kapiteln im Zusammenhang mit ihrer Verwendung für die verschiedenen Modellarten näher erläutert. Dabei wird berücksichtigt, dass in der Praxis mehrere „Modellierungswelten" existieren, in denen jeweils bestimmte Modellierungssprachen zum Einsatz kommen. Die beiden im deutschsprachigen Raum verbreitetsten Modellierungswelten sind ARIS und UML (Unified Modeling Language).

UML-Erfinder: Grady Booch, James Rumbaugh, Ivar Jacobson

UML ist das Ergebnis einer konzertierten Aktion von drei ausgewiesenen Experten auf dem Gebiet der objektorientierten Softwareentwicklung, Grady Booch, James Rumbaugh und Ivar Jacobson, die manchmal als die „drei Amigos" bezeichnet wurden. Jeder von ihnen hatte bereits eine praxiserprobte, objektorientierte Methodologie entwickelt und auf dem Markt etabliert.

Aus dem Zusammenschluss der drei entstanden Mitte der neunziger Jahre unter dem Dach der Firma *Rational Software Corporation* vor allem zwei wegweisende Entwicklungen: ein Vorgehensmodell für die Softwareentwicklung (RUP – Rational Unified Process) und eine Modellierungssprache (UML – Unified Modeling Language).

UML ist nicht 1 Sprache, sondern 14 Sprachen

In UML wurden die diversen Modellierungsansätze vereint, welche die drei Amigos zuvor schon entwickelt hatten. Im Ergebnis ist UML genau genommen nicht eine Sprache, sondern vereint 14 Sprachen unter einem Dach.

Die verschiedenen Modellarten können in der praktischen Anwendung eine erhebliche Größe erreichen – im Gegensatz zu Lehrbuchbeispielen für Anfänger, die sich meist noch von Hand auf einem Blatt Papier bewältigen lassen. In der Praxis sind deshalb Softwarewerkzeuge, welche die Erstellung und Änderung von Modellen unterstützen, sehr hilfreich.

Modellierungs-werkzeuge

Modellierungswerkzeuge bieten einen Satz an grafischen Symbolen, die auf dem Bildschirm platziert, beschriftet und nach den Regeln des jeweiligen Modelltyps verbunden werden können. Das Spektrum der Werkzeuge reicht von reinen, aber nichtsdestoweniger mächtigen „Malwerkzeugen" über Werkzeuge, die Syntaxprüfungen durchführen können bis hin zu Werkzeugen, welche die Semantik der Modelle „verstehen" und auch Verknüpfungen zwischen verschiedenen Modelltypen herstellen können.

Ein Beispiel sind Verknüpfungen zwischen dem Datenmodell, in dem Datenobjekte spezifiziert werden, mit dem Prozessmodell, in dem diese Datenobjekte verwendet werden. Bei jedem Prozessschritt kann dann beispielsweise auf die erforderlichen Datenobjekte Bezug genommen werden.

Einige bekannte Werkzeugkästen für die Modellierung betrieblicher Informationssysteme sind:

- ARIS Toolset (mit kostenloser Version ARIS Express [ARIS 2023])
- ADONIS GPM-Suite (mit kostenloser Version ADONIS Community Edition) [https://www.boc-group.com/de/adonis/]
- Software Ideas Modeler [Rodina 2023]
- bflow Toolbox [https://www.bflow.org]
- Wondershare EdrawMax [https://www.edrawsoft.com]
- Enterprise Architect [https://www.sparxsystems.de]
- Visible Analyst [https://www.visiblesystemscorp.com]
- MS Visio [https://www.microsoft.com/de-de/microsoft-365/visio/flowchart-software]

Bekannte Werkzeugkästen zur Modellierung

Das Werkzeugangebot auf dem Markt ist sehr groß. In einer Übersicht von Schröder [Schröder 2023] werden allein für das Geschäftsprozessmanagement 54 Werkzeuge aufgeführt. Auch im UML-Bereich gibt es eine große Zahl an Einzelwerkzeugen und Werkzeugkästen, die jeweils mehrere oder alle UML-Diagramme abdecken.

Es gibt viele Modellierungswerkzeuge

2 Modellierungsgegenstände

Je nach Standpunkt des Betrachters gliedern sich die zu modellieren-den Sachverhalte unterschiedlich auf. Ist das Objekt der Modellierung ein betriebliches Informationssystem im weiteren Sinne, dann sehen die Teilmodelle anders aus, als wenn der Fokus auf der Anwendungsent-wicklung liegt, d. h. auf der Entwicklung des Softwaresystems.

Der erste der beiden Ansätze wird sehr gut durch ARIS (Architek-tur integrierter Informationssysteme) repräsentiert. Der bekannteste Vertreter der zweiten Richtung ist UML (Unified Modeling Language).

Im Folgenden skizzieren wir kurz typische Gegenstände der Mo-dellierung, die bei einem betrieblichen Informationssystem im Vorder-grund stehen:

- Prozesse
- Daten
- Systemstruktur/-funktionen
- Organisation
- Arbeitsabläufe (Workflows)

Da man in der Praxis zur Modellierung der genannten Sachverhalte meist Softwarewerkzeuge benutzt, die auf ARIS oder UML basieren, werden anschließend in Kapitel 3 die in ARIS und UML verfügbaren Modelltypen überblicksartig vorgestellt. Auf weiterführende und strate-gische Modellierungsansätze (z. B. Wertschöpfungsketten) wird später, im letzten Teil des Buchs, eingegangen.

In den weiteren Kapiteln erläutern wir im Detail, wie man bei der Modellierung der Prozesse, Daten, Systemstruktur/-funktionen, Orga-nisation und Arbeitsabläufe vorgeht und welche Modelltypen aus den beiden Modellierungswelten dazu jeweils benutzt werden können. Die verschiedenen Modellierungsansätze werden an zahlreichen prakti-schen Beispielen veranschaulicht.

2.1 Geschäftsprozesse

Geschäftsprozesse stehen meist im Mittelpunkt der Modellierung be-trieblicher Informationssysteme. Diese Entwicklung wurde angestoßen durch die bahnbrechenden Veröffentlichungen zum *Business Process Reengineering (BPR)* von Michael Hammer und James Champy in den neunziger Jahren des vorigen Jahrhunderts.

Hammer und Champy argumentierten, dass erfolgreiche Unterneh-men *prozessorientiert* arbeiten, und zeigten dies an Praxisfällen auf.

https://doi.org/10.1515/9783111063843-002

Nicht die einzelnen betrieblichen Funktionen bzw. Funktionsbereiche – Einkauf, Vertrieb, Produktion, Controlling etc. – müssten optimiert werden, sondern die Geschäftsprozesse, die über die Funktionsbereiche hinweg gehen.

Da die Umorganisation weg vom funktionsorientierten hin zum prozessorientierten Unternehmen ohnehin erhebliche Reibungsverluste mit sich bringt, forderten Hammer und Champy gleich eine „Revolution". Der Titel ihres Buchs lautete in diesem Sinne: „Reengineering the Corporation: A Manifesto for Business Revolution" [Hammer, Champy 1993].

Statt einer Revolution war in der Praxis allerdings eher eine gemäßigte Evolution zu beobachten, aber im Endeffekt setzte sich die Umorientierung hin zu einer Geschäftsprozesssicht in der Unternehmensplanung und -steuerung durch.

Revolution vs. Evolution

Das Ziel bei der Modellierung von Geschäftsprozessen ist, die wichtigsten Geschäftsprozesse in ihren einzelnen Schritten zu erfassen und zu dokumentieren. Wichtig ist bei dem Begriff Geschäftsprozess der zweite Wortteil („-prozess"). Ein *Prozess* ist dadurch charakterisiert, dass er aus mehreren Schritten besteht, die einer nach dem anderen ausgeführt werden. Als Prozessschritt wird je nach Sichtweise bzw. Terminologie eine einzelne Aktion, Aufgabe, Aktivität, Funktion oder etwas Ähnliches bezeichnet. Eine Definition des Begriffs Geschäftsprozess lautet wie folgt:

Definition. Ein *Geschäftsprozess* besteht aus einer Abfolge von Prozessschritten, die nacheinander oder parallel ausgeführt werden. Jeder Schritt hat einen Input und erzeugt einen Output. Prozesse können andere Prozesse initiieren. Diese sind entweder Teilprozesse, die den übergeordneten Prozess verfeinern, oder eigenständige Prozesse. Das Ergebnis des Prozesses ist ein für das Unternehmen anstrebenswerter Zustand [Kurbel 2021, S. 12].

Definition Geschäftsprozess

Typische Beispiele für Geschäftsprozesse eines Unternehmens sind etwa:

Typische Geschäftsprozesse

- *Auftragsabwicklungsprozess* (auch Kundenauftragsbearbeitung oder Order-to-Cash-Prozess genannt): Beginnend mit einer Kundenanfrage beinhaltet der Prozess Schritte wie Angebotserstellung, evtl. Verhandlungen über Preise/Konditionen, Auftragserteilung durch den Kunden, Anlegen eines Kundenauftrags, Verfügbarkeitsprüfung, evtl. Produktion der bestellten Waren, Lagerentnahmen, Versand, Rechnungsstellung bis hin zum Zahlungseingang.
- *Beschaffungsprozess* (auch Einkaufsprozess genannt): Auf die Feststellung eines Materialbedarfs – etwa in einem Planungsschritt oder durch eine Abteilung des Unternehmens (z. B. Lagerverwaltung) –

folgen Prozessschritte wie Bedarfsprüfung, Lieferantenauswahl, Angebotseinholung, Angebotsbewertung und -auswahl, Bestellung, Wareneingang und Wareneingangsprüfung, evtl. Retouren, Lager-zugangsbuchung, Rechnungsprüfung und Begleichen der Rechnung.

- *Produktionsprozess*: Ausgelöst durch einen Kundenauftrag oder einen bei der Materialbedarfs- oder Produktionsplanung festgestell-ten Bedarf (Planauftrag) müssen Prozessschritte wie die folgenden durchlaufen werden: Anlegen eines Fertigungsauftrags, Material-verfügbarkeitsprüfung, evtl. Auslösen eines Beschaffungsprozesses (für Fremdmaterialien) oder weiterer Produktionsprozesse (für eigengefertigte Materialien), Durchlaufterminierung, Kapazitäts-verfügbarkeitsprüfung, Auftragsfreigabe, Lagerentnahmen, Auf-tragsrückmeldung und Lagerzugangsbuchung.
- *Personalbeschaffungsprozess*: Ausgehend von der Feststellung eines Personalbedarfs im Unternehmen erfolgen Schritte wie Stellenaus-schreibung, Bewerbungseingang, Anlegen der Bewerbungen im Personalwirtschaftssystem, Einladungen, Vorstellungsgespräche, Vor- und Endauswahl, Einstellungsangebot, Anlegen eines neuen Mitarbeiters im Personalwirtschaftssystem oder evtl. Neuausschrei-bung der Stelle.

Prozesse sind funktionsübergreifend

Betrachtet man diese Prozesse etwas genauer, dann erkennt man, dass sie überwiegend *funktionsübergreifend* ablaufen. Das heißt, sie tangieren mehrere Funktionsbereiche eines Unternehmens.

Beispielsweise durchläuft der Auftragsabwicklungsprozess die Ab-teilungen (Geschäftsfunktionen) Vertrieb, Materialwirtschaft (bzw. La-ger) und Rechnungswesen (bzw. Buchführung).

Beim Produktionsprozess müssen die Funktionsbereiche Produkti-onsplanung, Fertigungssteuerung, Materialwirtschaft (bzw. Lager), evtl. Einkauf sowie Rechnungswesen (bzw. Buchführung) tätig werden.

Weitere Geschäftsprozesse

Weitere Beispiele für Geschäftsprozesse sind:

- Retourenabwicklung
- Kampagnenmanagement (Planung und Durchfülnung eine Kampa-gne)
- Anlagenwartung
- Qualitätskontrolle
- Inventur
- Kostenstellenrechnung (Umlage von Gemeinkosten)
- Kostenstellenplanung (Untergliederung des Unternehmens in Kos-tenstellen)
- Produktentwicklung (Entwicklung eines neuen Produkts)
- Unternehmensplanung

- Strategieentwicklung (Erarbeitung der Unternehmensstrategie)
- Zielbildung (Aufstellung und Abstimmung des Unternehmensziel-systems)

Geschäftsprozesse können nach unterschiedlichen Kriterien klassifiziert werden. Wie man an den obigen Beispielen sieht, gibt es Geschäftspro-zesse auf verschiedenen Organisationsebenen. Gebräuchlich ist eine Un-terscheidung nach Management-, Wertschöpfungs- und Unterstützungs-prozessen: Geschäftsprozessebe-nen
- *Management-* oder *Führungsprozesse* sind Prozesse, die von der Un-ternehmensleitung durchgeführt werden und strategische Aufgaben beinhalten (z. B. Unternehmensplanung, Strategieentwicklung).
- *Kern-* oder *Wertschöpfungsprozesse* sind Prozesse, die unmittelbar zur Wertschöpfung des Unternehmens beitragen (z. B. Auftragsab-wicklung, Produktion).
- *Unterstützende Prozesse* dienen zur Unterstützung der Manage-ment- und Kernprozesse. Sie tragen nicht direkt zur Wertschöpfung bei (z. B. Instandhaltung, Kostenstellenrechnung).

2.2 Daten

Datenmodellierung ist der zweite große Schwerpunkt bei der Modellie-rung betrieblicher Informationssysteme. Er ist ähnlich umfangreich wie die Prozessmodellierung und wurde bereits lange zuvor methodisch un-terstützt. Dies ist nicht verwunderlich, da betriebliche Informationssys-teme *datenintensive* Systeme sind, in denen sehr umfangreiche, komple-xe Datenbestände verarbeitet und/oder erzeugt werden. Datenmodellierung

Die Daten werden in der Regel in großen *Datenbanken* gehalten. Die-se müssen geeignet strukturiert sein, sodass sie einerseits der Komplexi-tät der Daten in der Realität gerecht werden und es andererseits gestat-ten, Daten effizient aufzufinden und bereitzustellen bzw. zu verarbeiten. Datenbanken

Voraussetzung für eine zweckdienliche Anordnung der Daten in der Datenbank ist ein adäquates Datenmodell, genauer gesagt ein *Da-tenbankmodell*. Bei einem systematischen Modellierungsprozess wird dieses aus einem Datenmodell einer „höheren" Ebene abgeleitet. Datenbankmodell

Bei betrieblichen Informationssystemen spielen vier Begriffe eine wichtige Rolle: Stammdaten, Bewegungsdaten, Dokumente (auch Belege genannt) und Formulare (auch Masken genannt).
1. *Stammdaten* sind Daten über „stabile" Objekte oder Sachverhalte aus der Realwelt, die im Informationssystem gespeichert werden sollen. Sie werden regelmäßig in den Geschäftsprozessen benutzt, Stammdaten

ändern sich selbst im Zeitablauf aber nicht oder nur selten. Beispiele sind etwa Daten über Lieferanten, Kunden, Artikel, Maschinen, Mitarbeiter u. a.

Bewegungsdaten

2. *Bewegungsdaten* sind Daten, die bei der Durchführung der Geschäftsprozesse entstehen und zumindest theoretisch nach dem Ende des Prozesses nicht mehr benötigt werden. (Praktisch werden sie für Archivierungszwecke oder aufgrund gesetzlicher Vorgaben dennoch längere Zeit aufbewahrt.) Beispiele sind Bestellungen, Angebote, Kundenaufträge, Produktionsrückmeldungen u. a.

Dokumente (Belege)

3. *Dokumente (Belege)* sind Bewegungsdaten, mit denen häufig eine Steuerungsfunktion verbunden ist. Historisch (d. h. vor der Digitalisierung) lagen sie auf Papier vor und steuerten oft den Ablauf eines Geschäftsprozesses. Beispiele sind Lieferscheine, Rechnungen, Bestellungen u. a. Die Steuerungsfunktion besteht darin, dass das Dokument vorliegen muss, damit der nächste Prozessschritt ausgeführt werden kann. Beispielsweise kann ein Wareneingang in einem Beschaffungsprozess nur gebucht und dem Lager zugeführt werden, wenn es eine Bestellung dazu gibt. Bei computergestützten Systemen hat sich zwar die Darstellung der Dokumente verändert, aber nicht ihre Steuerungsfunktion. Die Dokumente sind im System gespeichert und liegen nicht auf Papier vor, es sei denn, sie werden extra ausgedruckt. Aber auch hier kann der Wareneingang nur gebucht und eingelagert werden, wenn eine Bestellung dazu im System vorliegt.

Formulare (Masken)

4. *Formulare (Masken)* stellen häufig das äußere Erscheinungsbild von Stammdaten, Bewegungsdaten oder Dokumenten dar. In einem betrieblichen Informationssystem erscheinen (fast) alle Daten, die am Bildschirm angezeigt oder angelegt werden, in Form von kleineren oder größeren Formularen. Diese wurden früher als (Bildschirm-)Masken bezeichnet. Wenn man beispielsweise auf einen Kundenauftrag zugreift, dann wird dieser am Bildschirm in einem Formular angezeigt.

Datengruppen in Reitern

Bei umfangreicheren Datenobjekten werden die Datenfelder meist gruppiert und in mehreren Formularen angezeigt. Zu diesen navigiert man über sog. *Reiter* (englisch „Tabs"). Abbildung 2.1 zeigt dies am Beispiel eines Kundenauftrags, in dem der Kunde „SoCal Bikes" aus Irvine, CA 13 Professional Touring Bikes, 10 Deluxe Touring Bikes und 20 Kettenschlösser (Chain Locks) bestellt. Die Bestellpositionen sind im unteren Teil des Formulars zu sehen.

Terminauftrag:	185		Nettowert:	72.900,00 USD
Auftraggeber:	9500	SoCal Bikes / 18101 Von Karman Ave / Irvine CA 92612		
Warenempfänger:	9500	SoCal Bikes / 18101 Von Karman Ave / Irvine CA 92612		
Kundenreferenz:	54321500		Kundenref.datum:	

Verkauf Positionsübersicht Positionsdetail Besteller Beschaffung Versand Absagegrund

WunschliefDatum:*	D 16.06.2023		AusliefWerk:	SD00
Komplettlief.:	✓		Gesamtgewicht:	7.653,904 oz
Liefersperre:			Volumen:	0,000
Fakturasperre:	04 Zahlungsbed. prüfen		Preisdatum:	16.06.2023
Zahlungsbeding.:	0001 sofort zahlbar ohne Abzug			
IncoVersion:				
Incoterms:	FOB			
Inco. Standort1:	San Diego			
Inco. Standort2:				
Auftragsgrund:				
Vertriebsber.:	UW00 / WH / BI US West, Großhandel, Fahrräder			

Gruppe

Alle Positionen

Pos	Material	Positionsbezeichnung	Auftragsmenge	ME	1.Datum	Werk	Betrag	Währg	Nettopreis	Nettowert
10	PRTR2500	Professional Touring Bike (silver)	13	EA	16.06.2023	SD00	3.200,00	USD	3.200,00	41.600,00
20	DXTR1500	Deluxe Touring Bike (black)	10	EA	16.06.2023	SD00	3.000,00	USD	3.000,00	30.000,00
30	CHLK1500	Chain Lock	20	EA	16.06.2023	SD00	65,00	USD	65,00	1.300,00

© SAP CE

Abb. 2.1: Beispiel eines Formulars mit mehreren Reitern (Kundenauftrag).

In dem Formular werden diejenigen Datenfelder angezeigt, die unter dem Reiter „Verkauf" gruppiert sind (sichtbar sind in dem kopierten Bildschirmausschnitt nur ein paar davon). Zahlreiche weitere Felder des Kundenauftrags sind unter den Reitern „Positionsübersicht", „Positionsdetail", „Besteller", „Beschaffung", „Versand" und „Absagegrund" versteckt.

Im einfachsten Fall dient ein Formular dazu, die Daten *eines* Objekts anzuzeigen (im Beispiel: Kundenauftrag). Formulare werden aber häufig auch dazu benutzt, Daten mehrerer, unterschiedlicher Objekte zusammenzuführen und mit weiteren, speziell für das Formular berechneten Daten zu kombinieren. In dem Beispiel wäre es etwa denkbar, dass auch Stammdatenelemente zu den einzelnen Fahrrädern beschafft und angezeigt werden (z. B. Schaltungsart, Pedaltyp) oder dass die verfügbaren Lagerbestände der Fahrräder ermittelt und in dem Formular mit ausgewiesen werden.

2.3 Funktionen

Als *Funktion* wird bei der Informationssystem-Modellierung eine Aufgabe oder ein Aufgabenbereich bezeichnet, der in der Regel in einen größeren Aufgabenzusammenhang eingebettet ist.

Betriebswirtschaftliche Funktionen

Aus *betriebswirtschaftlicher Sicht* stellen beispielsweise Vertrieb, Produktion, Einkauf, Forschung & Entwicklung oder Rechnungswesen (Geschäfts-) Funktionen dar, die ein Unternehmen auf einer hohen Abstraktionsebene charakterisieren.

Informationstechnische Funktionen

Aus *informationstechnischer Sicht* realisiert ein (Computer-) Programm oder Programmsystem bestimmte Funktionen, die je nach Betrachtungsweise als Module, Funktionen oder Methoden bezeichnet werden. Bei einem Produktionsplanungs- und Steuerungssystem (PPS-System) gibt es beispielsweise Module wie Materialbedarfsplanung, Lagerführung, Kapazitätsplanung, Terminierung, Auftragsfreigabe und Fertigungssteuerung.

Funktionshierarchien

Die Funktionen der höheren Ebenen werden durch detailliertere Funktionen (Teilfunktionen) auf tieferen Ebenen verfeinert oder untergliedert. Dies setzt sich meist über mehrere Ebenen fort. Auf diese Weise entstehen Funktionshierarchien oder Funktionsbäume; in ARIS werden sie *Funktionshierarchiebäume* genannt.

Wenn man beispielsweise die betriebswirtschaftliche Funktion *Einkauf* zerlegt, wird man Teilfunktionen wie Lieferantenauswahl, Lieferantenbewertung, Bestellmengenrechnung, Bestellwesen, Wareneingang, Rechnungsprüfung und Bezahlung identifizieren. Jede der Teilfunktionen kann man weiter untergliedern, bis man letztlich bei atomaren Funktionen wie Überweisungsauftrag ausfüllen, Unterschrift einholen und Überweisungsauftrag an Bank übermitteln (für die Teilfunktion „Bezahlung") angelangt ist.

Für das Modul *Materialbedarfsplanung* im Rahmen eines PPS-Systems benötigt man Funktionen wie Bruttobedarf ermitteln, Lagerbestände ermitteln, Nettobedarf ermitteln, Reservierungen tätigen, Sekundärbedarf ermitteln und Vorlaufverschiebung durchführen. Ein Modul wie *Auftragsfreigabe* wird durch Funktionen wie Verfügbarkeit prüfen und Fertigungsdokumente drucken verfeinert.

Funktionshierarchie PPS-System

Abbildung 2.2 zeigt einen Teil der Funktionshierarchie für das Beispiel „Produktionsplanungs- und Steuerungssystem". Aus Darstellungsgründen wurden die Kanten des Baums teils vertikal, teils horizontal angeordnet.

Von den Funktionen der zweiten Ebene sind in der Abbildung nur die Materialbedarfsplanung (bis zu dritten Ebene) und die Auftragsfreigabe (bis zur fünften Ebene) weiter untergliedert. Je nach Verwendungs-

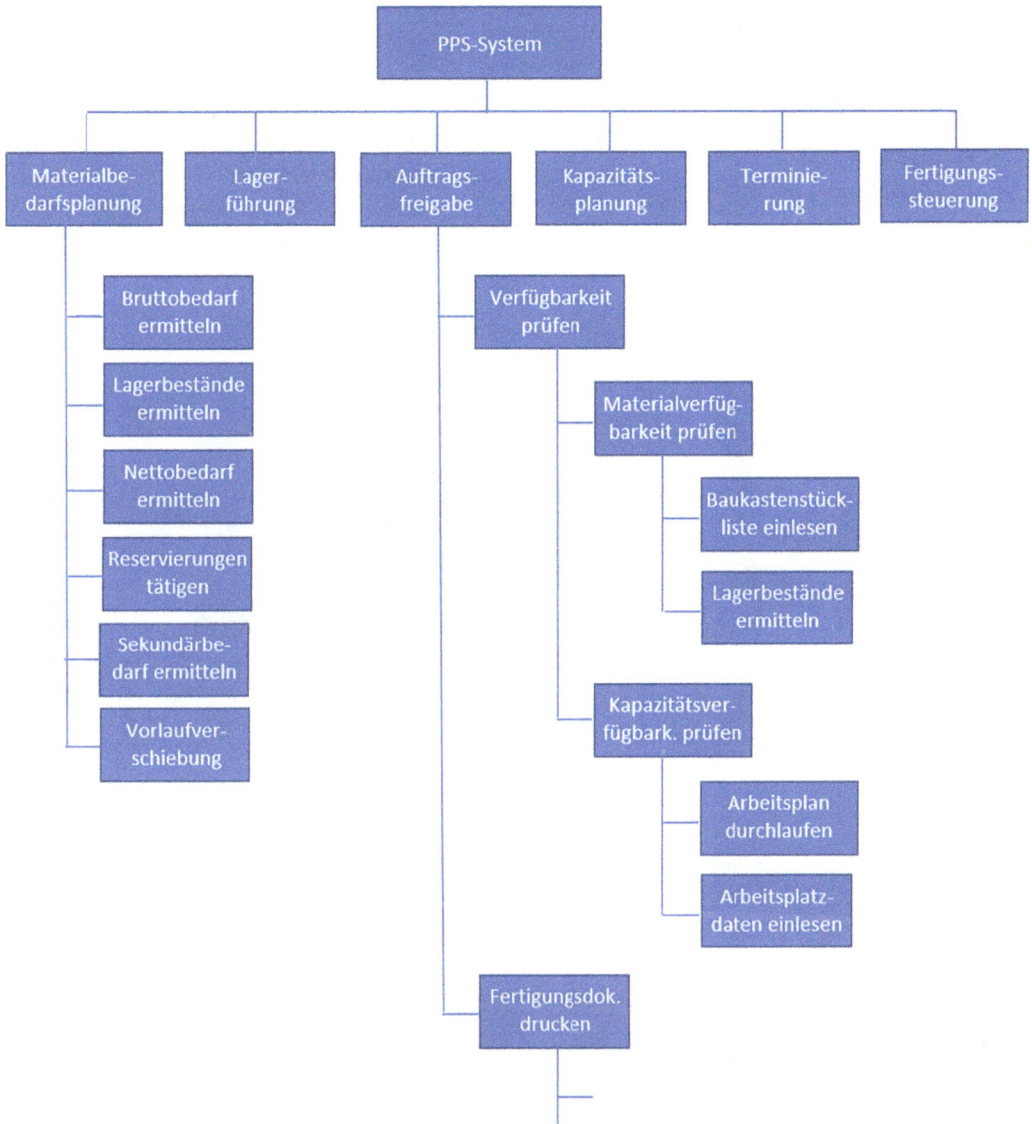

Abb. 2.2: Funktionsbaum (Beispiel PPS-System).

zweck geht die Verfeinerung auf tieferen Stufen weiter. Soll die Funktionshierarchie als Vorgabe für die Programmierung dienen, würde beispielsweise die Funktion „Arbeitsplan durchlaufen" auf der sechsten Stufe in Teilfunktionen wie Arbeitsplan identifizieren (d. h. aus dem Artikelstammsatz die Nummer des zugehörigen Arbeitsplans auslesen), Arbeitsplankopf einlesen (d. h. Datensatz zur Arbeitsplannummer einlesen) und

Arbeitsgänge durchlaufen (d. h. Arbeitsgangsätze zum Arbeitsplankopf einlesen und Referenz zum Arbeitsplatz auslesen) zerlegt.

Programmfunktionen werden aus den betriebswirtschaftlichen Funktionen abgeleitet

Durch die schrittweise Verfeinerung der Funktionen landet man letztlich auf der Ebene von Programmfunktionen. An dem Beispiel wird auch deutlich, dass sich bei einem betrieblichen Informationssystem die Programmstruktur in der Regel aus den betriebswirtschaftlichen Funktionen ableitet. Über die Verfeinerungen:

PPS-System
 ↳Auftragsfreigabe
  ↳Verfügbarkeit prüfen
   ↳Kapazitätsverfügbarkeit prüfen
    ↳Arbeitsplan durchlaufen
     ↳Arbeitsplan identifizieren
      ↳Arbeitsplankopf einlesen
       ↳Arbeitsgänge durchlaufen

gelangt man schließlich zu abgegrenzten Teilfunktionen, die in Programmcode oder Datenbankanweisungen überführt werden.

2.4 Organisation

Mit Modellierung der Organisation ist die Beschreibung der existierenden oder zukünftig gewünschten Aufbauorganisation des Unternehmens gemeint. Diese wird häufig in grafischer Form dargestellt, als sog. *Organisationsdiagramm* (Organizational Chart) oder *Organigramm*.

Aufbauorganisation

Die *Aufbauorganisation* legt die Gliederung eines Unternehmens in Organisationseinheiten und deren Beziehungen zueinander fest. Organisationseinheit ist ein generischer Begriff, der größere Einheiten (z. B. einen Vorstandsbereich, eine Hauptabteilung, ein Werk) ebenso einschließt wie kleinere (z. B. eine Softwareentwicklergruppe, ein Helpdesk).

Abbildung 2.3 gibt beispielhaft die Aufbauorganisation eines Produktionsunternehmens in einem Organigramm wieder. Das Organigramm zeigt nur Organisationseinheiten auf höheren Ebenen. Wollte man die Aufbauorganisation des Unternehmens vollständig darstellen, dann würde jede der Organisationseinheiten durch Untereinheiten über mehrere Stufen hinweg verfeinert.

Unter der Organisationseinheit „Werk Berlin" ergäben sich z. B. Organisationseinheiten wie „Verwaltung", „Lager", „Fabrikhalle 1", „Fabrikhalle 2", „Gießerei" und „Fuhrpark". „Fabrikhalle 1" könnte etwa in

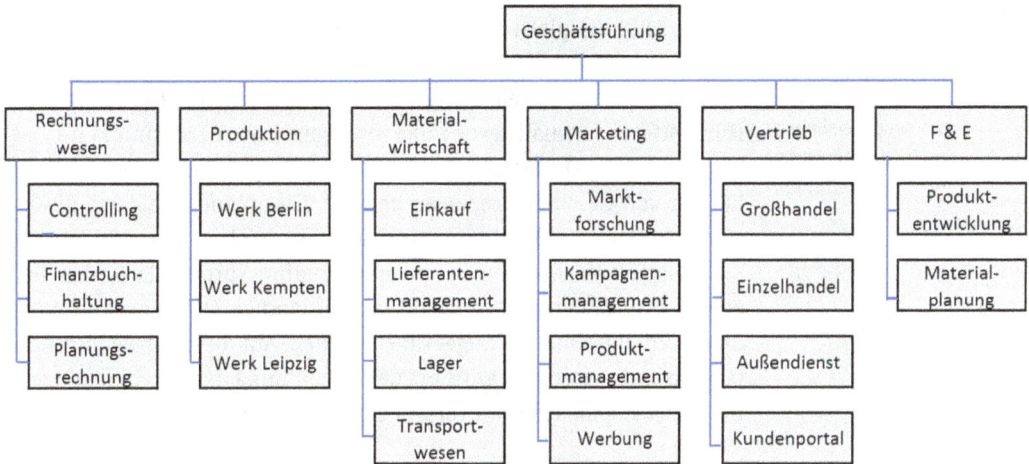

Abb. 2.3: Organigramm eines Produktionsunternehmens (Beispiel).

„Fließbandanlage", „Vormontage", „Endmontage", „Qualitätskontrolle"
u. a. unterteilt werden.

Eine *Organisationseinheit* wird durch ihre Kompetenzen und durch
Hierarchiebeziehungen (Über-/Unterordnung) definiert. Über-/Unter-
ordnungsbeziehungen sind durch Weisungsbefugnis, Delegieren von
Kompetenzen und Berichtswege („berichtet an") charakterisiert.

Den Organisationseinheiten sind *Stellen* zugeordnet. Zum Beispiel
gehören zu einer Abteilung ein Abteilungsleiter oder eine Abteilungs-
leiterin. Wenn die Abteilung Fachaufgaben wahrnimmt, hat sie Sachbe-
arbeiter und Sachbearbeiterinnen. Eventuell gibt es auch Unterabteilungen, d. h. weitere Organisationseinheiten (jeweils mit Leiter/in sowie
Sachbearbeitern bzw. Sachbearbeiterinnen).

Hinweis zur Terminologie: Diese ist leider uneinheitlich. Statt von
„Stellen" spricht man manchmal von „Rollen". Während dies noch eini-
germaßen eingängig ist (z. B. Rolle „Abteilungsleiter"), trifft man auch andere Verwendungen des Stellenbegriffs an. In den ERP-Systemen von SAP
modelliert man beispielsweise Organisationseinheiten in der Weise, dass
sie sog. „Planstellen" enthalten. Die Planstellen werden mit Mitarbeitern
oder Mitarbeiterinnen besetzt, welche bestimmte Rollen ausüben sollen
(wofür bei SAP aber der Begriff „Stelle" benutzt wird).

Die konkreten Stelleninhaber/innen, d. h. die Personen, die die Stellen ausfüllen, werden bei der Modellierung eines zukünftigen Informationssystems normalerweise nicht mit eingeschlossen. Wenn man dagegen ein Modell des Istzustands einer Organisation aufstellen will, kann
es zweckmäßig sein, den Stellen auch die konkreten Personen zuzuwei-
sen, welche die Stellen innehaben. Hierfür wird eine *Stelleninstanz* gebil-

(Marginalien) Organisationseinheit · Stelle · Stelleninstanz

det (in ARIS beispielsweise mithilfe des Modellierungskonstrukts „Person").

Die explizite Modellierung der Aufbauorganisation ist nicht nur als Hilfsmittel zur Visualisierung und als allgemeiner Bezugspunkt für Aufgaben nützlich. Die Organisationseinheiten werden auch bei der Modellierung von Geschäftsprozessen benutzt. Hier dienen sie dazu, die Zuständigkeit für die Durchführung eines Prozessschritts zu spezifizieren.

Beispielsweise könnte in einem Beschaffungsprozess (s. o.) dem Prozessschritt „Lieferantenauswahl" als zuständige Organisationseinheit die Abteilung „Einkauf" zugeordnet werden. Auf diese Verwendung der Organisationseinheiten wird bei der Behandlung der Geschäftsprozessmodellierung im späteren Verlauf des Buchs näher eingegangen.

2.5 Arbeitsabläufe (Workflows)

Arbeitsabläufe, im IT-Sprachgebrauch meist als *Workflows* bezeichnet, sind den Geschäftsprozessen sehr ähnlich. Definitionen des Begriffs Workflow unterscheiden sich oft nur wenig von Definitionen des Begriffs (Geschäfts-) Prozess.

Unterschiede
Workflow –
Geschäftsprozess

Inhaltliche Unterschiede liegen grundsätzlich darin, dass Workflows detaillierter beschrieben werden als Geschäftsprozesse. Eine griffige Abgrenzung bietet die von der *Workflow Management Coalition (WfMC)* früher verfasste Definition: Ein Workflow bezeichnet „die Automatisierung eines Geschäftsprozesses, als Ganzes oder nur in Teilen, während derer Dokumente, Informationen oder Aktivitäten von einem Beteiligten zum anderen zur Weiterverarbeitung nach einem vorgegebenen Regelwerk weitergereicht werden" (zitiert nach [Microtool 2023]; die Originalquelle bei der WfMC ist nicht mehr verfügbar).

Workflow beschreibt
den Prozessablauf auf
Detailebene

Ein Workflow beschreibt also grundsätzlich den gleichen Ablauf wie ein Prozess, aber auf einer tieferen, d. h. mit technischen und operativen Details angereicherten Ebene. Der Workflow spezifiziert, wann wer mit welchen technischen Hilfsmitteln und wie den zugrunde liegenden Geschäftsprozess ausführt [Microtool 2023].

Im Vordergrund steht die technische Realisierung des Prozesses. Die Herausforderung besteht darin, die Prozessbeschreibung, die üblicherweise in einer semiformalen, oft grafischen Form (z. B. als EPK oder UML-Diagramm) vorliegt, in eine soweit formalisierte Form zu überführen, dass der Prozess automatisiert oder teilautomatisiert ablaufen kann.

Modellierungssprachen

Die ausführbare Form eines Prozesses wird in einer geeigneten Modellierungssprache spezifiziert. Hier sind insbesondere *XPDL (XML Process Definition Language)* und *BPEL (Web Services Business Process*

Execution Language, auch *WS BPEL* genannt) zu erwähnen [Krallmann, Trier 2019].

XPDL erlaubt es, Geschäftsprozesse aus einer BPMN-Notation in ein formalisiertes Format zu bringen. Mit BPEL spezifiziert man direkt einen ausführbaren Prozess. Eine „ideale" Vorgehensweise besteht darin, den Geschäftsprozess in BPMN zu beschreiben, das BPMN-Modell in XPDL zu überführen, das XPDL-Modell in ein BPEL-Werkzeug zu importieren, dort mit weiteren technischen Details zu versehen und schließlich die ausführbare BPEL-Datei zu erzeugen.

XPDL, BPEL, WS BPEL

Die Ausführung des Workflows übernimmt dann eine sog. *Work-flow Engine.* Diese bildet den zentralen Bestandteil eines dedizierten *Workflowmanagementsystems (WFMS)* oder einer Workflowmanagementkomponente, die in ein anderes Informationssystem eingebaut ist (beispielsweise in ein ERP-System).

Workflow Engine

3 Modellierungsmethoden

Von
Softwarewerkzeugen
unterstützte
Modelltypen

Für die Modellierung in der Praxis benutzt man meist Softwarewerkzeuge. Diesen liegen bestimmte Modellierungsmethoden zugrunde. Wie bereits erwähnt, bilden sehr häufig ARIS oder UML die Grundlage. Bei der praktischen Modellierung muss man also die im vorigen Kapitel beschriebenen Gegenstände der Modellierung (Prozesse, Daten etc.) mithilfe der in ARIS oder UML verfügbaren Modelltypen darstellen.

3.1 ARIS-Modelltypen

Die ARIS-Teilmodelle decken entsprechend der ARIS-Philosophie Sachverhalte auf unterschiedlichen Beschreibungsebenen ab. Die wichtigsten der heute verwendeten Modelltypen heißen:[1]

- *Prozesslandschaft* – wird verwendet zur Beschreibung/Strukturierung des Prozessportfolios eines Unternehmens
- *Systemlandschaft* – zeigt die Softwaresysteme eines Unternehmens und ihre Zugehörigkeit zu Anwendungsbereichen (Domänen)
- *Geschäftsprozessmodell* – spezifiziert den Ablauf von Aktivitäten zur Erreichung eines bestimmten Zwecks in Form von Ereignisgesteuerten Prozessketten (EPKs) oder BPMN-Modellen (BPMN = Business Process Model and Notation)
- *Datenmodell* – beschreibt die Datenobjekte (Entities) und ihre Beziehungen zueinander (Relationships) als Entity-Relationship-Modell (ERM)
- *Organisationsmodell* (Organigramm) – wird verwendet zur Darstellung der Organisationsstruktur eines Unternehmens (Organisationseinheiten, Rollen, Über-/Unterordnungsverhältnisse etc.)
- *IT-Infrastruktur* – zeigt die Verbindung zwischen Hardware-, Software- und Netzwerkkomponenten, auf denen die Anwendungssysteme eines Unternehmens laufen
- *Leistungsmodelle* – beschreiben die Leistungen, die im Unternehmen erbracht werden, mithilfe verschiedener Modelltypen (z. B. Leistungsaustauschdiagramm, Leistungsbaum, Produktbaum, Produktzuordnungsdiagramm)

---

1 In der ursprünglichen Version des ARIS-Hauses hatte Scheer vor mehr als 30 Jahren – entsprechend dem damaligen Stand der Kunst – noch teilweise andere Ansätze beschrieben, beispielsweise programmiertechnische Konzepte aus der Strukturierten Programmierung. Diese werden heute in ARIS nicht mehr thematisiert und von den ARIS-Werkzeugen nicht weiter unterstützt.

https://doi.org/10.1515/9783111063843-003

In den späteren Kapiteln des Buchs werden die verschiedenen Modellty-pen im Anwendungszusammenhang näher erläutert.

3.2 UML (Unified Modeling Language)

UML ist stärker als ARIS auf die *Entwicklung* von Softwaresystemen ausgerichtet. Dementsprechend liegt der Fokus auf Modellen, welche die Stufen eines Softwareentwicklungsprozesses abbilden. „Modeling is the designing of software applications before coding" ist ein Zitat ei-nes der für UML-Verantwortlichen bei der Object Management Group [Siegel 2005].

Die *Object Management Group (OMG)* ist heute für die Spezifikation der UML-Sprachstandards zuständig und koordiniert die Weiterentwick-lung von UML. Bei der OMG handelt es sich um ein gemeinnütziges inter-nationales Konsortium, das sich allgemein mit Standards auf dem Gebiet der objektorientierten Softwareentwicklung beschäftigt.

Object Management Group (OMG)

Verschiedene UML-Modelltypen können auch zur Modellierung be-trieblicher Informationssysteme verwendet werden. Darauf wird im weiteren Verlauf des Buchs eingegangen. An dieser Stelle geben wir nur einen kurzen Überblick über die Gesamtheit der in UML verfügbaren Modelle.

Da die Modellierungssprachen bei UML grafische Sprachen sind, wird meist von *Diagrammen* statt von Modellen gesprochen. Grund-sätzlich werden drei Kategorien unterschieden [Siegel 2005, Sparx 2023, Ionos 2018]:

Terminologie: „Diagramme"

I.   *Strukturdiagramme* (statische Diagramme) – zeigen zeitunabhängig, aus welchen Elementen ein System zusammengesetzt ist und wie die statischen Beziehungen zwischen den Elementen aussehen
II. *Verhaltensdiagramme* (dynamische Diagramme) – geben dynami-sche Sichten wieder, indem sie das Verhalten eines Systems oder Prozesses im Zeitablauf darstellen
III. *Interaktionsdiagramme* – eine Spezialisierung von Verhaltensdia-grammen mit dem Fokus auf solchem Verhalten, bei dem die Ele-mente Informationen austauschen

Abbildung 3.1 zeigt die Einordnung der verschiedenen Diagrammty-pen in der Spezifikation der aktuellen UML-Version von 2017 (Ver-sion 2.5.1).

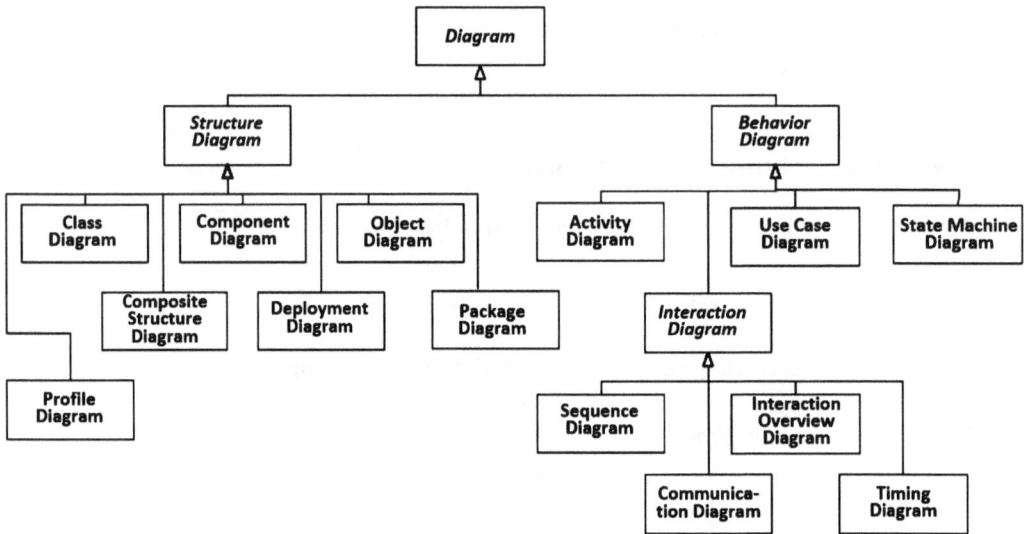

Abb. 3.1: Zuordnung der Diagrammtypen lt. UML-Spezifikation Version 2.5.1 [OMG 2017, S. 685].

3.2.1 Strukturdiagramme

Statische Diagramme

Diagramme (bzw. Modelle), welche die relevanten Fachkonzepte in statischer Weise beschreiben, heißen in UML-Strukturdiagramme (Structure Diagrams, Structural Diagrams). Statisch bedeutet, dass die Elemente des Diagramms nicht vom Zeitablauf abhängig sind.

Beispielsweise gehört zu einer „Bestellung" *statisch* immer ein „Lieferant" und mindestens ein „Artikel", den der Lieferant liefern soll. Diese Zusammenhänge sind unabhängig davon, wann, wie und wie viele Bestellungen ggf. aufgegeben werden.

Die Erteilung einer Bestellung – mit Anfrage beim Lieferanten, Angebotseinholung, Verhandlungen, Wareneingang etc.– ist dagegen ein Prozess, der mithilfe eines *dynamischen* Diagramms modelliert wird.

Wie Abbildung 3.1 erkennen lässt, unterstützt UML folgende Strukturdiagramme:

Klassendiagramm

- *Klassendiagramm (Class Diagram)*: Klassendiagramme sind das zentrale Konstrukt in UML. Sie kommen auf verschiedenen Abstraktionsebenen zum Einsatz – in gröberer Form zum Beispiel beim Requirements Engineering (Anforderungsdefinition) und beim Systementwurf, in feinerer Form beim Programmentwurf. „Bestellung", „Lieferant" und „Artikel" im obigen Beispiel sind Klassen.

Objektdiagramm

- *Objektdiagramm (Object Diagram)*: Während Klassendiagramme *Typen* von Elementen und ihrer Beziehungen darstellen, werden in einem Objektdiagramm sog. *Instanzen* und ihre Beziehungen beschrieben. Wenn etwa „Kunde" als Klasse im Klassendiagramm modelliert wurde, dann könnte eine Instanz davon, d. h. ein konkreter Kunde, beispielsweise „Max Müller" sein. Ein Objektdiagramm zeigt den Zustand der Objekte (Attributwerte, konkrete Beziehungen u. a.) zu einem bestimmten Zeitpunkt.

* *Komponentendiagramm (Component Diagram)*: Die statische Struktur des Softwaresystems kann mithilfe eines Komponentendiagramms beschrieben werden. Komponenten in diesem Sinne sind gekapselte *Module* des Softwaresystems, die Schnittstellen bereitstellen, über die ihre Methoden aufgerufen werden können und ggf. selbst über die Schnittstellen anderer Module deren Funktionalität in Anspruch nehmen. — Komponentendiagramm

* *Paketdiagramm (Package Diagram)*: Bei Paketdiagrammen handelt es sich um einen Mechanismus zur Gruppierung von UML-Konstrukten. Sie sind wie die Komponentendiagramme zur Softwareebene zu rechnen. Typischerweise fasst man in einem Paket zusammengehörige Klassen und/oder Pakete mit gemeinsamen Attributen zusammen. — Paketdiagramm

* *Verteilungsdiagramm (Deployment Diagram)*: Dieser Diagrammtyp wird verwendet, um die Verteilung der Systemkomponenten auf Rechnerknoten zu beschreiben, wenn das Softwaresystem ausgeführt wird. Ein Verteilungsdiagramm gibt z. B. an, welches Modul oder welche Datenbank auf welchem Rechner im Netzwerk läuft. — Verteilungsdiagramm

* *Kompositionsstrukturdiagramm (Composite Structure Diagram)*: Der interne Aufbau einer Klasse kann mithilfe eines Kompositionsstrukturdiagramms beschrieben werden. Dieses zeigt, aus welchen Teilen die Klasse besteht und wie diese verbunden sind. — Kompositionsstrukturdiagramm

* *Profildiagramm (Profile Diagram)*: Profildiagramme dienen dazu, Paketen sog. *Profile* bzw. Klassen sog. *Stereotypen* (das sind Angaben zum Verwendungszweck der Klasse) zuzuordnen. Dabei handelt es sich um Eigenschaften, die an alle Pakete mit dem entsprechenden Profil bzw. Klassen mit dem entsprechenden Stereotyp vererbt werden. — Profildiagramm

3.2.2 Verhaltensdiagramme

Verhaltensdiagramme beschreiben die dynamischen Aspekte eines Softwaresystems, insbesondere den Ablauf von Prozessen bzw. Programmen und das Zusammenwirken der an der Ausführung beteiligten Akteure.

Anwendungsfalldia-
gramm

- *Anwendungsfalldiagramm (Use Case Diagram)*: Mit diesem Diagrammtyp werden die Anforderungen, die gewünschte Funktionalität und die Grenzen eines Systems auf einer sehr hohen Abstraktionsebene beschrieben. In Form verschiedener Anwendungsfälle (Use Cases) wird dokumentiert, was das System leisten soll.

Use Case

Anmerkung: Die Bezeichnung „Use Case" ist auch im deutschen Sprachgebrauch weiter verbreitet als die Bezeichnung „Anwendungsfall". Use-Case-Diagramme werden nicht nur in UML, sondern auch in anderen Modellierungsansätzen, außerhalb der UML-Welt, verwendet.

Aktivitätsdiagramm

- *Aktivitätsdiagramm (Activity Diagram)*: Ein Aktivitätsdiagramm zeigt die durchzuführenden Aktivitäten und den Kontrollfluss auf. Auf diese Weise können Prozesse modelliert werden. Der Ablauf kann durch gewisse Steuerkonstrukte (z. B. Verzweigung) beeinflusst werden.

Zustandsdiagramm

- *Zustandsdiagramm (State Machine Diagram)*: Die unterschiedlichen Zustände, die ein Objekt in seinem Lebenszyklus annehmen kann, lassen sich mithilfe eines Zustandsdiagramms modellieren. Ein Objekt wird als sog. Zustandsautomat (auch „endlicher Automat" genannt) betrachtet, der verschiedene Zustände annehmen kann. Die Übergänge von einem Zustand in einen anderen (State Transitions) werden durch Eintreten vordefinierter Bedingungen ausgelöst („getriggert").

3.2.3 Interaktionsdiagramme

Interaktionsdiagramme
sind
Verhaltensdiagramme

Interaktionsdiagramme sind eine spezielle Art von Verhaltensdiagrammen und werden wie diese zur Modellierung dynamischer Aspekte eines Systems eingesetzt. Im Kern steht hierbei jedoch die Interaktion bzw. der Informationsaustausch zwischen den beteiligten Objekten. Das wichtigste Interaktionsdiagramm ist das Sequenzdiagramm.

Sequenzdiagramm

- *Sequenzdiagramm (Sequence Diagram)*: Ähnlich wie ein Aktivitätsdiagramm bildet ein Sequenzdiagramm den Ablauf in einem System ab. Es strukturiert die Abfolge des Austauschs von Nachrichten zwischen den Objekten. Der Fokus liegt hier auf der Reihenfolge der Interaktionen entlang der sog. Lebenslinien (Life Lines) der Objekte.

Kommunikationsdia-
gramm

- *Kommunikationsdiagramm (Communication Diagram)*: Auch das Kommunikationsdiagramm dient dazu, den Nachrichtenaustausch zwischen Objekten zu modellieren. Die Reihenfolge der Nachrichten wird hier durch Nummern an den zwischen den Objekten verlaufenden Kanten zum Ausdruck gebracht.

- *Zeitverlaufsdiagramm (Timing Diagram)*: Das Zeitverlaufsdiagramm ermöglicht es, zeitliche Restriktionen zwischen Zustandsübergängen zu beschreiben, z. B. Mindest- oder Höchstdauern, die zwischen zwei Ereignissen eingehalten werden müssen. Dies ist etwa bei Echtzeitsystemen relevant, wenn Prozesse innerhalb einer bestimmten Zeitspanne abgewickelt werden müssen.

  Zeitverlaufsdiagramm

- *Interaktionsübersichtsdiagramm (Interaction Overview Diagram)*: Eine grobe Ablaufstruktur auf einer höheren Ebene kann man in einem sog. Interaktionsübersichtsdiagramm darstellen. Dieses erlaubt es, Elemente von Sequenz- und Aktivitätsdiagrammen miteinander zu verbinden und Interaktionsdiagramme zu verschachteln. Beispielsweise ist es möglich, ausgehend von einem Aktivitätsdiagramm die darin enthaltenen Aktivitäten durch Sequenzdiagramme zu verfeinern.

  Interaktionsübersichtsdiagramm

An dieser Stelle wurden die 14 UML-Diagrammtypen nur aufgelistet und kurz skizziert. Nicht alle Diagramme besitzen für die Modellierung betrieblicher Informationssysteme die gleiche Bedeutung. Die in diesem Kontext wichtigsten Diagramme werden später genauer erläutert, wenn wir auf die verschiedenen Modellierungsgegenstände (Geschäftsprozesse, Daten, Funktionen etc.) näher eingehen.

4 Modellierung von Geschäftsprozessen

Entsprechend der Definition in Abschnitt 2.1 wird in einem Geschäftsprozessmodell der Ablauf eines Geschäftsprozesses in Form seiner Teilschritte dargestellt, wobei Abhängigkeiten zwischen den Teilschritten berücksichtigt werden. Die Teilschritte werden je nach Sichtweise bzw. Terminologie des speziellen Modellierungsansatzes auch als Prozessschritt, Funktion, Aktion, Aufgabe, Aktivität oder ähnlich bezeichnet.

Zustandsübergänge Bei der Geschäftsprozessmodellierung (GPM) modelliert man den *Ablauf* durch Anordnung der Teilschritte in einer logischen Abfolge, welche durch logische Bedingungen gesteuert wird. Formal betrachtet wird durch die Ausführung eines Prozessschritts ein *Zustandsübergang* herbeigeführt. Der infrage stehende Sachverhalt geht von dem vorhergehenden Zustand in einen neuen Zustand über.

Ein kleines Beispiel mag die abstrakte Notation etwas veranschaulichen: Im Rahmen einer Kreditantragsbearbeitung wird von dem Kreditsachbearbeiter ein Kreditvertrag vorbereitet. Nach Genehmigung und Unterschrift durch beide Vertragsparteien (Kreditinstitut und Kunde) ist der Vertrag abgeschlossen. Der Kreditvertrag wurde also durch die Funktion (Prozessschritt) „Kreditvertrag genehmigen und unterschreiben" aus dem Zustand „offen" (bzw. „vorbereitet") in den Zustand „abgeschlossen" überführt (vgl. Abbildung 4.1; das Beispiel wurde aus einem längeren, von Nüttgens in der Enzyklopädie der Wirtschaftsinformatik geschilderten Geschäftsprozess „Kreditantrag bearbeiten" extrahiert [Nüttgens 2019]).

4.1 Modellierungsansätze

Verbreitete Ansätze zur Geschäftsprozessmodellierung Im Folgenden werden die beiden am weitesten verbreiteten Ansätze zur Geschäftsprozessmodellierung vorgestellt: *Ereignisgesteuerte Prozessketten (EPKs)* und *Business Process Model and Notation (BPMN)*. Auch in der UML-Welt findet man einige Unterstützung für die Geschäftsprozessmodellierung; deshalb wird anschließend auf Aktivitätsdiagramme und weitere nützliche UML-Diagramme eingegangen.

4.1.1 Ereignisgesteuerte Prozessketten (EPKs)

Erfinder: August-Wilhelm Scheer Ereignisgesteuerte Prozessketten (EPKs) als Modellierungsmethode wurden 1992 unter Federführung von August-Wilhelm Scheer am Institut für

https://doi.org/10.1515/9783111063843-004

Abb. 4.1: Zustandsübergang.

Wirtschaftsinformatik der Universität des Saarlandes in Zusammenarbeit mit der SAP AG entwickelt [Nüttgens 2019].

Neben den bereits erwähnten und benutzten Elementen „Ereignis" und „Funktion" gibt es noch sechs weitere Modellierungskonstrukte, die in Abbildung 4.2 zusammengefasst sind. Insgesamt stehen folgende Konstrukte zur Verfügung:

- *Ereignisse* sind passive Komponenten, die entweder einen eingetretenen Zustand oder einen erwarteten Zustand (d. h. einen Zustand, der durch Ausführung einer Funktion einzutreten hat) repräsentieren. Ereignisse können als *Zustandsübergänge* interpretiert werden (Übergang von einem betriebswirtschaftlich relevanten Zustand in einen anderen).

  Ein Ereignis, das *vor* Ausführung einer Funktion vorliegen muss, kann als Vorbedingung dafür angesehen werden, dass die Funktion ausgeführt werden darf.

- *Funktionen* bezeichnen Aktivitäten, die zur Erreichung des Geschäftsprozessergebnisses beitragen. Funktionen sind aktive Kom-

Ereignis

Funktion

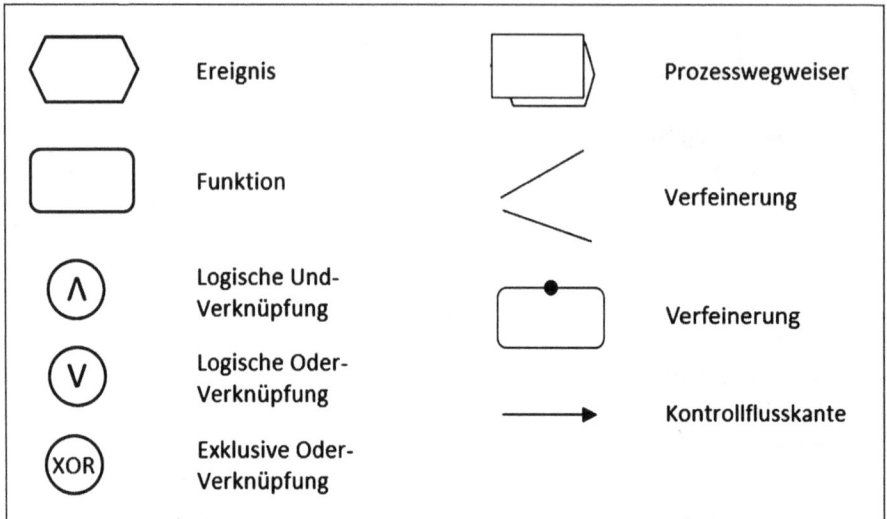

Abb. 4.2: EPK-Symbole.

ponenten. In einer EPK hat jede Funktion eine Vorbedingung (oder auch mehrere Vorbedingungen), und sie führt zu einem neuen Zustand (oder auch zu mehreren neuen Zuständen).

Konnektoren (Verknüpfungsoperatoren)

- *Konnektoren (Verknüpfungsoperatoren)* dienen dazu, logische Abhängigkeiten zwischen Ereignissen und Funktionen zu modellieren. Beispielsweise könnte in dem Geschäftsprozess „Kreditantrag bearbeiten" eine Funktion „Kreditvertrag erstellen" vorgesehen sein, die das Ereignis „Kreditvertrag ist vorbereitet" wie in Abbildung 4.1 zur Folge hat. Voraussetzung für die Funktion „Kreditvertrag erstellen" ist, dass der Kreditantrag sowohl im System angelegt wurde als auch die Risikoprüfung erfolgreich überstanden hat (vgl. Abbildung 4.3). Der hier benutzte Verknüpfungsoperator ist ein „∧" (logisches Und), das in einer EPK in einen Kreis eingebettet wird. Andere Konnektoren sind das „∨" (logisches Oder) sowie das exklusive Oder (in der EPK meist als „XOR" notiert). Verknüpfungsoperatoren erlauben es, Geschäftsregeln in einer ereignisgesteuerten Prozesskette abzubilden.

Prozesswegweiser

- *Prozesswegweiser* werden verwendet, um verschiedene EPKs miteinander zu verbinden. Dabei kann man zwei Fälle unterscheiden:

Verbindung zweier Geschäftsprozesse

  a) Zwei gleichrangige Geschäftsprozesse sind im Anwendungskontext dergestalt miteinander verbunden, dass die Weiterführung des einen Geschäftsprozesses erst die Ausführung eines anderen verlangt. Beispielsweise kann es in einem Prozess zur Bearbeitung von Kundenaufträgen („Auftragsabwicklungsprozess")

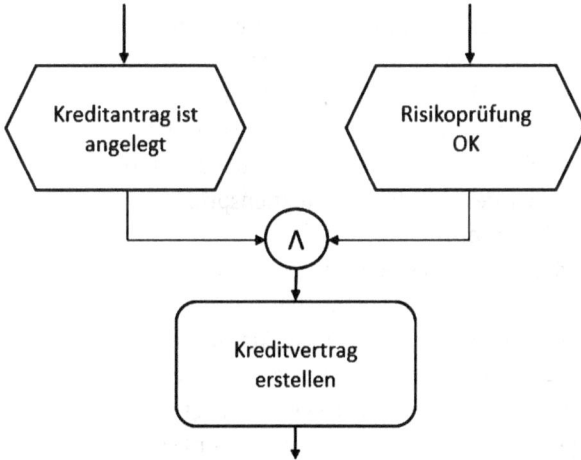

Abb. 4.3: Zwei mit „Und" verknüpfte Zustände.

vorkommen, dass das vom Kunden gewünschte Produkt („Material" in der Terminologie des Beispiels) nicht verfügbar, d. h. nicht auf Lager ist und erst produziert werden muss. „Produktion" ist ähnlich umfangreich wie „Auftragsabwicklung" und wird deshalb als eigener Prozess modelliert.

b) Eine Funktion eines Geschäftsprozesses besteht aus mehreren Schritten und ist zu umfangreich, als dass sie mit einem einfachen Funktionssymbol angemessen beschrieben werden könnte. Man modelliert stattdessen einen eigenen (Teil-) Prozess, der in dem Hauptprozess aufgerufen wird. Als Beispiel sei der Prozess „Materialbeschaffung" genannt, der unter anderem Bestellungen bei Lieferanten umfasst. Im einfachsten Fall könnte hierfür eine Funktion „Bestellung auslösen" vorgesehen werden. Wenn mögliche Lieferanten aber erst noch gesucht, Verhandlungen geführt und Auswahlentscheidungen vorbereitet und getroffen werden müssen, kann es zweckmäßig sein, die Lieferantenauswahl als eigenen Prozess zu modellieren.

Verbindung Haupt-/Unterprozess

Die Verbindung zweier Prozesse wird mit dem Prozesswegweiser-Symbol angezeigt. Im aufrufenden Prozess folgt auf dieses ein ganz bestimmtes Ereignis – nämlich das Endereignis, das im aufgerufenen Prozess am Ende steht. Der aufgerufene Prozess beginnt demgegenüber mit demjenigen Ereignis, welches im aufrufenden Prozess vor dem Prozesswegweiser steht.

Ereignissymbol wird vor bzw. nach Prozessweg-weisersymbol wiederholt

Abstrakt hört sich das komplizierter an, als es ist. Der Prozesswegweiser steht im Hauptprozess gewissermaßen für eine ausgelagerte Funktion, die natürlich mit einem Ereignis endet. Das Eintreten dieses Ereignisses wird aber im verknüpften Prozess modelliert. Damit das Ereignis für die weitere Ausführung des Hauptprozesses bekannt ist, wird es einfach im Hauptprozess wiederholt.

Abbildung 4.4 zeigt im mittleren Teil (gestrichelte Linie) das in Fall a) erwähnte Beispiel des mit dem Produktionsprozess verbundenen Auftragsabwicklungsprozesses.

Aus dem Produktionsprozess sind in Abbildung 4.5 nur der Anfang und das Ende angedeutet. Am Anfang steht das gleiche Ereignis „Auftragsbestätigung ohne Termin ist verschickt" wie vor der Aufrufstelle im Auftragsabwicklungsprozess. Für die Rückkehr aus dem aufgerufenen Prozess gelten analoge Regeln. Das letzte Ereignis ist „Buchungsbelege sind erzeugt". Dieses wird im Auftragsabwicklungsprozess wiederholt.

Auftragsabwicklung

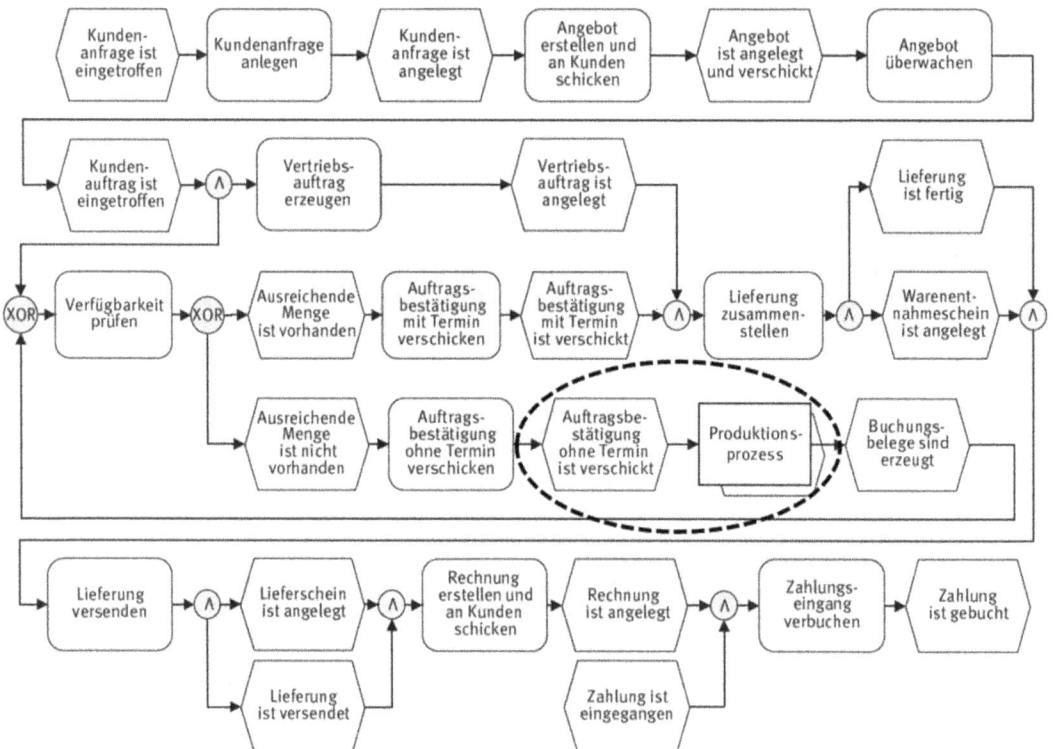

Abb. 4.4: Beispiel Auftragsabwicklungsprozess [Kurbel 2021, S. 244].

Produktionsprozess

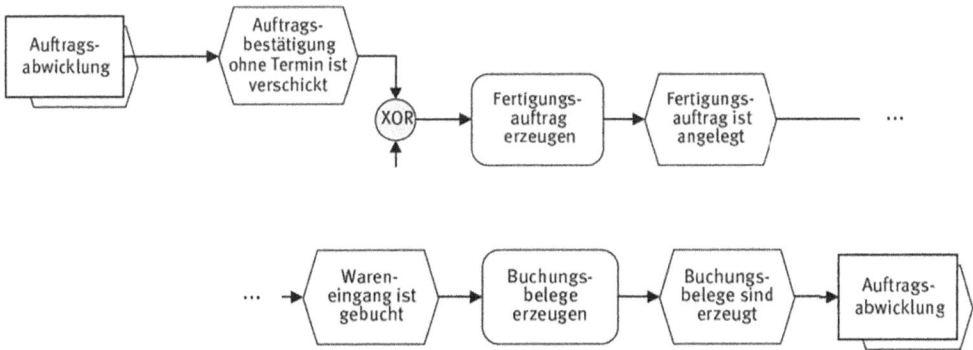

Abb. 4.5: Auszug aus aufgerufenem Produktionsprozess [Kurbel 2021, S. 245].

- *Verfeinerung* verfolgt im Prinzip den gleichen Zweck wie der Fall b). Eine umfangreichere Funktion wird ausgelagert und an anderer Stelle ausführlich beschrieben, ohne dass ein explizites Wegweiser-Symbol benutzt wird. Stattdessen wird mit zwei Linien gewissermaßen der Verfeinerungsraum „aufgespannt". (Anmerkung: Das Konstrukt „Verfeinerung" war 1992 in der ursprünglichen EPK-Beschreibung [Keller et al. 1992] nicht enthalten.)
  Eine besser handhabbare Form der Verfeinerung verwendet ein Funktionssymbol und zeigt mit einem ausgefüllten großen Punkt an, dass es zu der Funktion einen an anderer Stelle ausführlicher beschriebenen Teilprozess gibt. Diese Form ist insofern zweckmäßiger, als das bei Verwendung der zwei Linien möglicherweise auftretende Platzproblem wie vermieden wird.
- *Pfeile (Kontrollflusskanten)* drücken den Kontrollfluss zwischen Ereignissen, Funktionen, Prozesswegweisern und Verknüpfungsoperatoren aus.

Verfeinerung

Kontrollflusskanten

Regeln

Für die Verwendung der EPK-Symbole gelten gewisse Regeln. Diese müssen eingehalten werden, damit es sich um eine gültige EPK handelt.

Regeln für gültige EPKs

1. Eine EPK hat immer ein Startereignis (oder auch mehrere Startereignisse), oder sie beginnt mit einem Prozesswegweiser.
2. Eine EPK endet immer mit einem Ereignis (oder auch mehreren Ereignissen), eventuell gefolgt von einem Prozesswegweiser.
3. Eine Funktion steht immer unmittelbar oder mittelbar (d. h. bei Verwendung von Konnektoren) zwischen einem vorausgehenden Ereig-

nis und einem nachfolgenden Ereignis (bzw. jeweils mehreren davon).

4. Auf eine Funktion folgt immer ein Ereignis oder ein Konnektor.
5. Auf ein Ereignis folgt immer eine Funktion, ein Konnektor oder ein Prozesswegweiser (außer bei einem Endereignis).
6. Auf einen Konnektor folgen immer eine Funktion, ein Ereignis, ein Konnektor oder mehrere Konnektoren.

Regeln für die Verwendung von Konnektoren

Welche Verwendungen von Konnektoren zulässig sind und welche nicht, zeigt Abbildung 4.6. Die Abbildung geht auf die Entwickler der Ereignis-

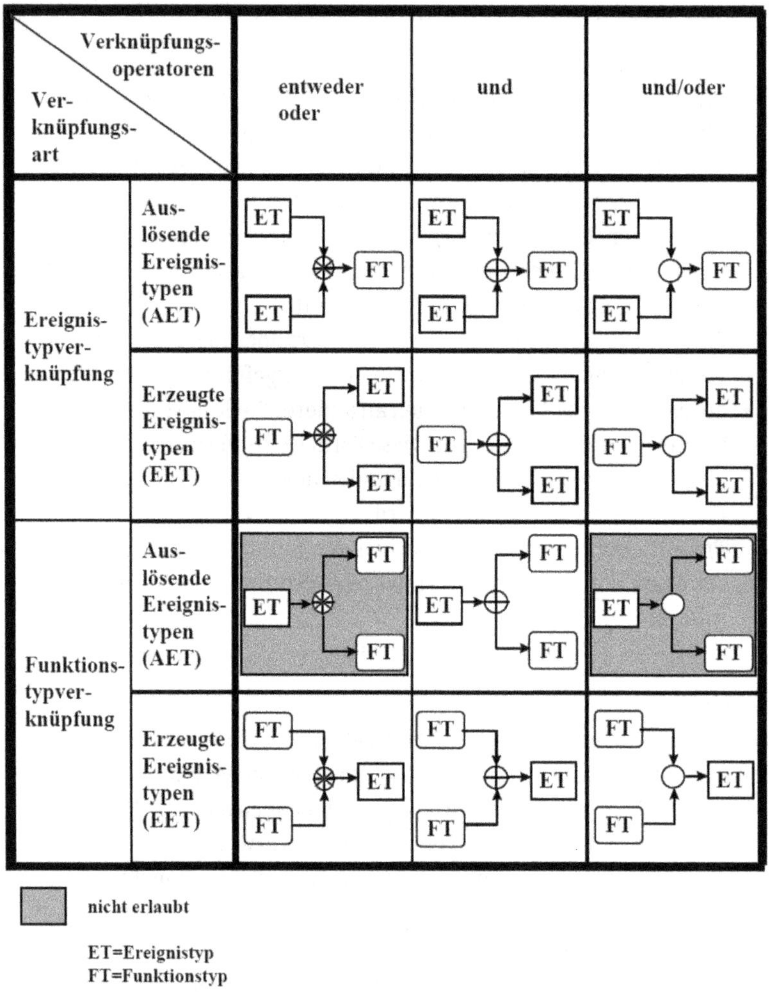

nicht erlaubt

ET=Ereignistyp
FT=Funktionstyp

Abb. 4.6: Verknüpfungen in Ereignisgesteuerten Prozessketten [Keller et al. 1992, S. 14].

gesteuerten Prozessketten zurück [Keller et al. 1992]. Konnektoren sind darin als Kreise gezeichnet, die einen Stern (exklusives Oder), ein Pluszeichen (logisches Und) oder nichts (inklusives Oder) enthalten. „FT" und „ET" kann der Einfachheit halber als „Funktion" bzw. „Ereignis" interpretiert werden.

Nicht erlaubt sind Oder-Verknüpfungen nach einem Ereignis (vgl. dritte Tabellenzeile). Der Grund ist einfach: Bevor einem der beiden Pfade gefolgt werden kann, muss entschieden sein, welchem. Die Entscheidung kann aber nicht von einem Ereignis getroffen werden, denn Ereignisse sind „passiv", d. h., sie repräsentieren nur einen Zustand. Ein Tätigwerden im Sinne einer Entscheidungsfindung (z. B. durch einen Algorithmus oder eine Benutzereingabe) ist nur im Rahmen einer Funktion möglich.

Keine Oder-Verknüpfungen nach einem Ereignis

Dagegen ist der mittlere Fall (logische Und-Verknüpfung) in der gleichen Zeile der Tabelle zulässig. Da definitionsgemäß sowohl die eine als auch die andere Funktion ausgeführt werden muss, ist keine Entscheidung erforderlich. Beide Zweige werden parallel durchlaufen.

Ein Beispiel

Im Folgenden wird ein gesamter, wenn auch vereinfachter Geschäftsprozess in Form einer EPK dargestellt. Es handelt sich um den Prozess „Beschaffung", der bei Kurbel [Kurbel 2021, S. 230 ff.] näher erläutert wird; die nachfolgende Beschreibung ist der genannten Quelle entnommen.

Geschäftsprozess „Beschaffung"

Ausgangspunkt für den Beschaffungsprozess in einem Unternehmen ist ein Materialbedarf. Dieser kann sich je nach Organisation der Materialwirtschaft auf unterschiedliche Weise ergeben. Das Ereignis, dass ein Materialbedarf erkannt wurde, löst den ersten Prozessschritt, nämlich die Erzeugung einer Bestellanforderung, aus.

Bevor der Einkauf tatsächlich eine Bestellung tätigen kann, muss der Lieferant bekannt sein. In der Funktion „Bezugsquelle ermitteln" wird entschieden, wie weiter zu verfahren ist. Deshalb kann jetzt ein XOR-Operator folgen. Je nachdem, ob der Lieferant des Materials schon feststeht oder nicht, muss ggf. eine Lieferantenauswahl erfolgen. In der Abbildung ist diese nur als einfacher Prozessschritt dargestellt. Sie kann jedoch auch deutlich komplexer sein (Anfragen, Angebotseinholung, Verhandlungen etc.), sodass sie als eigener Prozess modelliert und über einen Prozesswegweiser angebunden würde.

XOR-Verzweigung

Die beiden Pfade werden über einen weiteren XOR-Operator wieder zusammengeführt. Nachdem die Bestellung im System angelegt und dem gewählten Lieferanten übermittelt ist, wartet der Prozess, bis die Lieferung eintrifft.

XOR-Zusammenführung

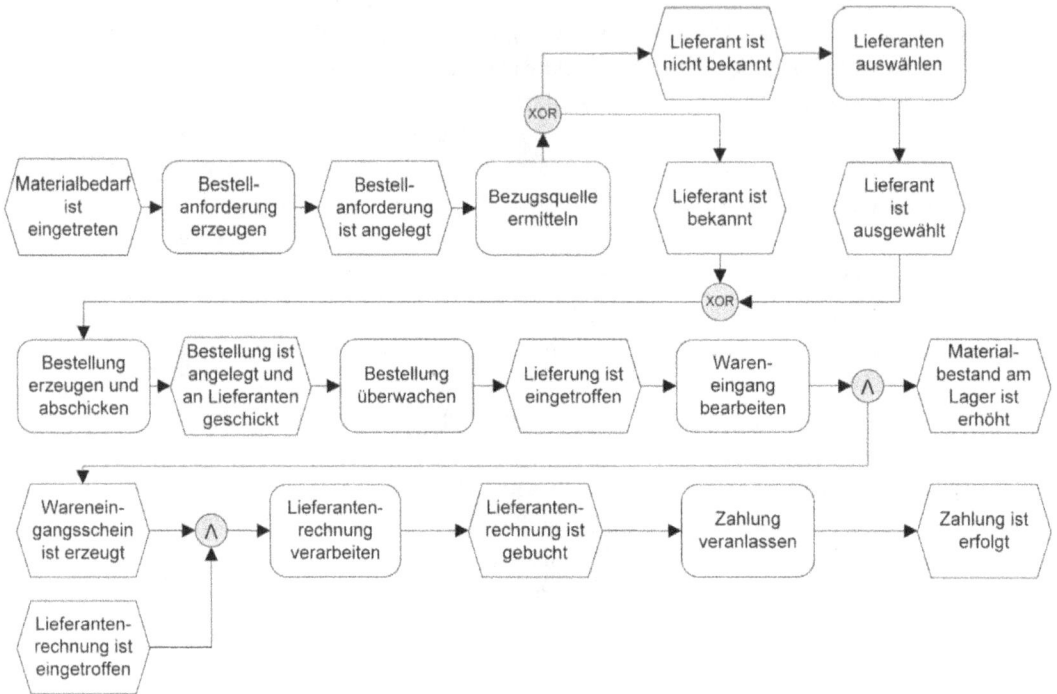

Abb. 4.7: Beschaffungsprozess [Kurbel 2021, S. 231].

Im Wareneingang wird die Lieferung qualitäts-, preis- und mengenmäßig gegen die Bestellung geprüft. Wenn das Ergebnis zufriedenstellend ist, wird die eingegangene Menge dem Lager zugeführt und erhöht den Lagerbestand. (Der Fall, dass die Wareneingangsprüfung Mängel bzw. Abweichungen ergibt und Folgeaktionen wie Mängelrügen, Nachbearbeitung, Teillieferungen o. a. verursacht, wurde der Einfachheit halber nicht modelliert.) Der Wareneingangsschein dokumentiert das Ergebnis der Wareneingangsprüfung.

Vorliegen von
Dokumenten

Wenn die Lieferantenrechnung eingetroffen ist, kann sie vom Rechnungswesen geprüft und gebucht werden, sofern ein übereinstimmender Wareneingangsschein vorliegt. Zur Begleichung der Rechnung (Funktion „Zahlung veranlassen") vergleicht das Rechnungswesen die Dokumente Bestellung, Wareneingangsschein und Lieferantenrechnung und veranlasst schließlich die Zahlung. Damit ist der Prozess abgeschlossen.

Am Rande sei darauf hingewiesen, dass dieser Prozess zwei Endereignisse hat, nämlich „Materialbestand am Lager ist erhöht" und „Zahlung ist erfolgt". Der Normalfall ist jedoch der, dass ein Prozess mit einem Ereignis endet.

Erweiterte Ereignisgesteuerte Prozesskette (eEPK)

Die bisher verwendeten EPK-Symbole charakterisieren die *Grundform* einer Ereignisgesteuerten Prozesskette (EPK). Zur Modellierung eines Ablaufs sind diese auch ausreichend.

Häufig will man aber auch etwas Kontext mitmodellieren, beispielsweise welche Organisationseinheit für die Ausführung einer Funktion zuständig ist, welche Datenbankeinträge durch eine Funktion erzeugt werden oder welche Dokumente für einen Prozessschritt vorliegen müssen. Am Ende des gerade skizzierten Beschaffungsprozesses wurde beispielsweise erwähnt, dass zur Begleichung der Rechnung (Funktion „Zahlung veranlassen") die Buchhaltung die Dokumente Bestellung, Wareneingangsschein und Lieferantenrechnung vergleichen müsse. Dies wurde zwar verbal angesprochen, aber nicht explizit im Prozess modelliert.

Modellierung von Kontext

Den genannten Kontext kann man in der Prozessbeschreibung berücksichtigen, indem man zwei Erweiterungen der Grundform nutzt. In der EPK-Terminologie heißen diese „Informationsobjekt" und „Organisationseinheit":

„Informationsobjekt" und „Organisationseinheit"

- *Informationsobjekt* steht für einen Träger von Informationen, z. B. eine Datei, eine Datenbanktabelle oder ein Dokument. Am Rande sei erwähnt, dass Dokumente in einem betrieblichen Informationssystem i. d. R. nicht (nur) auf Papier, sondern in einer Datenbank abgelegt werden.
- *Organisationseinheit* bezeichnet, wie schon der Name sagt, eine Einheit in einer betrieblichen Organisation, z. B. eine Stelle, eine Gruppe oder eine Abteilung.

Wenn die eEPK in einen umfassenderen Modellierungsansatz (z. B. ARIS, vgl. Abschnitt 3.1) eingebettet ist, dann werden die Informationsobjekte im Zuge der Datenmodellierung gesondert beschrieben und in einem Datenmodell dargestellt. In der eEPK kann dann direkt auf die bereits modellierten Informationsobjekte zurückgegriffen werden.

Verbindung zur Datenmodellierung

Das Gleiche gilt für die Organisationseinheiten. Diese werden bereits im Zuge der Unternehmensmodellierung beschrieben und grafisch in Form von Organigrammen dargestellt. In der eEPK kann man dann zum Beispiel einen Knoten des Organigramms als für eine Funktion zuständig erklären.

Verbindung zur Organisationsmodellierung

In Abbildung 4.8 ist die EPK für den Beschaffungsprozess um Informationsobjekte und Organisationseinheiten erweitert. Informationsobjekte werden durch Rechtecke mit spitzen Ecken dargestellt, Organisationseinheiten durch Ovale mit einem senkrechten Strich.

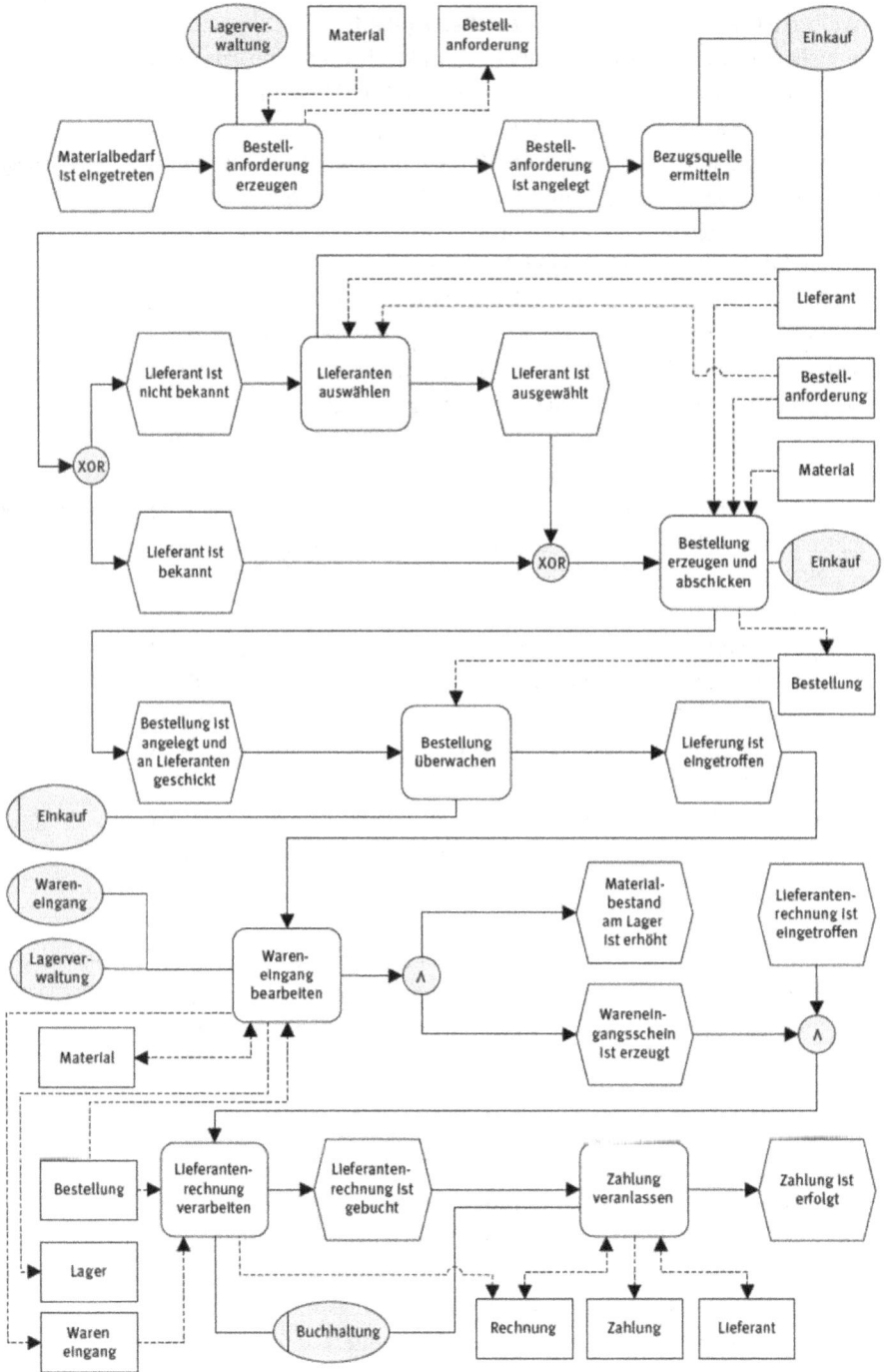

Abb. 4.8: Erweiterte Ereignisgesteuerte Prozesskette (eEPK) Beschaffungsprozess [Kurbel 2021, S. 343].

Für die Zuordnung von *Informationsobjekten* werden gestrichelte Linien mit einer Pfeilspitze verwendet. Der Pfeil gibt die Richtung des Informationsflusses an. Beispielsweise müssen für die Funktion „Bestellanforderung erzeugen" Materialstammdaten aus der Datenbank eingelesen werden (Pfeilrichtung vom Informationsobjekt „Material" hin zur Funktion). Die von der Funktion erzeugte Bestellanforderung wird in der Datenbank gespeichert (d. h. Pfeilrichtung von der Funktion hin zum Informationsobjekt).

Organisationseinheiten werden den betroffenen Funktionen mit einer einfachen Kante (Linie) zugeordnet. In dem Beschaffungsprozess müssen die Organisationseinheiten „Lagerverwaltung", „Einkauf", „Wareneingang" und „Buchhaltung" tätig werden. Der Einkauf ist beispielsweise für die Funktionen „Bezugsquelle ermitteln", „Lieferanten auswählen", „Bestellung erzeugen und abschicken" sowie „Bestellung überwachen" zuständig.

Neben Informationsobjekten und Organisationseinheiten findet man gelegentlich noch weitere Symbole in einer eEPK, beispielsweise für Computerprogramme, eigenständige Informationssysteme oder zu erbringende Leistungen. Auf deren Beschreibung wird hier verzichtet. Erweiterte EPKs werden später in den Kapiteln 6, 7 und 10 noch vertieft.

4.1.2 Business Process Model and Notation (BPMN)

Während EPKs in der Wirtschaftsinformatik lange Zeit den Standard für Geschäftsprozessmodellierung darstellten, wurde in den letzten Jahren BPMN (Business Process Model and Notation) immer populärer. Mittlerweile hat BPMN im Hinblick auf die Verbreitung in der Praxis die Ereignisgesteuerten Prozessketten überholt.

Dies liegt zum einen daran, dass BPMN stärker formalisiert ist und eine sog. *Ausführungssemantik* besitzt. Damit ist der Weg hin zur automatisierten Überführung von Geschäftsprozessmodellen in ausführbare Computerprogramme einfacher. „Ausführungssemantik" heißt, dass die *Bedeutung* der BPMN-Symbole und ihre Wirkung genau spezifiziert sind.

Auf Basis der Spezifikationen kann ein Prozessablauf grundsätzlich soweit automatisiert werden, dass ihn eine Ausführungskomponente (Workflow Engine, Business Process Engine) automatisch ausführen kann. Zur formalen Beschreibung des Prozesses werden *XPDL (XML Process Definition Language)* oder *BPEL (Web Services Business Process Execution Language*, auch *WS BPEL* genannt) verwendet.

BPMN ist mächtig

Der zweite Grund für die zunehmende Verbreitung von BPMN ist darin zu sehen, dass die Sprache wesentlich mächtiger als die Ereignisgesteuerten Prozessketten ist. In BPMN lassen sich zahlreiche Sachverhalte deutlich genauer und differenzierter modellieren als mit EPKs. Grundsätzlich basiert BPMN zwar auf der gleichen Logik wie EPKs, nämlich Steuerung des Prozessablaufs (Ausführung von Funktionen) durch Ereignisse (Zustandsübergänge) und Konnektoren. Während für EPKs aber nur relativ allgemeine Notationselemente zur Verfügung stehen, sind diese in BPMN sehr stark ausdifferenziert.

Beispiel Ereignistypen

Beispielsweise gibt es für EPKs ein Symbol „Ereignis", gleich, um welche Art von Ereignis es sich handelt. Die Art des Ereignisses kann nur in der Benennung oder einer ergänzenden textlichen Beschreibung zum Ausdruck gebracht werden. BPMN kennt demgegenüber zahlreiche Ausprägungen des allgemeinen Ereignistyps: Startereignis, Zwischenereignis, Endereignis, Eintreffen einer Nachricht, Zeiterreichung (Timer Event), Auftreten eines Fehlers u. a.

Damit kann präziser modelliert werden. Es besteht aber auch die Gefahr, dass BPMN-Diagramme unübersichtlich werden, wenn das ganze Potential an Symbolen ausgeschöpft wird. Bei insgesamt über 150 verschiedenen Symbolen ist diese Gefahr nicht von der Hand zu weisen.

Object Management
Group (OMG)

BPMN wurde ursprünglich von einem IBM-Mitarbeiter, Stephen White, entwickelt [White 2004] und 2005 von der Object Management Group (OMG) zur Pflege und Weiterentwicklung übernommen. Die OMG, die auch für UML zuständig ist (vgl. Abschnitt 3.2), verabschiedete 2006 den ersten BPMN-Standard (BPMN 1.0). Im Jahr 2011 erschien der Standard *BPMN 2.0*, der bis heute Gültigkeit besitzt [OMG 2011].

Informelle Einführung in BPMN

Dieser Abschnitt beginnt mit einer informellen Einführung in BPMN, bevor anschließend auf die verschiedenen Typen von Modellelementen genauer eingegangen wird. Als Einführungsbeispiel wird auf den Prozess „Beschaffung" zurückgegriffen, der in Abbildung 4.7 als Ereignisgesteuerte Prozesskette dargestellt wurde.

Beschaffungsprozess in
BPMN-Notation

Abbildung 4.9 zeigt den gleichen Prozess grafisch in BPMN-Notation. Um die Analogie zur EPK sichtbar zu machen, wurden bewusst nur elementare BPMN-Elemente verwendet. Das Diagramm wurde mit einem Modellierungswerkzeug erstellt (*bflow Toolbox* [https://www.bflow.org]; vgl. auch Abschnitt 4.3).

Nur „wichtige"
Ereignisse im
BPMN-Diagramm

Obgleich die Aktivitäten aus Abbildung 4.7 weitestgehend übernommen wurden, ist die Prozessdarstellung in BPMN kürzer. Dies liegt vor allem daran, dass nicht alle Zwischenereignisse aus der EPK im BPMN-

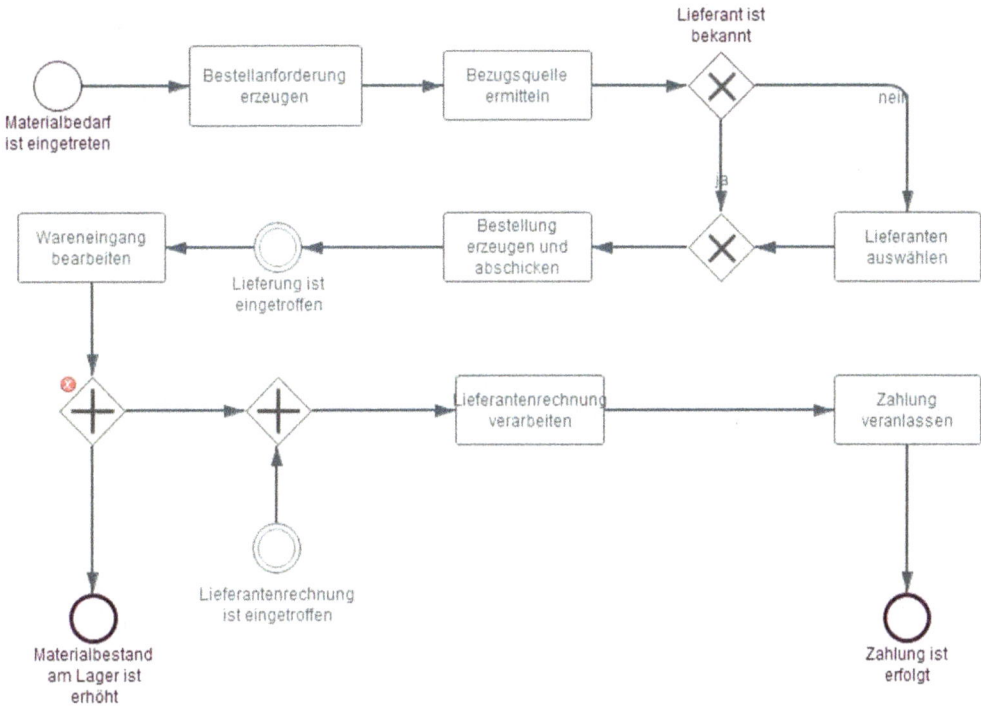

Abb. 4.9: Beschaffungsprozess in BPMN-Notation (mit *bflow Toolbox* erstellt [https://www.bflow.org]).

Diagramm aufgeführt sind. Anders als eine EPK verlangt BPMN nicht, dass zwischen zwei Funktionen immer ein Ereignis liegen muss.

In BPMN führt man neben dem Start- und Endereignis nur „wichtige" Zwischenereignisse auf, während in einer EPK jede Ausführung einer Funktion explizit von einem Ereignis gesteuert wird. „Wichtig" sind in diesem Sinne die extern verursachten Ereignisse „Eintreffen der Lieferung" und der zugehörigen Rechnung.

Auch sind EPK-Ereignisse, die den in einer „XOR"-Verknüpfung überprüften Zustand zum Ausdruck bringen, nicht erforderlich, da das Gateway im BPMN-Diagramm mit der relevanten Unterscheidung beschriftet werden kann.

In dem Beispieldiagramm treten drei Arten von Ereignissen auf, die jeweils durch einen Kreis dargestellt werden: ein Startereignis („Materialbedarf ist eingetreten"), zwei Endereignisse („Materialbedarf am Lager ist erhöht", „Zahlung ist erfolgt") und zwei Zwischenereignisse (gekennzeichnet durch einen doppelten Kreis).

Ereignissse

Die Verknüpfungsoperatoren (Konnektoren) heißen in BPMN *Gateways*. Hiervon gibt es mehrere Arten. Im Diagramm sind nur zwei Ar-

Gateways

ten zu sehen – als Rauten mit Kreuz bzw. Pluszeichen im Innern darge-stellt:

- Exklusives Gateway (Raute mit Kreuz im Innern), entspricht dem ex-klusiven logischen Oder
- Paralleles Gateway (Raute mit Pluszeichen im Innern), entspricht dem logischen Und

Das Beispiel in Abbildung 4.9 ist in mehrfacher Hinsicht vereinfacht und nicht typisch für praktische BPMN-Diagramme. Grundsätzlich sol-len BPMN-Diagramme horizontal angeordnet werden, von links nach rechts; alternativ ist auch eine vertikale Anordnung möglich. Aus Platz-gründen in diesem Buch wurde der Ablauf wie bei den EPKs in die verschiedensten Richtungen gezeichnet.

Außerdem fehlen – neben weiteren Gateway- und Ereignistypen – insbesondere Organisationselemente zur Spezifizierung von *Verant-wortlichkeiten*. In BPMN sind dies die sog. Pools und Lanes.

Pools   Ein *Pool* ist der Bereich, in dem ein Prozess abläuft. Wenn er nicht weiter strukturiert wird, könnte man sagen, der Pool ist das Unterneh-men, in dem der Geschäftsprozess stattfindet. Handelt es sich aber um ei-nen zwischenbetrieblichen Prozess, dann gibt es mindestens zwei Pools (Unternehmen), in denen Aktivitäten des Prozesses angesiedelt sind.

Lanes   *Lanes* dienen zur Untergliederung eines Pools nach organisatori-schen oder anderen Gesichtspunkten. Dies ist ähnlich der Verwendung von Swimlanes in UML (vgl. Abbildung 4.24). Meistens drückt man mit Lanes aus, welche *Organisationseinheiten* für welche Aktivitäten zu-ständig sind. Formal sind aber auch andere Untergliederungskriterien möglich. Bei einem stark IT-gestützten Prozess mit mehreren beteiligten Informationssystemen könnte man z. B. die Lanes nach den beteiligten Informationssystemen organisieren und die Funktionen entsprechend anordnen.

Die Verwendung von Pools und Lanes soll ausgehend von dem Bei-spiel, das in der erweiterten EPK in Abbildung 4.8 modelliert wurde, de-monstriert werden. Betroffen und zuständig sind in dem Unternehmen die Abteilungen:

- Lagerverwaltung
- Einkauf
- Wareneingang
- Buchhaltung

Beispiel: 2 Pools, 7 Lanes   Als Erweiterung des eEPK-Beispiels wird auch das liefernde Unterneh-men einbezogen, denn dieses muss die Bestellung verarbeiten und die Lieferung auf den Weg bringen. In Abbildung 4.10 gibt es demzufolge

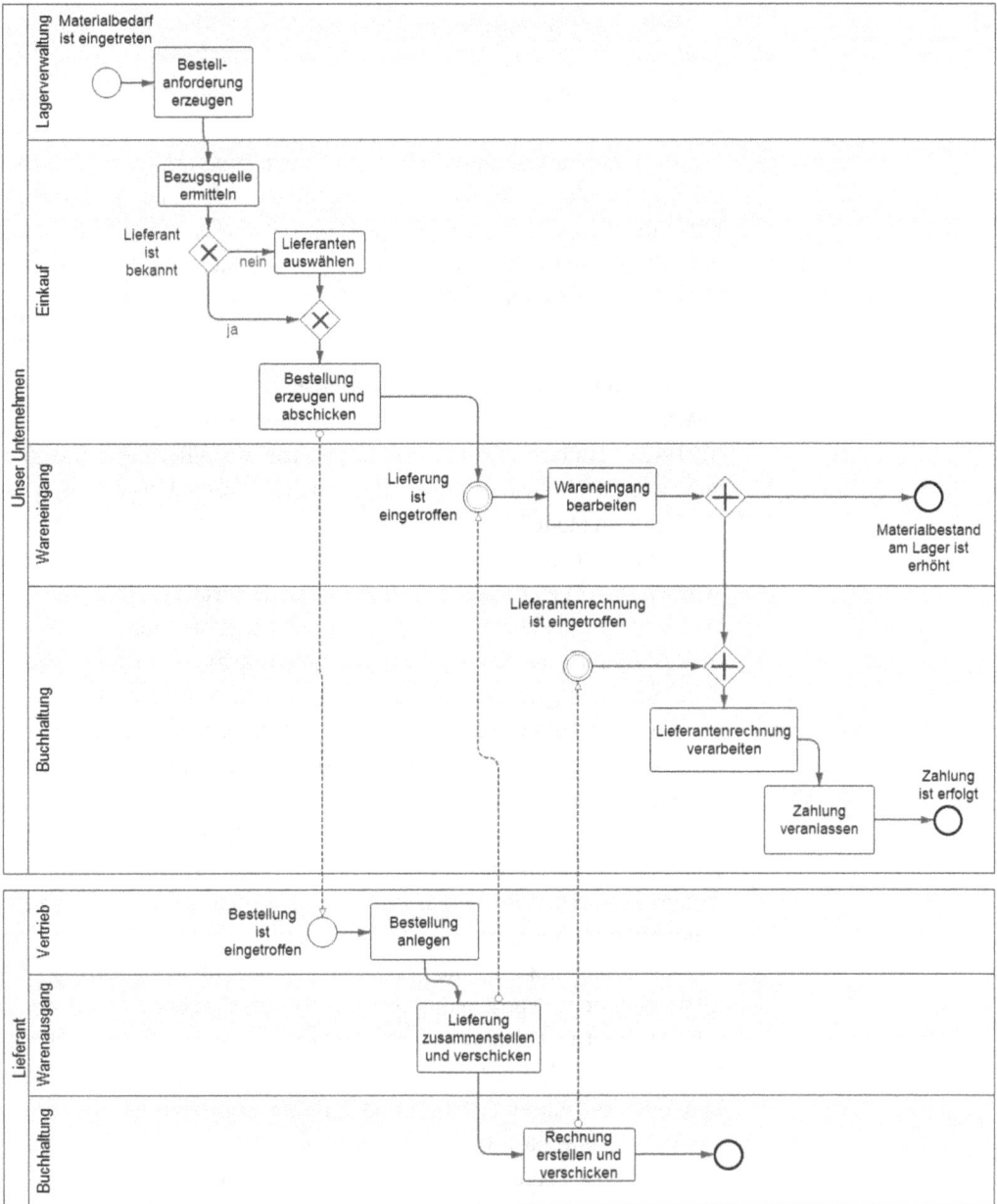

Abb. 4.10: Beschaffungsprozess mit Pools und Lanes (mit *bflow Toolbox* erstellt [https://www.bflow.org]).

zwei Pools und vier bzw. drei Lanes in den beiden Pools. Die verantwortlichen Abteilungen im Unternehmen werden jeweils durch eine Lane repräsentiert.

Beim Lieferanten, der die Bestellung unseres Unternehmens abwickelt, müssen der Vertrieb (Bestellannahme), der Warenausgang (bzw. Versand) und die Buchhaltung für die Rechnungsstellung tätig werden.

Nachrichtenfluss Die Kommunikation zwischen den beiden *Pools* erfolgt nicht mittels der Sequenzpfeile, die sonst die Ablauffolge beschrieben, sondern mithilfe von „Nachrichtenfluss"-Pfeilen (gestrichelte Linien). Sequenzpfeile sind nur innerhalb eines Pools vorgesehen. Zwischen Pools werden Nachrichten versendet.

BPMN-Symbole (Modellierungselemente)

BPMN weist wesentlich mehr Modellierungselemente als EPKs auf. Der BPMN-2.0-Standard spezifiziert 43 Typen von Modellierungselementen, von denen 12 als elementar bezeichnet werden. Abbildung 4.11 zeigt die elementaren Modellierungselemente.

Zu den Elementartypen existieren teilweise Spezialisierungen. Beispielsweise gibt es zu dem Typ „Gateway", wie bereits gesehen, die Spezialisierungen „exklusiv" und „parallel", und darüber hinaus „inklusiv" (inklusives logisches Oder), „komplex" (Mehrfachverzweigung), „ereignisbasiert" und „parallel ereignisbasiert" (vgl. Abbildung 4.12).

48 Ereignistrigger Noch stärker ausdifferenziert sind die *Ereignistypen*. Für die bereits bekannten Start-, End- und Zwischenereignisse kann die Art des Ereignisses durch sog. *Trigger* näher gekennzeichnet werden. Ein Trigger wird im Innern des Kreissymbols angebracht. Beispielsweise drückt ein Briefumschlag im Innern des Startsymbols aus, dass eine Nachricht eingetroffen ist und den Prozess anstößt. Im BPMN-Standard sind 48 solche Ereignistrigger aufgeführt [OMG 2011, S. 32].

Abbildung 4.13 zeigt die grafischen Symbole für *Ereignistrigger* (in BPMN-Notation „Type Dimension" genannt) im Überblick. Manche sind selbsterläuternd, bei anderen empfiehlt es sich, die Bedeutung und Wirkung nachzuschlagen. Startereignisse sind mit einer normal starken, Endereignisse mit einer fetten und Zwischenereignisse mit einer doppelten Linie eingekreist.

„Catching", „Throwing" und „Non-Interrupting" Events Die sechs Spalten sind nach „Catching", „Throwing" und „Non-Interrupting" Events angeordnet. „Catching" bedeutet, dass die folgende Aktivität auf das Ereignis reagieren muss. „Throwing" heißt, dass das Ereignis von der vorausgehenden Aktivität erzeugt wird. „Non-Interrupting" sind Ereignisse dann, wenn der Prozessablauf trotz Eintreten des Ereignisses fortgesetzt werden darf, ohne dass bzw. bevor das Ereignis behandelt wird. „Non-Interrupting" Ereignisse werden durch gestrichelte Umrandungen gekennzeichnet.

Ereignis (Event)	Etwas, das "passiert"; ein Zustand, der eintritt	 ○
Aktivität (Activity)	Zu erledigende Aufgabe	 ▢
Gateway	Steuert den Ablauf eines Prozesses	 ◇
Sequenzfluss (Sequence Flow)	Gibt die Abfolge von Aktivitäten u.a. an	 →
Nachrichtenfluss (Message Flow)	Zeigt den Fluss von Nachrichten an	 ●----▶
Assoziation (Association)	Verbindet BPMN-Symbole mit Informationen und Artefakten	 ----------- ----------▶
Pool	Zeigt die Zuständigkeit für Aktivitäten eines Prozesses an	 ▯
Lane	Unterteilt einen Pool nach Zuständigkeiten	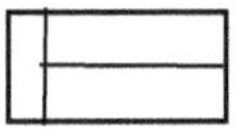 ▯
Datenobjekt (Data Object)	Zeigt erforderliche oder erzeugte Informationen einer Aktivität an	 ▯
Nachricht (Message)	Gibt eine Nachricht in einer Kommunikation an	 ✉
Gruppe (Group)	Gruppiert Elemente der gleichen Kategorie	 ⬚
Textannotierung (Text Annotation)	Zusätzliche Erläuterungen, mit einer Assoziation angebracht	 ⊏

Abb. 4.11: Elementare BPMN-Modellierungselemente [OMG 2011, S. 28 ff.].

12 elementare Modellierungselemente

Einige der Ereignistypen werden in den Beispielen in diesem Abschnitt verwendet. Auf eine Erläuterung der großen Zahl weiterer Ereignistypen wird verzichtet. Der Leser sei auf die BPMN-Referenz der OMG [OMG 2011, S. 145 ff.] bzw. einschlägige Literatur verwiesen.

Durch die genannten Spezialisierungen beläuft sich die Gesamtzahl unterschiedlicher Symbole in BPMN 2.0 auf ca. 100. Im Gegensatz

„Basic" vs. „Extended BPMN Modeling Elements"

Exklusives Gateway (exklusive Oder-Verbindung)	Exclusive	◇ or ⟨X⟩
Ereignisbasiertes Gateway (exklusives Gateway in Abhängigkeit von einem Ereignis)	Event-Based	
Paralleles ereignisbasiertes Gateway (exkl. Gateway abhängig von mehreren Ereignissen)	Parallel Event-Based	
Inklusives Gateway (inklusive Oder-Verbindung)	Inclusive	
Komplexes Gateway (Mehrfachverbindung, in Abh. von einem auszuwertenden Ausdruck)	Complex	
Paralleles Gateway (logische Und-Verbindung)	Parallel	

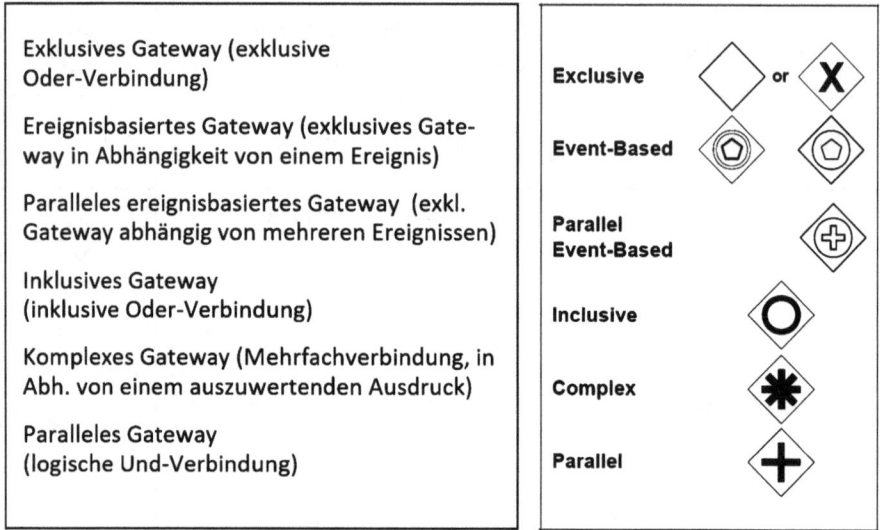

Abb. 4.12: Gateways in BPMN 2.0 [OMG 2011, S. 34].

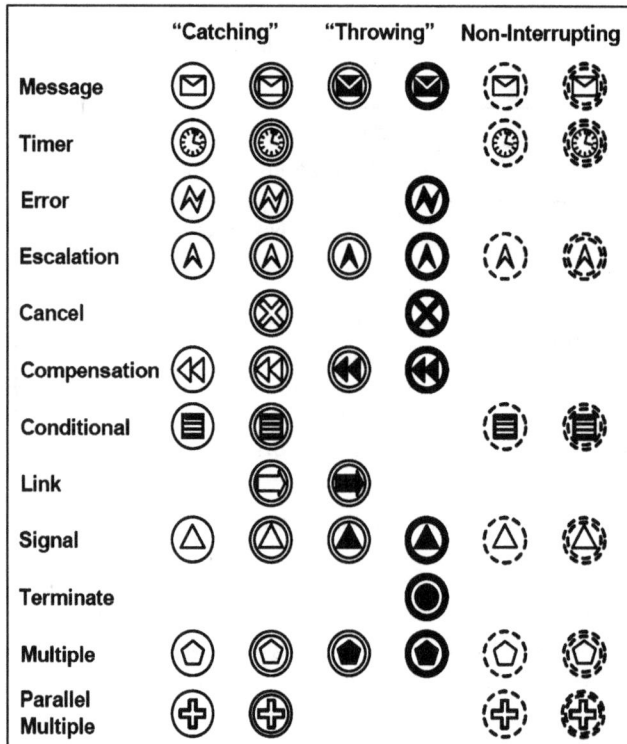

Abb. 4.13: Ereignistrigger in BPMN 2.0 [OMG 2011, S. 32].

zu den 12 elementaren Modellierungselementen („Basic BPMN Model-ling Elements") wird die ausdifferenzierte Aufstellung als „erweiterte" Aufstellung bezeichnet („Extended BPMN Modeling Elements").

Die große Zahl an Modellierungselementen ermöglicht sehr detail-lierte BPMN-Diagramme, weist aber auch gewisse Nachteile auf. Wenn sie tatsächlich ausgeschöpft wird, können BPMN-Diagramme für Nicht-experten schnell unübersichtlich werden. Die vielen verschiedenen Elemente bei manuellem Modellieren zielgerichtet anzuwenden, dürf-te eher Experten vorbehalten bleiben. Jedoch lassen sich auch mit den elementaren Modellierungselementen schon durchaus aussagekräftige BPMN-Modelle erzeugen. Unübersichtlichkeit

Auf einige ausgewählte Modellierungselemente des BPMN-2.0-Stan-dards wird im Folgenden genauer eingegangen. Eine Erläuterung des gesamten Sprachumfangs verbietet sich jedoch an dieser Stelle. Das OMG-Dokument, welches den BPMN-2.0-Standard beschreibt, ist 532 Sei-ten lang.

Gruppierung: Mithilfe einer *Gruppe (Group)* können andere Model-lierungselemente informell zusammengefasst werden. Die Gruppierung dient hauptsächlich der Übersichtlichkeit und hat keine Auswirkungen auf den Sequenzfluss. Abbildung 4.14 veranschaulicht das Konzept un-ter Rückgriff auf den Beschaffungsprozess in Abbildung 4.10. In der Ab-bildung ist nur der untere Pool („Lieferant") wiedergegeben. Die beim Lieferanten durchzuführenden Arbeitsschritte sind in der Gruppe „Be-stellabwicklung" zusammengefasst. Gruppe (Group)

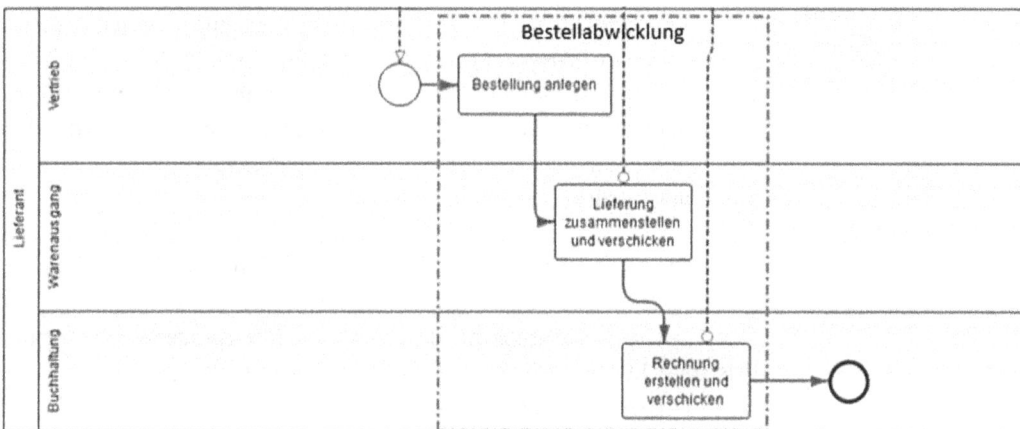

Abb. 4.14: Modellierungselement „Gruppe" (Beispiel, mit *bflow Toolbox* erstellt [https://www.bflow.org]).

Datenobjekte

Datenobjekte: Wie in einer EPK können den Aktivitäten auch im BPMN-Diagramm *Datenobjekte* zugeordnet werden. Zu dem Basissymbol (vgl. Abbildung 4.10) gibt es vier Verfeinerungen: Datenspeicher, Datensammlung, Dateninput und Datenoutput.

- *Datenspeicher (Data Store)* – Datenbank oder Datei, die als Ganze mit einer Aktivität verbunden ist und persistent gespeichert wird
- *Datensammlung (Data Object Collection)* – mehrere Datenobjekte des gleichen Typs, auch Listenobjekt genannt
- *Dateninput (Data Input)* – im Prozessablauf als Eingabedaten für eine Aktivität benötigtes Datenobjekt
- *Datenoutput (Data Output)* – im Prozessablauf als Ausgabedaten einer Aktivität erzeugtes Datenobjekt

Im BPMN-Diagramm werden Datenobjekte mithilfe von Assoziationen (gestrichelte Linien) den betroffenen Aktivitäten zugeordnet.

Beschaffungsprozess mit Datenobjekten

Beispiele zur Verwendung von Datenobjekten enthält Abbildung 4.15. Sie zeigt den gleichen Geschäftsprozess wie die EPK in Abbildung 4.8, in der der Beschaffungsprozess um Informationsobjekte und Organisationseinheiten erweitert worden war. Im BPMN-Diagramm der Abbildung 4.15 sind die zuständigen Organisationseinheiten Lagerverwaltung, Einkauf, Wareneingang und Buchhaltung jedoch durch Lanes („Swimlanes") abgebildet; vgl. auch Abbildung 4.10. Das Diagramm wurde mit dem Modellierungswerkzeug *ARIS Express* erzeugt (vgl. dazu auch Abschnitt 4.3).

Elementare und zusammengesetzte Aktivitäten

Aktivitäten: Aktivitäten können in BPMN 2.0 elementar („atomic") oder zusammengesetzt („compound") sein.

- *Atomare Aufgabe (Atomic Task)* – eine elementare Aktivität, die als solche im Prozess angeordnet und nicht weiter verfeinert wird.
- *Unterprozess (Sub-Process)* – eine zusammengesetzte Aktivität, die in einem gesonderten Teilprozess verfeinert wird. Dies wird mit einem Pluszeichen im Aktivitätssymbol der zu verfeinernden Aktivität ausgedrückt (vgl. Abbildung 4.16).

Choreografien: Neu in BPMN 2.0 hinzugekommene Modellierungselemente sind die Choreografie (Choreography) sowie zugehörige Elemente wie choreografische Aktivitäten und Unterprozesse. Hintergrund ist, dass BPMN 2.0 drei Arten von Prozessen unterstützt:

- Orchestrierung (Orchestration)
- Kollaboration (Collaboration)
- Choreografie (Choreography)

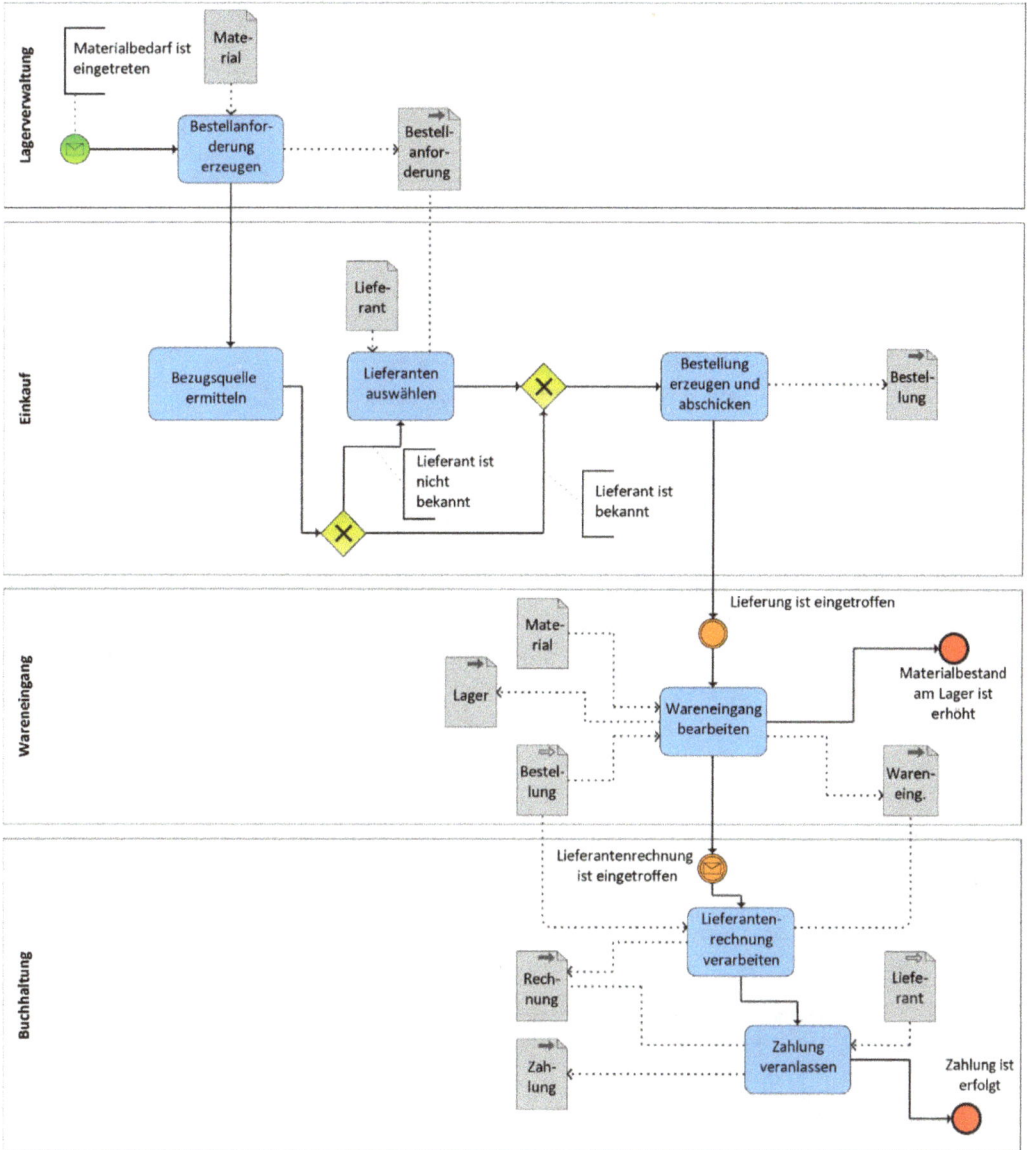

Abb. 4.15: Beschaffungsprozess als BPMN-Diagramm mit Datenobjekten und Lanes (mit *ARIS Express* modelliert [ARIS 2023]).

Die beiden ersten Typen wurden im bisherigen Verlauf dieses Abschnitts bereits benutzt. Orchestrierung ist gewissermaßen der „Normalfall": Man modelliert einen Prozessablauf innerhalb der eigenen Organisation. Der Kollaborationsfall liegt vor, wenn mehrere Partner an einem Prozess beteiligt sind und mehrere Pools modelliert werden.

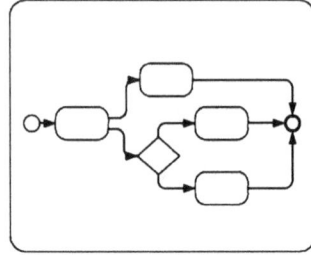

a) Unterprozess
   (zusammengeklappt)

b) Unterprozess (expandiert)

Abb. 4.16: Unterprozesse in BPMN 2.0 [OMG 2011, S. 174].

Bei Choreografie steht
Nachrichtenaustausch
im Vordergrund

Bei der Choreografie geht es auch um mehrere Prozessbeteiligte. Im Vordergrund steht aber weniger der Prozessablauf als vielmehr der *Nachrichtenaustausch* zwischen den Beteiligten. Dazu werden Symbole benutzt, bei denen der Name des einen Beteiligten oben und der des anderen unten notiert werden.

Black-Box-Pools

Die Choreografie erfüllt damit grundsätzlich den gleichen Zweck wie sog. *Black-Box-Pools* in Kollaborationsdiagrammen. Bei einem Black-Box-Pool werden die internen Elemente eines Pools einfach weggelassen, sodass im Wesentlichen nur die Kommunikation zwischen den Pools sichtbar bleibt.

Dem Beispiel in Abbildung 4.17 liegt die Erstellung einer Werbeanzeige zugrunde, an der eine Werbeagentur, der Kunde sowie ein (noch

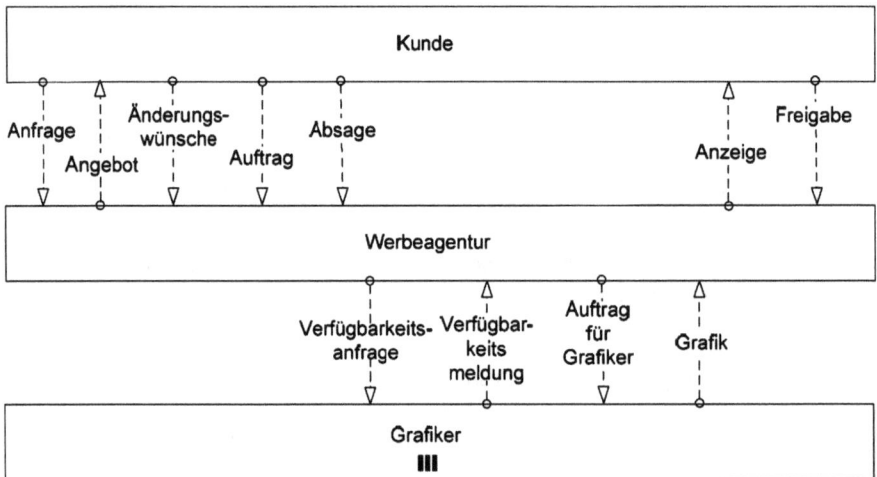

Abb. 4.17: Kollaborationsdiagramm mit Black-Box-Pools [Allweyer 2009, S. 12].

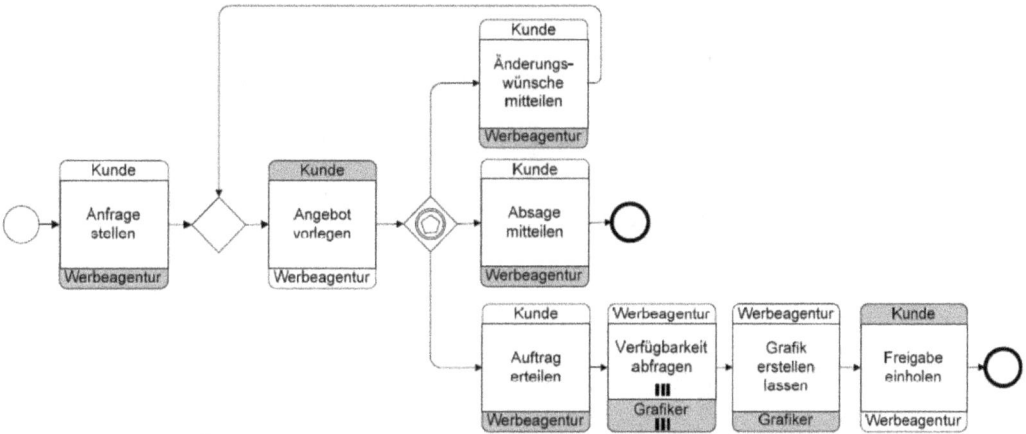

Abb. 4.18: Choreografiediagramm zur Erstellung einer Werbeanzeige [Allweyer 2009, S. 14].

auszuwählender) Grafiker beteiligt sind. Die Interna der drei Pools sind ausgeblendet, sodass man nur noch die zwischen den Partnern auszutauschenden Nachrichten sieht.

Ein Choreografie-Diagramm ist jedoch detailreicher als ein Kollaborationsdiagramm mit Black Boxes. Es erlaubt beispielsweise die Modellierung der Reihenfolge der mit dem Nachrichtenaustausch verbundenen Aktivitäten und die Berücksichtigung von logischen Bedingungen.

Abbildung 4.18 zeigt die Choreografie im Fall der Erstellung einer Werbeanzeige. Sie ist weitgehend selbsterläuternd. Das Gateway-Symbol in der Mitte der Abbildung steht für ein sog. *ereignisbasiertes Gateway*. Je nachdem, ob der Kunde das Angebot der Werbeagentur annimmt oder nicht, wird er eine Absage erteilen (mit der Folge, dass die Choreografie zu Ende ist), Änderungswünsche übermitteln oder einen Auftrag erteilen.

Ereignisbasiertes Gateway

Im letzteren Fall sucht die Werbeagentur einen verfügbaren Grafiker (d. h., sie tauscht Nachrichten aus) und gibt die grafische Gestaltung in Auftrag, sofern die Suche erfolgreich war. Auf die Bedeutung der drei senkrechten Linien im Symbol für die Choreografieaktivität zwischen Werbeagentur und Grafiker wird weiter unten eingegangen.

Teilweise expandiert sieht das Kollaborationsdiagramm, mit eingebetteter Choreografie, wie in Abbildung 4.19 aus. Ausgefüllt wurde hier nur der Pool der Werbeagentur. Das Diagramm lässt gut erkennen, dass die Choreografie gewissermaßen „zwischen" den Pools des Kollaborationsdiagramms steht.

In Kollaborationsdiagramm eingebettete Choreografie

Umfangreiche Aktivitäten in Choreografien können, ähnlich wie Aktivitäten im Orchestrierungsdiagramm, durch Unterprozesse verfeinert

Choreografie-Unterprozesse

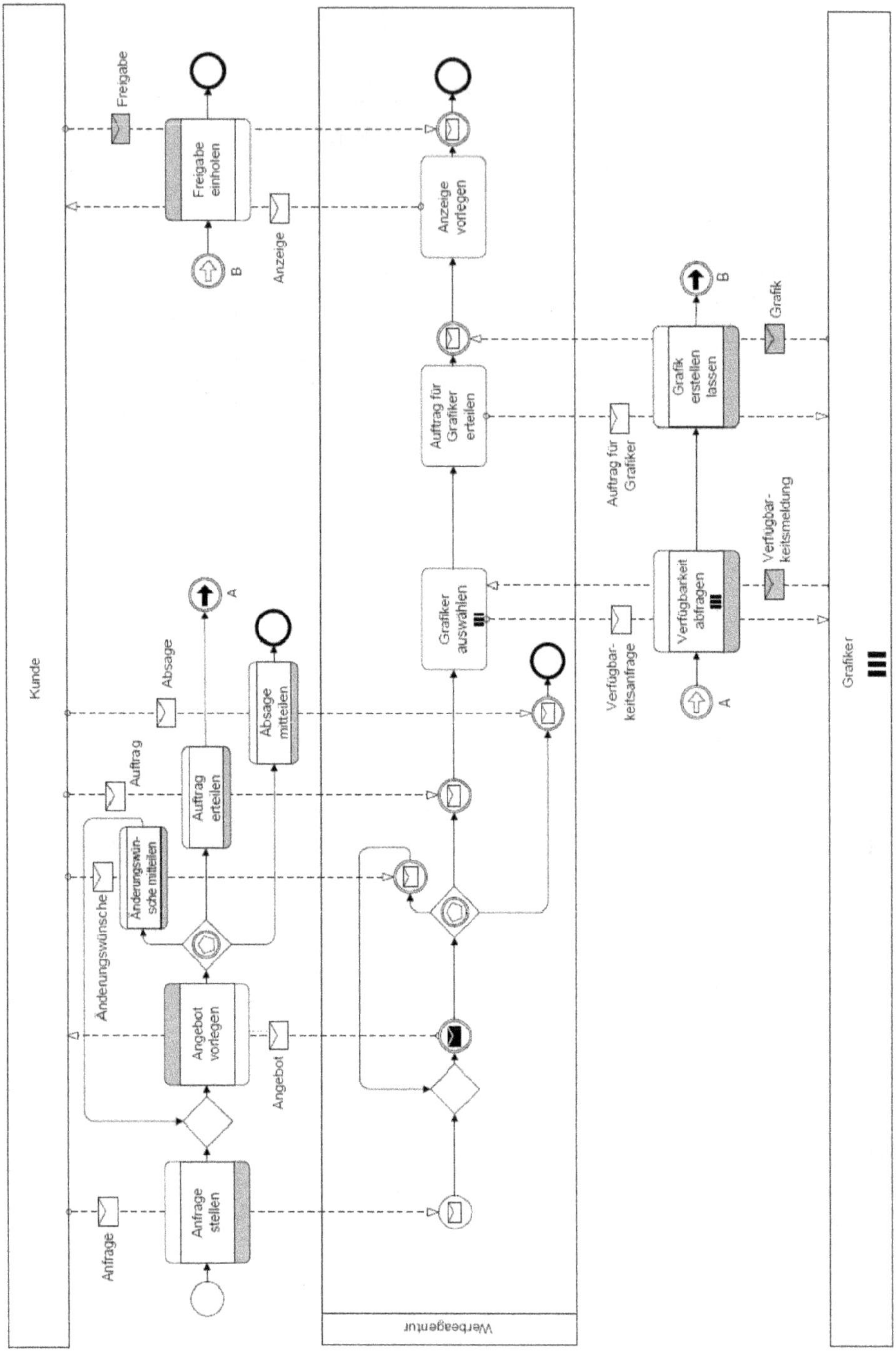

Abb. 4.19: Kollaborationsdiagramm mit eingebetteter Choreografie [Allweyer 2009, S. 16].

werden. Dazu wird im unteren Teil des Aktivitätenkästchens ein Plus-Symbol angebracht.

Annotation: Annotationen werden verwendet, um Diagramm-elementen textliche Informationen hinzuzufügen. Diese können ganz allgemein zur Erläuterung eines Sachverhalts dienen.

Annotation

Beispielsweise hängt man an die Sequenzflusslinien, die aus einem exklusiven Gateway herausführen, gern Textannotationen an. Diese können dann die Bedeutung der beiden Pfade erläutern, wenn das Gateway nicht beschriftet oder die Beschriftung nicht hinreichend aussagekräftig ist.

Abbildung 4.20 zeigt einen kleinen Ausschnitt aus dem Beschaffungs-prozess der Abbildung 4.9. Das Exklusiv-Oder-Gateway hat jetzt keine Beschriftung. Stattdessen sind zu den beiden Pfaden Textannotationen angefügt („Lieferant ist nicht bekannt" und „Lieferant ist bekannt").

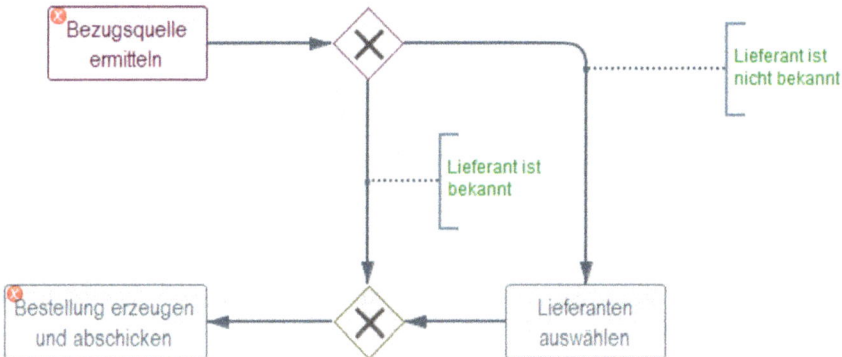

Abb. 4.20: Textannotationen zu Exklusiv-Oder-Gateway (mit *bflow Toolbox* erstellt [https://www.bflow.org]).

Wiederholung: Neben den diversen Gateways, die im Prozessablauf unterschiedliche Pfade auszuwählen gestatten, sind in BPMN 2.0 auch Steuerkonstrukte für die wiederholte Ausführung von einzelnen Aktivitäten oder Aktivitätsfolgen definiert:

Schleifen

- *Aktivitätsschleife (Activity Looping)*: Ein ↺-Symbol im unteren Teil eines Aktivitätenkästchens gibt an, dass die Aktivität wiederholt ausgeführt werden soll.
- *Sequenzflussschleife (Sequence Flow Looping)*: Eine Rückwärtsverzweigung zu einer früheren Aktivität im Sequenzfluss kann genutzt werden, um eine Schleife zu erzeugen.
- *Mehrfachinstanzen (Multiple Instances)*: Mithilfe von drei parallelen Linien im unteren Teil eines Aktivitätenkästchens kann ausgedrückt

Mehrfachinstanzen

werden, dass mehrere Instanzen einer Aktivität erzeugt und sequentiell (≡) oder parallel (vertikale Linien) ausgeführt werden sollen.

Auch die wiederholte Ausführung von Unterprozessen kann mithilfe dieser Markierungen spezifiziert werden. Für Einzelheiten wird auf den BPMN-Standard verwiesen [OMG 2011, S. 189 ff.].

4.1.3 Aktivitäts- und Sequenzdiagramme

Für die Modellierung von Geschäftsprozessen existieren auch andere Ansätze als die vorstehend behandelten. Während in der Wirtschaftsinformatik Ereignisgesteuerte Prozessketten (EPKs) und BPMN dominieren, sind in der Informatik UML-Diagramme besonders beliebt. Von den 14 UML-Diagrammen kommen für die Geschäftsprozessmodellierung vor allem Aktivitätsdiagramme in Betracht. Ergänzend werden auch Sequenzdiagramme benutzt.

Aktivitätsdiagramme

Flussdiagramm
Ein Aktivitätsdiagramm ähnelt einem konventionellen *Flussdiagramm* (Flowchart, auch Programmablaufplan genannt) aus den Anfängen der Datenverarbeitung und Programmierung. Ein Flussdiagramm beschreibt den Ablauf (Kontrollfluss) eines Programms als Aufeinanderfolge von Anweisungen, auf die durch Bedingungen und Schleifen Einfluss genommen werden kann (sog. Steuerkonstrukte).

Aktivitätsdiagramm
Ein Aktivitätsdiagramm hat ähnliche Elemente. Benutzt man es zur Beschreibung eines Geschäftsprozessablaufs, dann enthält es *Aktivitäten* und Steuerkonstrukte, ggf. ergänzt durch Datenobjekte und Verantwortlichkeiten (Swimlanes). Einige Steuerkonstrukte dienen dazu, parallele Abläufe zu spezifizieren und die Pfade wieder zusammenzuführen.

Symbole für
Aktivitätsdiagramme
Die verschiedenen Diagrammelemente für Aktivitätsdiagramme werden *Symbole* genannt. Informell lassen sich Symbole für

- Aktionen
- Kontrollfluss (sequentiell, entscheidungsabhängig, parallele Verarbeitung)
- Ereignisse
- Objekte (Daten)
- Anfangs- und Endknoten

unterscheiden.

Abbildung 4.21 zeigt ein kleines schematisches Beispiel mit sechs Aktionen, einer Entscheidung (Decision1) und paralleler Ausführung von zwei Zweigen. Der erste schwarze Balken verursacht eine Gabelung („Fork") in die beiden parallelen Zweige, der zweite führt die Zweige wieder zusammen („Join"). Das Diagramm wurde mit dem Werkzeug *Software Ideas Modeler* erzeugt (vgl. Abschnitt 4.3).

Im OMG-Standard ist die formale Untergliederung der Symbole für Aktivitätsdiagramme mehrstufig und deutlich komplexer als die oben

Symbole für Aktivitätsdiagramme im OMG-Standard

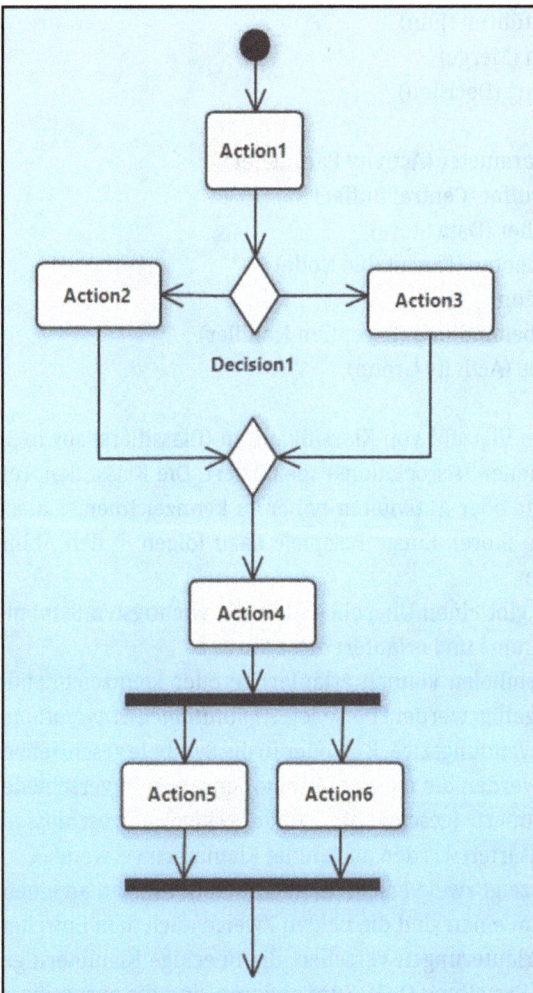

Abb. 4.21: Beispiel für Symbole in Aktivätsdiagrammen [OMG 2017, S. 373 ff.] (mit *Software Ideas Modeler* [Rodina 2023] erzeugt).

skizzierte. Dort wird im Wesentlichen unterschieden nach [OMG 2017, S. 373 ff.]:

- Aktivitäten (Activities)
  - Aktivitätsknoten (Activity Node)
  - Aktivitätskante (Activity Edge)
  - Objektfluss (Object Flow)
- Kontrollknoten
  - Anfangsknoten (Initial Node)
  - Endknoten (End Node)
  - Gabelung (Fork)
  - Zusammenführen (Join)
  - Vermischen (Merge)
  - Entscheidung (Decision)
- Objektknoten
  - Aktivitätsparameter (Activity Parameter)
  - Zentraler Puffer (Central Buffer)
  - Datenspeicher (Data Store)
- Ausführbarer Knoten (Executable Node)
  - Aktion (Action)
  - Ausnahmebehandlung (Exception Handler)
- Aktivitätsgruppe (Activity Group)

Außerdem sind eine Vielzahl von Klassifikatoren (Classifiers) sowie 34 Arten von Assoziationen (Associations) spezifiziert. Die Klassifikatoren dienen dazu, Objekte oder Aktivitäten näher zu kennzeichnen, z. B. als Datenspeicher (Data Store). Einige Beispiele dazu folgen in den Abbildungen weiter unten.

Abbildung 4.22 gibt einen Überblick über die wichtigsten Symbole für Aktivitätsdiagramme und erläutert diese kurz.

Annotationen (Annotations)

Den meisten Symbolen können erläuternde oder kennzeichnende Kommentare hinzugefügt werden. Diese sog. *Annotationen (Annotations)* werden je nach Verwendungszweck an oder in die Symbole geschrieben. Im OMG-Standard werden die meisten Annotationsarten in verschiedene Arten von Klammern (geschweifte, runde, eckige) eingeschlossen. Manche Annotationsarten werden auch ohne Klammern verwendet.

Abbildung 4.23 zeigt zwei verschiedene Annotationsarten an einem kleinen Beispiel. Zum einen sind die beiden Zweige nach dem Entscheidungssymbol mit Erläuterungen versehen, die in eckige Klammern gesetzt wurden (z. B. [Bestellung OK]). Zum anderen sind die zuständigen Organisationseinheiten (Vertrieb) und (Versand) innerhalb der drei Aktionssymbolen notiert. (Alternativ könnten zu diesem Zweck Swimlanes wie in Abbildung 4.24 verwendet werden.)

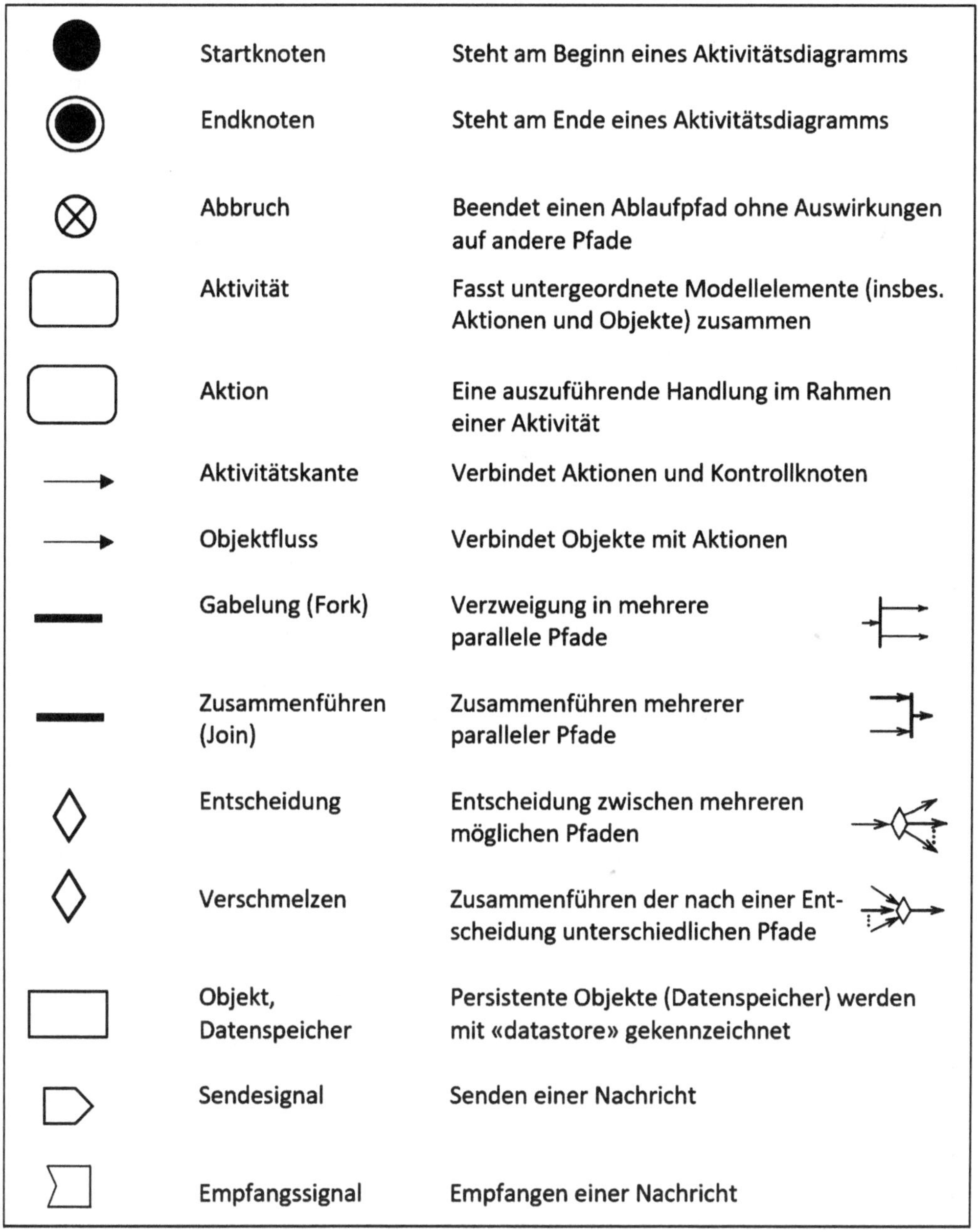

Symbol	Bezeichnung	Beschreibung	
●	Startknoten	Steht am Beginn eines Aktivitätsdiagramms	
◉	Endknoten	Steht am Ende eines Aktivitätsdiagramms	
⊗	Abbruch	Beendet einen Ablaufpfad ohne Auswirkungen auf andere Pfade	
⬜	Aktivität	Fasst untergeordnete Modellelemente (insbes. Aktionen und Objekte) zusammen	
⬜	Aktion	Eine auszuführende Handlung im Rahmen einer Aktivität	
→	Aktivitätskante	Verbindet Aktionen und Kontrollknoten	
→	Objektfluss	Verbindet Objekte mit Aktionen	
▬	Gabelung (Fork)	Verzweigung in mehrere parallele Pfade	
▬	Zusammenführen (Join)	Zusammenführen mehrerer paralleler Pfade	
◇	Entscheidung	Entscheidung zwischen mehreren möglichen Pfaden	
◇	Verschmelzen	Zusammenführen der nach einer Entscheidung unterschiedlichen Pfade	
▭	Objekt, Datenspeicher	Persistente Objekte (Datenspeicher) werden mit «datastore» gekennzeichnet	
▷	Sendesignal	Senden einer Nachricht	
▷	Empfangssignal	Empfangen einer Nachricht	

Abb. 4.22: Symbole für Aktivätsdiagramme [OMG 2017, S. 373 ff.].

Zur Abrundung wird in Abbildung 4.24 der früher schon verwendete Beschaffungsprozess (vgl. z. B. Abbildung 4.15) in einem Aktivitätsdiagramm modelliert. Die organisatorischen Zuständigkeiten werden wie-

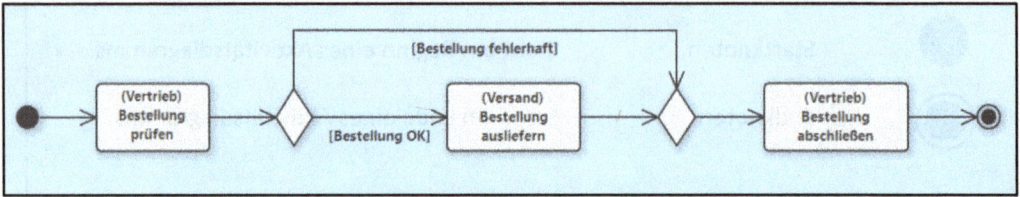

Abb. 4.23: Beispielhafte Annotationen in einem Aktivitätsdiagramm (mit *Software Ideas Modeler* [Rodina 2023] erzeugt).

der mithilfe von Partitionen des Diagramms, die in UML *Swimlanes* heißen, dargestellt. Aktionen sind grün und (Daten-) Objekte hellrot dargestellt.

Um auch die Verwendung spezifischer Symbole (Fork und Join) demonstrieren zu können, werden die zugrunde liegenden Annahmen leicht modifiziert. Erstens wird, anders als in den früheren Beispielen, unterstellt, dass die Rechnung des Lieferanten mit der Warenlieferung zusammen eintrifft. (Das Ereignis „Lieferantenrechnung ist eingetroffen" entfällt somit.) Zweitens wird die Buchung des Lagerzugangs explizit modelliert. Sie erfolgt parallel zu der Aktion „Lieferantenrechnung verarbeiten". Anschließend setzt sich der Ablauf mit der gemeinsamen Aktion „Zahlung veranlassen" fort und endet dann.

„Aktivitäts"-Diagramm   Wie man an den Beispielen sieht, tauchen *Aktivitäten*, die dem Diagrammtyp seinen Namen gaben, explizit gar nicht auf. Dies liegt daran, dass der Begriff „Aktivität" auf einer höheren Ebene verwendet wird, im Gegensatz zu den „Aktionen", welche eine Aktivität verfeinern. Das heißt, in einem Aktivätsdiagramm werden Aktionen (= Teilaktivitäten) modelliert, die zusammen eine Aktivität ausmachen. Abbildung 4.25 demonstriert dies am Beispiel einer „Demo Activity".

„Aktionen" verfeinern   Das Symbol für eine Aktivität hat die gleiche Gestalt wie das Symbol
„Aktivitäten"   für eine Aktion. Im Innern sind die Detailabläufe in Form von Aktionsketten angesiedelt. Aktivitäten bzw. Aktivitätssymbole verwendet man, wenn man ein Aktivitätsdiagramm verfeinern oder auf einer höheren Ebene Grobabläufe modellieren möchte.

Sequenzdiagramme

Nachrichtenaustausch   Sequenzdiagramme gehören in UML zu den Interaktionsdiagrammen.
zwischen Objekten   Es handelt sich um einen Diagrammtyp, mit dem ganz allgemein die Interaktion zwischen Objekten durch Nachrichtenaustausch im Zeitablauf präzisiert werden kann. Sequenzdiagramme können auf einer hohen Abstraktionsebene genutzt werden (z. B. Kommunikation zwischen Be-

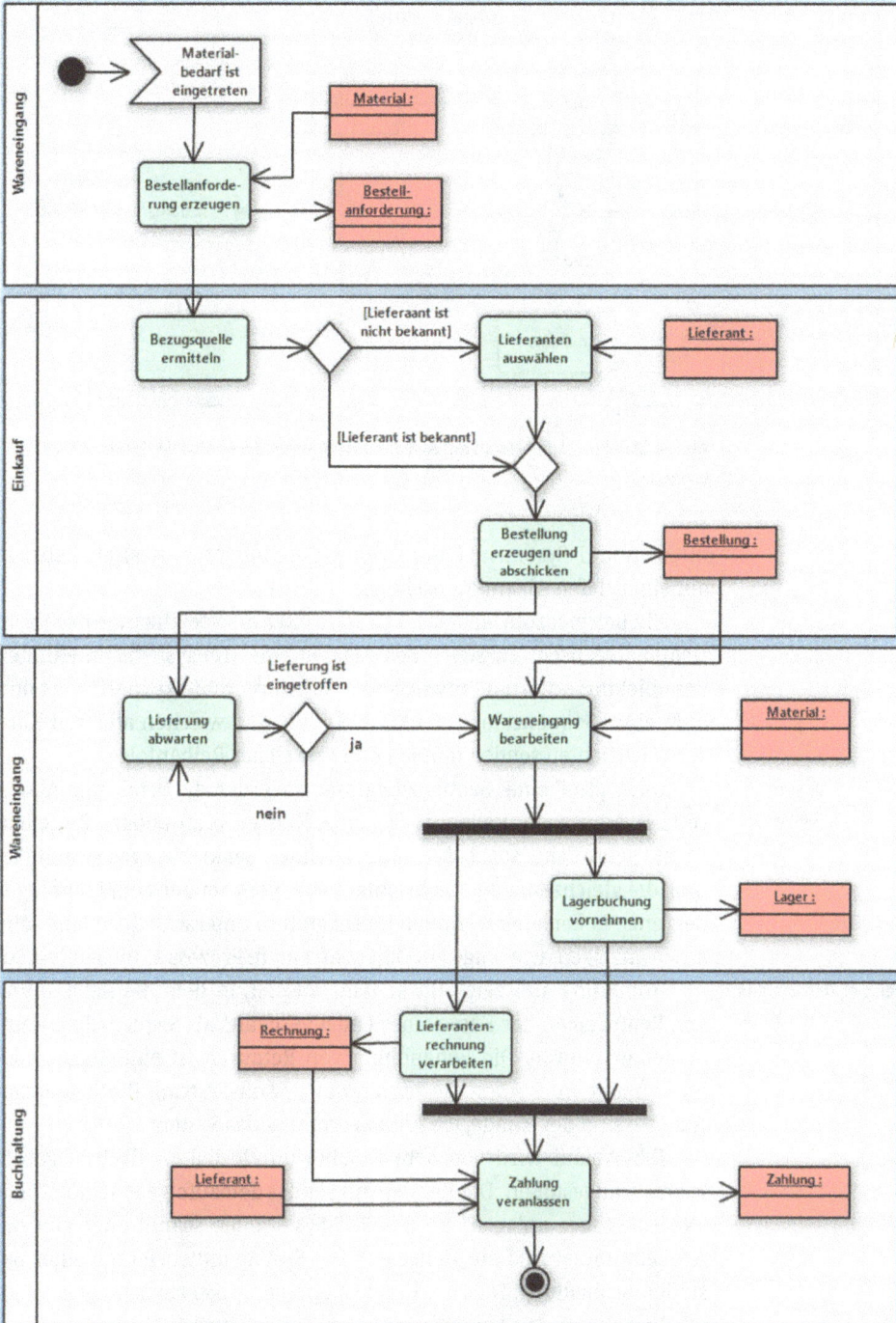

Abb. 4.24: Beschaffungsprozess als Aktivätsdiagramm (mit *Software Ideas Modeler* [Rodina 2023] erzeugt).

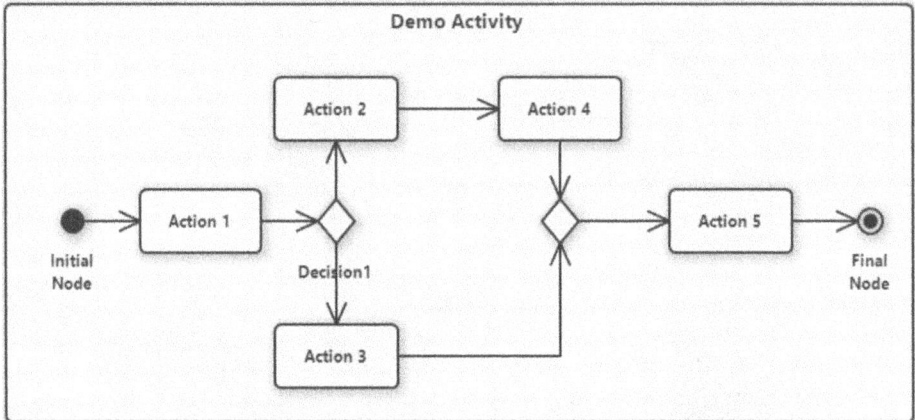

Abb. 4.25: Aktivätsdiagramm mit Aktivität (mit *Software Ideas Modeler* [Rodina 2023] erzeugt).

nutzer und IT-System im Rahmen eines Geschäftsprozesses), aber ebenso auf einer tiefen Abstraktionsebene.

Ein Beispiel zum letzteren Fall wäre etwa die Spezifikation des Nachrichtenaustauschs zwischen den Klassen eines Teilsystems im Rahmen des objektorientierten Entwurfs. Der Softwarearchitekt spezifiziert mithilfe eines Sequenzdiagramms, welche Klassen welchen anderen Klassen Nachrichten senden müssen und in welcher Reihenfolge.

Akteure mit Lebenslinien

Im Kopfteil eines Sequenzdiagramms werden die beteiligten Akteure (z. B. Menschen, Rollen, IT-Systeme, Klassen o. a.) notiert. Zu jedem Objekt gehört eine sog. *Lebenslinie* (Lifeline – senkrechte gestrichelte Linie), die gleichzeitig die Nachrichtenpfeile vom Sender zum Empfänger begrenzt. Lebenslinien können im Diagramm unterschiedlich lang sein, da sie anzeigen, wie lange ein Objekt an einem Prozess aktiv beteiligt ist.

Beispiel: Retouren an der Kasse

Abbildung 4.26 zeigt ein kleines Beispiel, in dem die Behandlung von Retouren an der Kasse eines Ladengeschäfts als Sequenzdiagramm modelliert wurde. Die Behandlung von Retouren ist eine Teilaufgabe im Rahmen eines *Kassensystems (Point-of-Sale-System).* Die beteiligten Akteure sind der Kunde, die Kassiererin und das System.

Der Ablauf wird von dem Kunden durch den „Artikelrückgabe"-Wunsch angestoßen. Die Kassiererin sendet demzufolge eine Nachricht „Neue Retoure anlegen" an das POS-System. Sie scannt oder gibt die Artikelnummer und die Menge ein. Das System antwortet mit einer Bestätigungsmeldung. Falls der Kunde mehrere Artikel zurückgegeben hat, wiederholt sich der Ablauf in einer Schleife („loop").

Die Kassiererin beendet dann die Retoureneingabe. Das System antwortet mit dem Erstattungsbetrag. Die Kassiererin zahlt den Betrag an

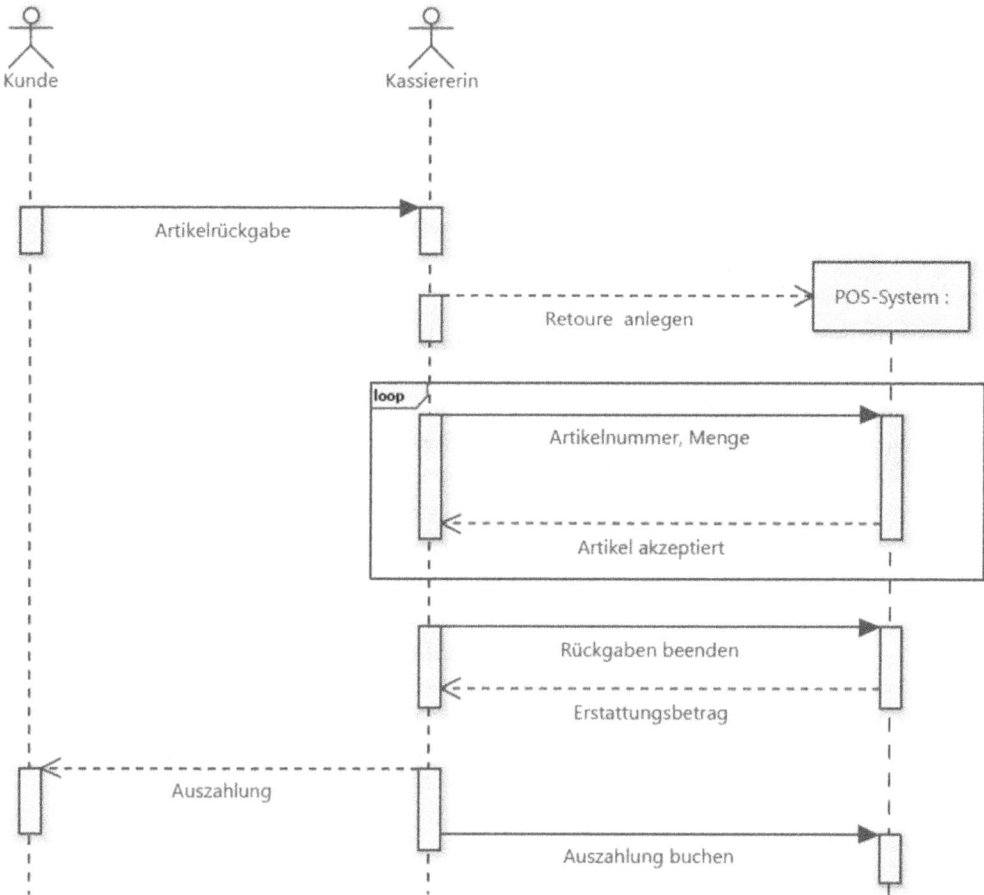

Abb. 4.26: Beispielhaftes Sequenzdiagramm (mit *Software Ideas Modeler* [Rodina 2023] erzeugt).

den Kunden aus und bucht die Zahlung im System. Damit ist der Ablauf beendet.

In dem Beispiel kommen sieben Arten von Symbolen vor: Einige Symbole

- zwei menschliche Akteure (Strichmännchen)
- ein Systemakteur (Rechteck)
- drei Lebenslinien
- drei Arten von Nachrichten (durchgezogene und gestrichelte Pfeile)
- zehn Aktivierungsbalken (schmale vertikale Rechtecke)
- eine Schleife („loop")

Aktivierungsbalken deuten an, wie lange ein Objekt aktiv ist. Bei der   Aktivierungsbalken
Kassiererin gibt es sechs solcher Balken. Damit ist unterstellt, dass sie

die Retourenverarbeitung immer wieder unterbricht (z. B. Fragen anderer Kunden beantwortet) und dann wieder aufnimmt. Sofern sie nichts anderes als die Retouren erledigt (am Stück), hätte man einen durchgezogenen Balken von der ersten Nachricht bis zur letzten verwenden können.

Weitere Symbole

Neben den im Beispiel verwendeten Symbolen existieren noch zahlreiche weitere. So kann beispielsweise der Ablauf mit bedingten Schleifen und Verzweigungen gesteuert werden. Es gibt verschiedene Arten von Lebenslinien und Interaktionen. Einige wichtige Symbole, neben den im Beispiel verwendeten, sind:

Nachrichtentypen

Nachrichtentypen

- Synchrone Nachricht (ausgefüllte Pfeilspitze, →): Sender wartet auf eine Antwort, bevor der Ablauf weitergehen kann. Beispielsweise muss innerhalb der Schleife der vorige Artikel vom System akzeptiert worden sein, bevor die Kassiererin den nächsten zurückbuchen kann.
- Asynchrone Nachricht (nicht ausgefüllte Pfeilspitze, →): Sender erwartet keine Antwort, Ablauf kann direkt weitergehen.
- Antwortnachricht (umgekehrte Pfeilrichtung): Im Beispiel stellt die Nachricht „Erstattungsbetrag" eine Antwort dar.
- Create-Nachricht (gestrichelte Linie mit nicht ausgefüllter Pfeilspitze): Erzeugt eine neue Lebenslinie für ein Objekt. Im Beispiel wird die Lebenslinie für das POS-System durch die erste Aktion der Kassiererin erzeugt.
- Delete-Nachricht (Löschnachricht, großes Kreuz, ×): Zerstört eine Lebenslinie.

Ablaufsteuerung

Symbole zur Ablaufsteuerung

- Alternative: Entscheidung für einen oder einen anderen Pfad aufgrund einer Bedingung
- Schleife (loop): Wiederholtes Senden/Empfangen des gleichen Nachrichtentyps (im Beispiel für alle zurückgegebenen Artikel des Kunden)

Wie das Beispiel in Abbildung 4.26 erkennen lässt, können mit einem Sequenzdiagramm Interaktionen im Zeitablauf sehr genau spezifiziert werden. Dies ist nützlich, wenn man detaillierte Sachverhalte präzise ausdrücken will.

Sequenzdiagramme sind zur Präzisierung von Details nützlich

Bei der Modellierung gröberer Zusammenhänge besteht diese Notwendigkeit i. d. R. nicht. Zur Modellierung eines gesamten Geschäftsprozesses kommt ein Sequenzdiagramm kaum in Betracht, wohl aber zur

Präzisierung von Teilaufgaben/-schritten. Sequenzdiagramme entfalten den Großteil ihres Nutzen bei detaillierteren Aufgaben, wie sie im Zuge der objektorientierten Analyse und dem Entwurf bei der Softwareentwicklung anfallen.

4.2 Use Cases als Hilfsmittel für die Anforderungsdefinition

Die in den vorigen Abschnitten diskutierten Modellierungsansätze beschreiben Vorgehensweisen, mit denen zuvor identifizierte, d. h. bereits bekannte Geschäftsprozesse dokumentiert werden können. Bei der Entwicklung eines neuen Informationssystems steht man aber häufig vor der Herausforderung, dass die zu bearbeitende Gesamtproblematik etwas „unscharf" im Raum steht und die zu modellierenden Abläufe erst noch herauskristallisiert werden müssen.

Auftraggeber oder spätere Benutzer des zukünftigen Systems haben in vielen Fällen keine genau formulierbaren „Anforderungen", die in der Analysephase erhoben werden könnten. Oft sind es eher nur „Wünsche" oder vage Ziele, die das System erfüllen soll. Bei einem Warenwirtschaftssystem könnte ein Stakeholder beispielsweise Wünsche wie die folgenden artikulieren:

- „Im Wareneingang kommen täglich Hunderte von Anlieferungen an, die ich möglichst einfach verarbeiten möchte."
- „Ich möchte Retouren von Kunden schnell und effektiv abwickeln können."
- „Ich möchte bei einem fehlenden Artikel gleich alle Lieferanten sehen und direkt eine Bestellung aufgeben können."

„Wünsche" statt „Anforderungen"

4.2.1 Grundlagen von Use Cases

In der skizzierten Situation ist es hilfreich, wenn man einfach *Anwendungsfälle* angeben kann, bei denen das zukünftige System Unterstützung bieten soll. Dies ist der Grundgedanke der sog. *Use Cases*, die Ivar Jacobson, einer der drei Amigos, in die Unified Modeling Language einbrachte.

Ein Use Case beschreibt, wie ein oder mehrere Akteure mit dem System interagieren. Die Interaktionssequenz wird durch den *Hauptakteur* angestoßen und endet, wenn das Ziel des Use Case erreicht ist. Genauer gesagt löst der Akteur ein Ereignis („Trigger") aus, das den Use Case anstößt. Der Hauptakteur ist meistens ein Mensch, andere Akteure kön-

Anwendungsfälle (Use Cases)

nen jedoch auch Informationssysteme sein (oder generell jede Art von Objekt, das ein „Verhalten" hat).

Definition   Jacobson et al. definieren einen Use Case als „a behaviourally related sequence of transactions performed by an actor in a dialogue with the system to provide some measurable value to the actor" [Jacobson et al. 1995, S. 343]. Ein Use Case beschreibt also das gewünschte Verhalten des Systems aus Sicht des Anwenders. Er definiert, *was* das System leisten muss, aber nicht, *wie* es dies leisten soll. Das System selbst ist gewissermaßen eine Black Box.

Use-Case-Modell   Die Menge aller Use Cases, Akteure und Beziehungen bildet das *Use-Case-Modell*. Es spezifiziert, wie die Akteure in den Use Cases mit dem System interagieren. Ein vollständiges Use-Case-Modell kann somit als Beschreibung der Gesamtfunktionalität des Systems angesehen werden. In der Analysephase (Requirements Engineering) werden mit ihm die funktionalen Anforderungen an das System dokumentiert.

Use Cases werden als Text beschrieben und können durch Use-Case-Diagramme veranschaulicht werden. Je nach Verwendungszweck wird die textliche Beschreibung kürzer oder ausführlicher verfasst. Dabei kann man sich auf Vorlagen stützen, die im Internet von einer Vielzahl von Quellen angeboten werden. Ein Beispiel für eine relativ ausführliche Use-Case-Dokumentation enthält Abbildung 4.27.

Erfolgs- und Misserfolgsszenarien   Für die Ausführung eines Use Case sind häufig mehrere Szenarien denkbar. Das eigentliche Ziel des Use Case wird im *Normalablauf* oder *Erfolgsszenario* („Main Success Scenario") erreicht. Daneben gibt es meist *Sonderfälle* („Alternate Scenarios", „Failure Scenarios"), mit denen die Behandlung von Störungen im Normalablauf beschrieben wird.

Beispiel Bankautomat   Der Use-Case-Dokumentation in Abbildung 4.27 liegt die Entwicklung eines neuen Bankautomaten (Typ BA42) zugrunde. Das Beispiel wurde [Ludewig, Lichter 2013, S. 388] entnommen. Ein Kunde muss sich authentifizieren, bevor er Geld abheben kann. Hierfür wird der Use Case „Benutzer authentifizieren" spezifiziert. Es gibt Bedingungen, die vor und nach Ausführung des Use Case gelten müssen (Vorbedingung, Nachbedingung). Akteure sind der Kunde und das Banksystem.

Die Sonderfälle beziehen sich auf Schritte des Normalablaufs, die unter Umständen nicht „normal" durchgeführt werden können. Dies gilt für die Schritte 2, 3, 5, 6 und 7. Beispielsweise gibt der Sonderfall 2a an, wie zu verfahren ist, wenn die Karte des Kunden nicht gelesen werden kann.

Use-Case-Diagramm   Mithilfe eines *Use-Case-Diagramms* können die Use Cases und ihre Zusammenhänge veranschaulicht werden. Die wesentlichen Elemente eines Use-Case-Diagramms sind Akteure, Use Cases sowie Kommunikationsbeziehungen zwischen Akteuren und Anwendungsfällen. Darüber hinaus gibt es verschiedene Arten von Beziehungen zwischen den An-

Name	Benutzer authentifizieren
Ziel	Der Kunde möchte Zugang zu einem Bankautomaten BA42 erhalten
Vorbedingung	– Der Automat ist in Betrieb, die Willkommen-Botschaft wird angezeigt – Karte und PIN des Kunden sind verfügbar
Nachbedingung	– Der Kunde wurde akzeptiert – Die Leistungen des BA42 stehen dem Kunden zur Verfügung
Nachbedingung im Sonderfall	Der Zugang wird verweigert, die Karte wird entweder zurückgegeben oder einbehalten, die Willkommen-Botschaft wird angezeigt
Akteure	Kunde (Hauptakteur), Banksystem
Normalablauf	1. Der Kunde führt eine Karte ein 2. Der BA42 liest die Karte und sendet die Daten zur Prüfung ans Banksystem 3. Das Banksystem prüft, ob die Karte gültig ist 4. Der BA42 zeigt die Aufforderung zur PIN-Eingabe 5. Der Kunde gibt die PIN ein 6. Der BA42 liest die PIN und sendet sie zur Prüfung an das Banksystem 7. Das Banksystem prüft die PIN 8. Der BA42 akzeptiert den Kunden und zeigt das Hauptmenü
Sonderfall 2a	*Die Karte kann nicht gelesen werden* 2a.1 Der BA42 zeigt die Meldung »Karte nicht lesbar« 2a.2 Der BA42 gibt die Karte zurück 2a.3 Der BA42 zeigt die Willkommen-Botschaft
Sonderfall 2b	*Die Karte ist lesbar, aber keine BA42-Karte* 2b.1 Der BA42 zeigt die Meldung »Karte nicht akzeptiert« 2b.2 Der BA42 gibt die Karte zurück 2b.3 Der BA42 zeigt die Willkommen-Botschaft
Sonderfall 2c	*Das Banksystem ist nicht erreichbar* 2c.1 Der BA42 zeigt die Meldung »Banksystem nicht erreichbar« 2c.2 Der BA42 gibt die Karte zurück 2c.3 Der BA42 zeigt die Willkommen-Botschaft
Sonderfall 3a	*Die Karte ist nicht gültig oder gesperrt* 3a.1 Der BA42 zeigt die Meldung »Karte ungültig oder gesperrt« 3a.2 Der BA42 zeigt die Meldung »Karte wird eingezogen« (5 s) 3a.3 Der BA42 behält die Karte ein 3a.4 Der BA42 zeigt die Willkommen-Botschaft
Sonderfall 5a	*Der Kunde bricht den Vorgang ab* 5a.1 Der BA42 zeigt die Meldung »Vorgang wird abgebrochen« (2 s) 5a.2 Der BA42 gibt die Karte zurück 5a.3 Der BA42 zeigt die Willkommen-Botschaft
Sonderfall 5b	*Der Kunde reagiert nach 5 Sekunden nicht* 5b.1 Der BA42 zeigt die Meldung »Keine Aktivität, Abbruch« (2 s) 5b.2 Der BA42 gibt die Karte zurück 5b.3 Der BA42 zeigt die Willkommen-Botschaft
Sonderfall 6a	*Das Banksystem ist nicht erreichbar* → Schritt 2c.1
Sonderfall 7a	*Die erste oder zweite eingegebene PIN ist falsch* 7a.1 Der BA42 zeigt die Meldung »Falsche PIN« → Schritt 4
Sonderfall 7b	*Die dritte eingegebene PIN ist falsch* 7b.1 Der BA42 zeigt die Meldung »PIN dreimal falsch« (5 s) → Schritt 3a.2

Abb. 4.27: Use Case – Beispiel Authentifizierung am Bankautomaten
[Ludewig, Lichter 2013, S. 388].

wendungsfällen. Sogenannte Stereotypen dienen dazu, Elemente näher zu beschreiben.

Als Symbole für Use Cases werden *Ovale* verwendet. *Linien* (mit oder ohne Pfeil) drücken Kommunikationsbeziehungen aus. Akteure werden durch *Strichmännchen* dargestellt, auch wenn es sich nicht um Menschen handelt. Statt eines Strichmännchens kann man im letzteren Fall auch ein *Rechteck* verwenden – im UML-Standard „Classifier Rectangle" genannt –, das man mit dem Stereotyp „Actor" (Akteur) versieht. Dem Strichmännchen „Banksystem" in Abbildung 4.28 entspräche also das Rechteck:

«actor»
Banksystem

Die Abbildung zeigt beispielhaft ein Use-Case-Diagramm für den Bankautomaten. In dem Diagramm sind neben dem Anwendungsfall „Benutzer authentifizieren" noch weitere Anwendungsfälle aufgeführt, die ein Bankautomat unterstützen sollte.

4.2.2 Beziehungen zwischen Use Cases

Wie bei anderen Modellformen gibt es auch für Use-Case-Modelle Beziehungsarten, die es gestatten, ein Modell differenziert und redundanzarm zu entwickeln. Dies sind insbesondere:
- Generalisierung/Spezialisierung
- Extends-Beziehung
- Includes-Beziehung

1) *Generalisierung/Spezialisierung*: Generalisierung bedeutet, dass ein Use Case allgemeine Merkmale eines Anwendungsfalls spezifiziert, während andere Use Cases spezielle Ausprägungen des Anwendungsfalls beschreiben. Im speziellen Fall werden also die allgemeinen Merkmale (d. h. die für den generalisierenden Use Case definierten) um die für den spezialisierten Use Case definierten ergänzt.

Genauer gesagt handelt es sich um eine sog. *Vererbungsbeziehung*. Der Spezialfall „erbt" die Merkmale des allgemeinen Falls und kann diese durch weitere ergänzen. Er erbt also auch die Kommunikationsbeziehungen, die für den generalisierenden Use Case definiert wurden.

Wie bei anderen UML-Diagrammen wird die Generalisierungsbeziehung durch einen Pfeil mit einer großen, ausgefüllten Pfeilspitze dargestellt.

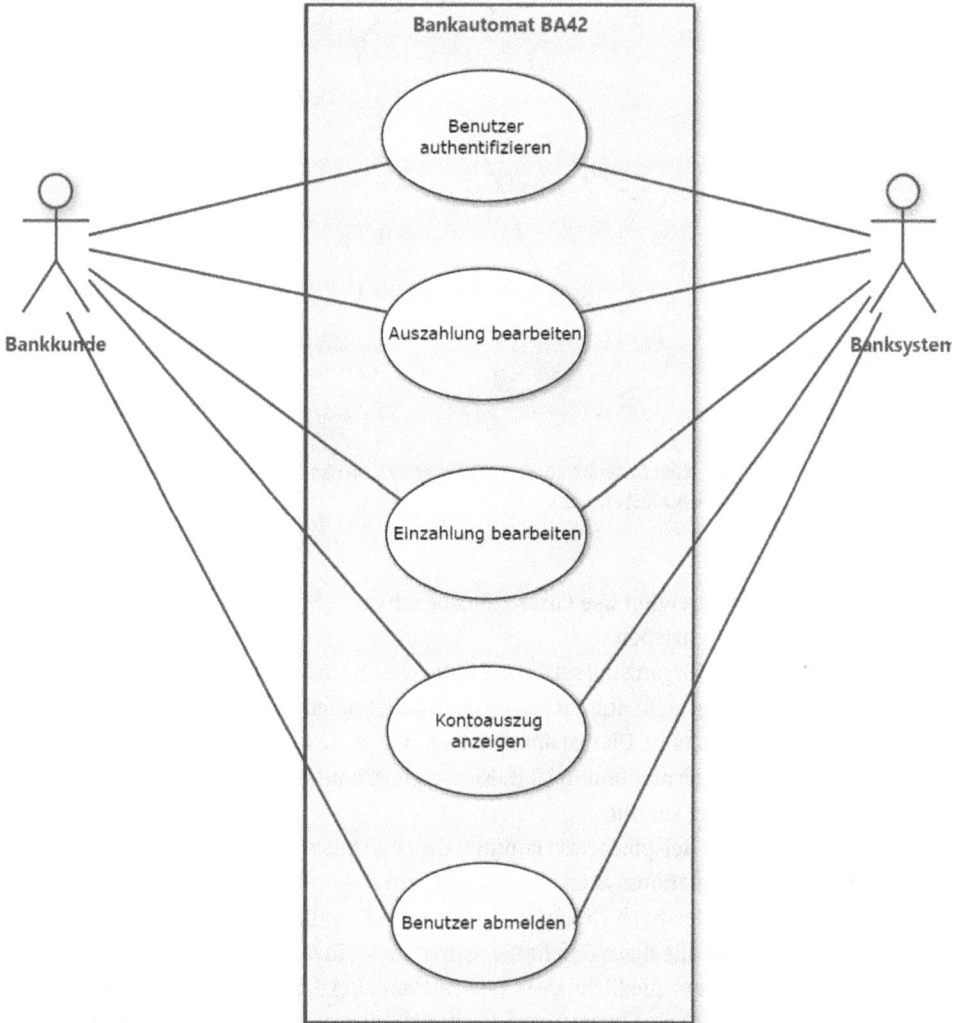

Abb. 4.28: Use-Case-Diagramm – Beispiel Bankautomat (mit *Software Ideas Modeler* [Rodina 2023] erzeugt).

Als Beispiel mag der Use Case „Bezahlen" an der Kasse eines Einzel-handelsgeschäfts dienen, der in Abbildung 4.29 skizziert ist. Die Bezah-lung kann auf verschiedene Weise erfolgen: in bar, per Kreditkarte, per Girokarte, per Apple Pay u. v. a.

Beispiel: Use Case „Bezahlen"

Manche Aktivitäten sind bei allen Formen gleich (z. B. Ausbuchen des offenen Betrags, Abbuchen der Artikelmenge vom Lagerbestand), an-dere erfordern unterschiedliche Abläufe. Die Ersteren werden folglich im generalisierenden Use Case („Bezahlen"), die Letzteren in den spezia-

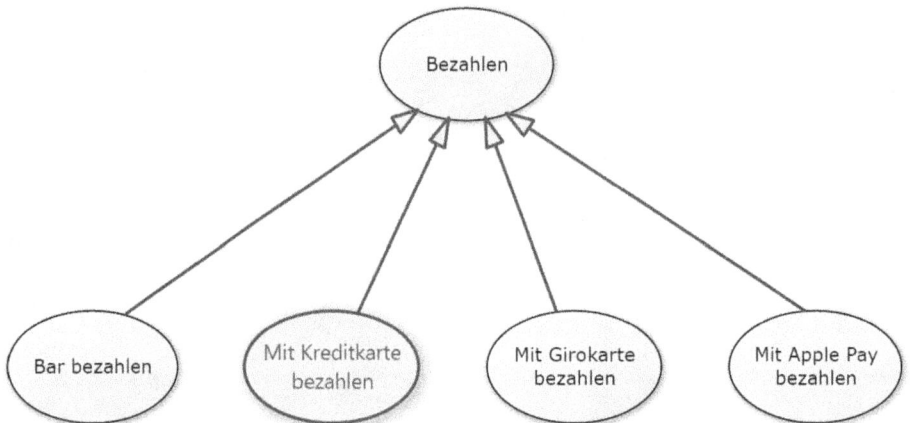

Abb. 4.29: Generalisierung/Spezialisierung von Use Cases (mit *Software Ideas Modeler* [Rodina 2023] erzeugt).

Generalisierüng/
Spezialisierung von
Akteuren

Beispiel:
Geschäftspartner

Erweiterungspunkte
(Extension Points)

lisierenden Use Cases („Bar bezahlen", „Mit Kreditkarte bezahlen" etc.) beschrieben.

Ergänzend sei darauf hingewiesen, dass Generalisierung/Spezialisierung nicht nur auf Use Cases, sondern auch auf *Akteure* angewendet werden kann. Dies ist das gleiche Konzept, das später auch bei der Datenmodellierung und in UML-Klassendiagrammen (vgl. Kapitel 5) zur Anwendung kommt.

Beispielsweise könnten *Geschäftspartner* in einem betrieblichen Informationssystem nach Lieferanten, Kunden und Banken, die Kunden weiter nach Geschäftskunden und Privatkunden differenziert werden. Für alle diese Geschäftspartner sind teilweise die gleichen und teilweise unterschiedliche Use Cases relevant. Bei der Generalisierung/Spezialisierung von Akteuren werden die Akteursymbole mit Generalisierungspfeilen verbunden, wie Abbildung 4.30 zeigt.

2) *Extends-Beziehung*: Diese Beziehungsart hat insofern Ähnlichkeiten mit der Generalisierung/Spezialisierung, als sie ebenfalls einen Use Case erweitert. Die Erweiterung ist jedoch ein eigenständiger Use Case, der auch ohne den anderen ausgeführt werden kann. Der erweiternde Use Case „erbt" nicht Merkmale des anderen Use Case, wie es bei der Spezialisierung eines generellen Use Case der Fall ist. Es handelt sich einfach um zwei getrennte Use Cases.

Sinnvoll einzusetzen ist die Extends-Beziehung, wenn eine bestimmte Funktionalität bei einem Use Case nicht immer, sondern nur unter bestimmten Bedingungen erforderlich ist. Dazu werden in dem zu erweiternden Use Case sog. *Erweiterungspunkte (Extension Points)* defi-

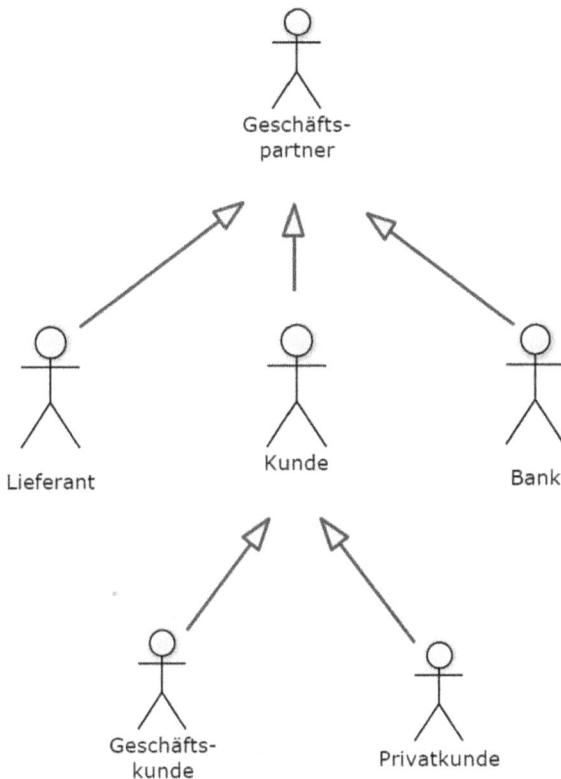

Abb. 4.30: Generalisierung/Spezialisierung von Akteuren (mit *Software Ideas Modeler* [Rodina 2023] erzeugt).

niert, die angeben, unter welchen Bedingungen die Erweiterung greifen soll.

Als Beispiel möge ein System wie ein Bargeldautomat (oder jede Art von Informationssystem, die Hilfefunktionen anbietet) dienen [OMG 2017, S. 643]. Im Normalablauf arbeitet das System so wie z. B. in dem Use-Case-Modell in Abbildung 4.27 spezifiziert. Wenn der Benutzer nicht weiter kommt und die Hilfetaste drückt, wird Funktionalität benötigt, die im Normalablauf nicht erforderlich ist – nämlich Aufruf des Online-Hilfesystems.

Wie in Abbildung 4.31 dargestellt ist, wird bei einem Use Case wie „Auszahlung bearbeiten" ein Erweiterungspunkt vorgesehen, der unter der Bedingung, dass der Kunde die Hilfetaste drückt, den Use Case „Online-Hilfe" zur Ausführung bringt.

Der Erweiterungspunkt hat einen eindeutigen Namen und wird überprüft, wenn der Ablauf des Use Case auf ihn stößt. Eine nähere Be-

Beispiel: Erweiterung durch Online-Hilfe

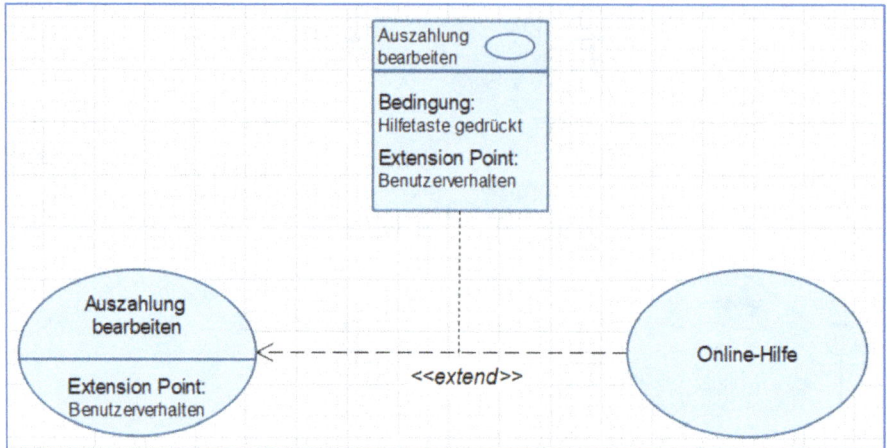

Abb. 4.31: Beispiel Extends-Beziehung (mit *Wondershare EdrawMax* [https://www.edrawsoft.com] erzeugt).

schreibung des Erweiterungspunkts kann mithilfe einer UML-Notiz an den Beziehungspfeil angehängt werden. In dem Beispiel heißt der Erweiterungspunkt „Benutzerverhalten" und die zu überprüfende Bedingung „Hilfetaste gedrückt".

Symbole für
Erweiterungspunkte

Das benutzte Softwarewerkzeug, *Wondershare EdrawMax* [https://www.edrawsoft.com], stellt besondere Symbole für die Berücksichtigung von Erweiterungspunkten bereit. In Abbildung 4.31 sind dies das in zwei Partitionen unterteilte Use-Case-Symbol sowie das speziell ausgestaltete Notizfeldrechteck. (Am Rande sei angemerkt, dass das Werkzeug als Bezeichnung der Beziehung standardmäßig nicht «extends», sondern «extend» verwendet, was konform mit dem UML-Standard der OMG ist [OMG 2017, S. 639]).

In dem linken Use-Case-Oval wird definiert, dass es einen Erweiterungspunkt namens „Benutzerverhalten" gibt. Das Notizfeld nimmt Bezug auf den Use Case „Auszahlung bearbeiten" und spezifiziert, dass der erweiternde Use Case „Online-Hilfe" unter der Bedingung „Hilfetaste gedrückt" ausgeführt werden soll.

3) *Includes-Beziehung*: Wie schon der Name erahnen lässt, drückt eine Includes-Beziehung den Sachverhalt aus, dass ein Use Case einen anderen Use Case einschließt. Der eingeschlossene Use Case ist ein eigenständiger Use Case, der auch für sich allein ausgeführt werden kann. Der einschließende Use Case (auch „primärer Use Case" oder „Basis-Use-Case" genannt) ist dagegen unvollständig und setzt die Existenz des anderen Use Case („sekundärer Use Case") voraus.

Includes-Beziehungen sind nützlich, wenn zwei oder mehr Use Cases teilweise die gleiche Funktionalität benötigen, teilweise aber unterschiedlich sind. Den gemeinsamen Teil beschreibt man dann in dem sekundären Use Case und die unterschiedlichen Teile in jeweils separaten primären Use Cases.

Zur Veranschaulichung sei wieder auf das Beispiel eines *Bankautomaten* zurückgegriffen. Im Gegensatz zu dem in Abbildung 4.28 unterstellten funktioniert dieser aber so, dass das Startmenü die möglichen Funktionen („Auszahlung", „Einzahlung", „Kontoauszug drucken" etc.) zeigt und die Authentifizierung erst nach Auswahl der gewünschten Funktion durch den Kunden erfolgt.

„Auszahlung", „Einzahlung" und „Kontoauszug drucken" sind somit als primäre Use Cases zu modellieren. „Benutzer authentifizieren" ist demgegenüber ein sekundärer Use Case, der von den anderen drei Use Cases über die Includes-Beziehung eingebunden wird. Abbildung 4.32 veranschaulicht die Zusammenhänge.

Beispiel Bankautomat

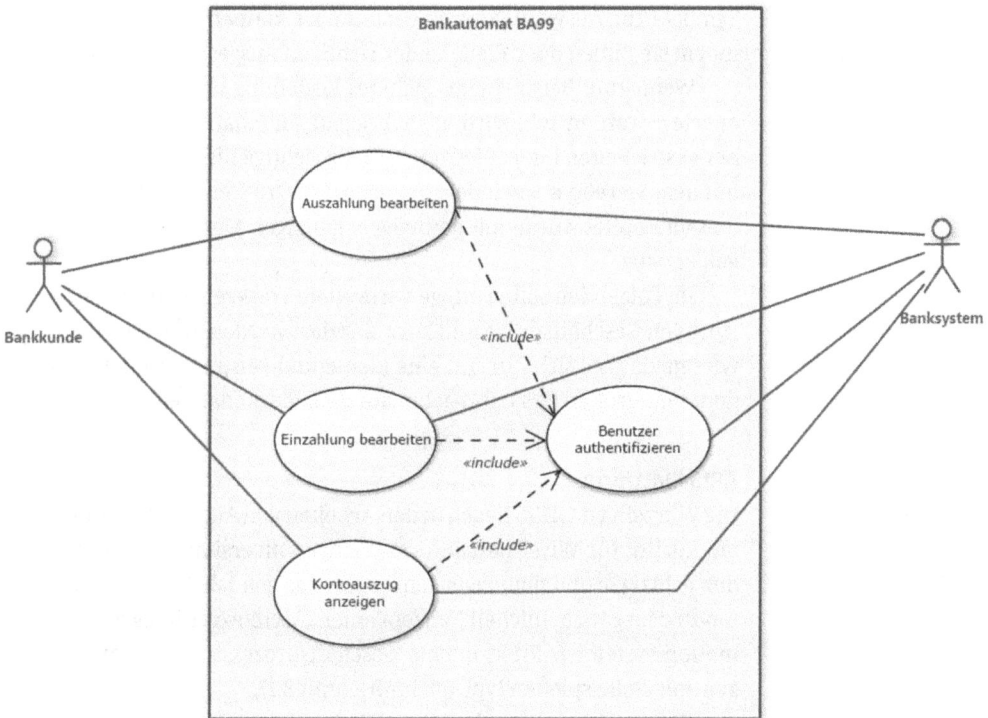

Abb. 4.32: Beispiel Includes-Beziehung (mit *Software Ideas Modeler* [Rodina 2023] erzeugt).

4.3 Modellierungswerkzeuge

Dokumentieren des
Modells

Modellierung ist ein geistiger Akt, der analytische, kreative und gestalterische Fähigkeiten erfordert. Wie das Ergebnis der Modellierung, das Modell, dokumentiert wird, ist eine zweite Frage. Grundsätzlich kann es, wie früher, mit Bleistift und Papier erzeugt und dargestellt werden. Wenn es sich um ein grafisches Modell handelt, können auch „Malwerkzeuge" verwendet werden (damit sind Softwarewerkzeuge gemeint, die grafische Formen zu erzeugen gestatten).

Modellierungswerkzeuge verstehen
Semantik

Heute benutzt man im Allgemeinen dedizierte Modellierungswerkzeuge, deren Fähigkeiten über die von „Malwerkzeugen" deutlich hinausgehen. Sie zeichnen sich insbesondere dadurch aus, dass sie die *Bedeutung* der grafischen Symbole (d. h. die Semantik) zu einem gewissen Grad „verstehen" und auch den Prozess der Modellerstellung unterstützen.

Aufgrund des Semantikverständnisses können sie beispielsweise dem Modellierer helfen, Fehler zu vermeiden; sie können Korrekturvorschläge machen oder die in einer bestimmten Situation möglichen Symbole zur Auswahl vorschlagen; und sie können beim Malen helfen, indem sie Linien oder Pfeile in der richtigen Ausgestaltung erzeugen.

Wenn zum Beispiel eine Includes-Beziehung wie in Abbildung 4.32 angelegt werden soll, wird das Werkzeug automatisch den Pfeil mit einer gestrichelten Linie, Pfeilspitze in die richtige Richtung und unterlegt mit dem Stereotyp «include» erzeugen. Ein Großteil der Abbildungen in diesem Kapitel wurde mit derartigen, gängigen Modellierungswerkzeugen erzeugt.

Im Folgenden sollen einige verbreitete Werkzeuge für die Modellierung von Geschäftsprozessen kurz skizziert werden. Es sei darauf hingewiesen, dass es sich nur um eine kleine und beispielhafte Auswahl aus dem sehr großen Gesamtangebot auf dem Markt handelt.

ARIS Plattform

August-Wilhelm Scheer

Die Wurzeln von *ARIS* liegen in den Arbeiten von August-Wilhelm Scheer am Institut für Wirtschaftsinformatik der Universität des Saarlandes in den achtziger und neunziger Jahren des vorigen Jahrhunderts. Sie führten zu dem ganzheitlichen Konzept einer „Architektur integrierter Informationssysteme (ARIS)", in dem Geschäftsprozesse von Anfang an eine zentrale Rolle spielten (vgl. auch Abschnitt 3.1),

ARIS Plattform

Der aus den konzeptionellen Arbeiten herausgegangene Werkzeugkasten ist die ARIS Plattform, die permanent um neuere Entwicklungen erweitert wurde. Sie ist in der Praxis weit verbreitet und wird in verschiedenen Ausprägungen angeboten: ARIS Basic (bis zu 20 Benutzer),

ARIS Advanced (bis zu 2.000 Benutzer) und ARIS Enterprise (bis zu 100.000 Benutzer).

Darüber hinaus gibt es *ARIS Express* als kostenlose Version mit etwas eingeschränktem Funktionsumfang; sie wird in diesem Buch für eine Reihe von Abbildungen verwendet [ARIS 2023]. ARIS Express unterstützt die oben bereits erwähnten Modelltypen (vgl. Abschnitt 3.1):

ARIS Express

- Geschäftsprozessmodell (EPKs, BPMN-Diagramme)
- Datenmodell (Entities, Attribute und Beziehungen)
- Organisationsmodell (Organigramme)
- Freie Diagramme (z. B. für Funktionshierarchien)
- Prozesslandschaft
- Systemlandschaft
- IT-Infrastruktur

bflow Toolbox

Die *bflow Toolbox* ist ein Open-Source-Werkzeug, das im akademischen Bereich entstand und auf die Modellierung von Geschäftsprozessen fokussiert ist. bflow wurde von praxisorientierten Wissenschaftlern entwickelt, die auch in diesem Buch immer wieder zitiert werden [https://www.bflow.org].

Open-Source-Werkzeug

bflow gestattet sowohl die Erstellung von Ereignisgesteuerten Prozessketten (EPKs) als auch von BPMN-Modellen. Bei EPKs werden zwei Varianten unterstützt:

- eEPK (erweiterte Ereignisgesteuerte Prozesskette)
- oEPK (objektorientierte Ereignisgesteuerte Prozesskette)

Software Ideas Modeler

Der Anbieter von Software Ideas Modeler, Dusan Rodina, bezeichnet das Werkzeug als *CASE Tool*. In der Tat handelt es sich um einen sehr umfassenden Werkzeugkasten, der eine Vielzahl von Modellierungszwecken und Diagrammen unterstützt [Rodina 2023].

CASE Tool

Aus Sicht der Themenbereiche dieses Buch sind von den mehr als 80 unterstützten Diagrammtypen (laut Angaben des Anbieters) insbesondere die folgenden relevant:

- BPMN-Diagramme
- Entity-Relationship-Diagramme (mehrere Varianten)
- Datenbankdiagramme
- 14 UML-Diagramme
- Use-Case-Diagramme
- Datenflussdiagramme
- Organigramme

Neben der kostenlosen „Standard Edition", mit der zahlreiche Diagramme in diesem Kapitel erzeugt wurden, gibt es verschiedene kostenpflichtige Versionen mit weitergehender Funktionalität.

Wondershare EdrawMax

280 Diagrammarten

Die Edraw-Suite ist von der Anzahl der unterstützten Diagrammtypen her noch umfangreicher. Laut Angaben des Anbieters sind es 280 Diagrammarten [https://www.edrawsoft.com]. Diese decken nicht nur Modellierungsprobleme im Kontext betrieblicher Informationssysteme ab, sondern auch technische Aufgaben wie Schaltkreisentwurf und Klimaanlagenlayout, Grundrissplanung oder Projektplanung.

Für die Themen dieses Buchs eignen sich vor allem die folgenden Diagrammarten:

- BPMN-Diagramme, Datenflussdiagramme u. v. a. (zusammenfassend als „Flussdiagramme" bezeichnet)
- 14 UML-Diagramme
- Organigramme
- Entity-Relationship-Diagramme

Wondershare EdrawMax gibt es in mehreren kostenpflichtigen Versionen, die auch als Testversionen angeboten werden.

GitMind

Mindmapping

GitMind ist primär ein Mindmapping-Werkzeug, das darüber hinaus auch Entity-Relationship-Diagramme sowie einige UML-Diagramme und Organigrammarten unterstützt [https://gitmind.com]. Es gibt mehrere kostenpflichtige Versionen sowie eine kostenlose Basis-Version mit eingeschränktem Umfang.

Mit Blick auf UML-Diagramme werden jeweils mehrere Formen von Klassendiagrammen und Use-Case-Diagrammen angeboten.

5 Datenmodellierung

Die meisten betrieblichen Informationssysteme basieren auf *Daten*. Daten sind das Rückgrat der Informationssysteme. Ohne Daten gibt es keine wirkungsvolle Funktionalität.

Wenn man pauschal von „Daten" spricht, dann besteht die Gefahr, dass die Differenziertheit der Daten ignoriert wird. In einem betrieblichen Informationssystem gibt es sehr unterschiedliche Arten von Daten, beispielsweise Artikeldaten, Bestellungen von Kunden, Bestellungen bei Lieferanten, Auslieferungen, Wareneingänge, Versandstellen, Mitarbeiter, Zeiterfassungsdaten u. v. a. Diese Daten stehen miteinander in Beziehung; ein Wareneingang bezieht sich etwa auf eine Bestellung, die Artikeldaten enthält und von einem Mitarbeiter aufgegeben wurde.

Alle Daten eines betrieblichen Informationssystems werden normalerweise in Datenbanken gespeichert und von einem *Datenbankmanagementsystem (DBMS)* verwaltet. Es gibt sehr unterschiedliche „Grundstrukturen" eines Datenbankmanagementsystems. Bei betrieblichen Informationssystemen ist die dominierende Grundstruktur das sog. relationale Datenmodell (Relationenmodell). Darauf wird in Abschnitt 5.2.1 näher eingegangen.

Im *Relationenmodell* werden die unterschiedlichen Arten von Daten jeweils in eigenen Tabellen (Dateien) gespeichert, z. B. in einer Artikeltabelle, einer Bestellungstabelle, einer Wareneingangstabelle, einer Tabelle, welche die Beziehungen zwischen Wareneingängen und Bestellungen festhält etc.

Die Anzahl der Tabellen kann sehr groß sein. Ein betriebliches Informationssystem wie einem ERP-System (ERP = Enterprise Ressource Planning) kann *mehrere Tausend Tabellen* umfassen. Diese Größenordnung macht klar, dass man sich vor dem Anlegen einer Datenbank Gedanken über die verschiedenen Datenarten und ihre Zusammenhänge machen muss. Andernfalls ist nicht nur Chaos vorprogrammiert, sondern es wird auch sehr schwierig oder ineffizient, die gewünschten Informationen aus der Datenbank wiederzugewinnen.

5.1 Konzeptuelle Datenmodellierung

Auch bei der Datenmodellierung ist es zweckmäßig, fachliche und implementierungstechnische Fragestellungen zu trennen und mit dem Modellieren auf einer höheren Abstraktionsebene zu beginnen. Wenn man etwa im Sinne der Beschreibungsebenen von ARIS vorgeht, würde man

https://doi.org/10.1515/9783111063843-005

also zuerst auf der Ebene des Fachkonzepts (vgl. Abbildung 1.2) modellieren.

In der Informatik wird die Datenmodellierung auf der fachlichen Ebene als *konzeptuelle* (manchmal auch konzeptionelle) *Datenmodellierung* bezeichnet. In der Wirtschaftsinformatik, insbesondere in der ARIS-Welt, benutzt man dazu häufig das *Entity-Relationship-Modell (ERM)*. In der Informatik, insbesondere in der UML-Welt, ist der bevorzugte Modellierungsansatz die *Klassenmodellierung*.

5.1.1 Entity-Relationship-Modell (ERM)[1]

Entity-Relationship-
Modell

Das *Entity-Relationship-Modell (ERM)* ist ein weitverbreitetes Beschreibungsmodell für Datenstrukturen auf der fachlichen Ebene. Es wurde von P. P. Chen im Jahr 1976 vorgestellt [Chen 1976] und beinhaltet eine grafische Diagrammtechnik, die oft mit dem Modell gleichgesetzt wird. *Entity-Relationship-Diagramme (ER-Diagramme)* erlauben eine übersichtliche Darstellung der Beziehungen zwischen Daten, solange die Anzahl der Elemente des Datenmodells nicht zu groß wird.

Genau genommen gibt es nicht „das" Entity-Relationship-Modell, sondern mehrere Varianten des Modells, insbesondere:

- Original-ERM, wie von Chen beschrieben
- Erweitertes ERM (eERM), auch als semantisches ERM bezeichnet
- Vereinfachtes ERM (ERM ohne explizite Beziehungstypen)

Obwohl das ursprüngliche Modell von Chen schon sehr mächtig war, zeigte sich bei der Modellierung komplexer Sachverhalte der Realität, dass zusätzliche Beschreibungsmittel sinnvoll wären. Deshalb existieren zahlreiche Erweiterungen, das Gesamtbild ist jedoch uneinheitlich. Meist verwendet man heute das *erweiterte ER-Modell (eERM)*. Dieses liegt auch der nachfolgenden Beschreibung zugrunde.

Grundelemente des
ER-Modells sind
Entitäten, Beziehungen
und Attribute.

Die Grundelemente des Entity-Relationship-Modells sind Entitäten (Entities), Beziehungen (Relationships) und Attribute.

- *Entitäten (Entities)* stehen für beliebige Objekte der realen Welt. Dies können sowohl reale Objekte (z. B. ein Produkt, eine Maschine, eine Person) als auch abstrakte Gebilde (z. B. ein Projekt, ein Kundenauftrag) sein. Im Allgemeinen interessiert man sich bei der Datenmodellierung nicht für das einzelne, individuelle Objekt, sondern für alle

---

1 Abschnitt 5.1.1 lehnt sich an Kurbel [Kurbel 2021, S. 618–621], an; er wurde teilweise von dort übernommen und erweitert.

gleichartigen Objekte (d. h. für ihren Typ). Man spricht dann jeweils von einem *Entitytyp.*

* *Beziehungen (Relationships)* zwischen den Objekten der realen Welt (bzw. des zu modellierenden Ausschnitts) verbinden Entitäten. Wie bei den Entitäten ist weniger die einzelne Beziehung zwischen genau zwei konkreten Entitäten von Interesse, sondern vielmehr der Typ der Beziehungen. Gleichartige Beziehungen werden deshalb jeweils zu einem *Beziehungstyp* zusammengefasst.

Im Entity-Relationship-Diagramm werden Entities (bzw. Entitytypen) durch Rechtecke und Beziehungen (bzw. Beziehungstypen) durch Rauten dargestellt. Das Beispiel im oberen Teil der Abbildung 5.1 zeigt die Entitytypen „Kunde" und „Artikel" sowie den Beziehungstyp „kauft".

Im unteren Teil sind Instanzen dieser Typen beispielhaft veranschaulicht, nämlich konkrete Entities und die konkreten Beziehungen, die zwischen genau diesen Entities bestehen (und so in der Datenbank als Verkaufsvorgänge gespeichert sein könnten). Die Entität „48159-01 Gerber GmbH" hat beispielsweise eine Beziehung zu der Entität „A-2233 Turbolader" mit den konkreten Attributwerten „Preis = 650.00" und „Menge = 5" und eine weitere zu „D-1001 Stoßstange" mit den Ausprägungen „Preis = 373.50" und „Menge = 10". Das heißt, es gab zwei Verkaufsvorgänge, bei denen die Gerber GmbH 5 Turbolader zum Preis von 650.00 und 10 Stoßstangen zum Preis von 373.50 erwarb.

* *Attribute* dienen zur näheren Beschreibung der Entitytypen und der Beziehungstypen. Sie drücken deren Eigenschaften (z. B. Kundennummer, Name, Anschrift etc.) aus. Attribute werden in Ovalen notiert und mit den Rechtecken bzw. Rauten verknüpft.

Wenn nur wenige Attribute zu berücksichtigen sind, steht jedes Attribut in seinem eigenen Oval. Bei einer größeren Zahl von Attributen wird das ER-Diagramm dadurch jedoch stark aufgebläht. Deshalb fasst man meist die jeweils zu einem Entity- oder Beziehungstyp gehörenden Attribute in nur einem Oval zusammen.

Attribute, die dazu dienen, ein Objekt eindeutig zu identifizieren, werden *Schlüsselattribute* (kurz: Schlüssel, genauer: Primärschlüssel) genannt. Im ER-Diagramm unterstreicht man häufig die Primärschlüssel. In dem Beispiel in Abbildung 5.1 sind *KundeID* und *ArtikelID* (Primär-) Schlüssel der Entitytypen Kunde und Artikel.

Schlüsselattribute, Primärschlüssel

Auch Beziehungstypen haben Schlüsselattribute. Diese ergeben sich gewissermaßen automatisch aus den Primärschlüsseln der beteiligten Entitytypen. Die Kombination *KundeID*, *ArtikelID* identifiziert

Zusammengesetzter Schlüssel bei Beziehungstypen

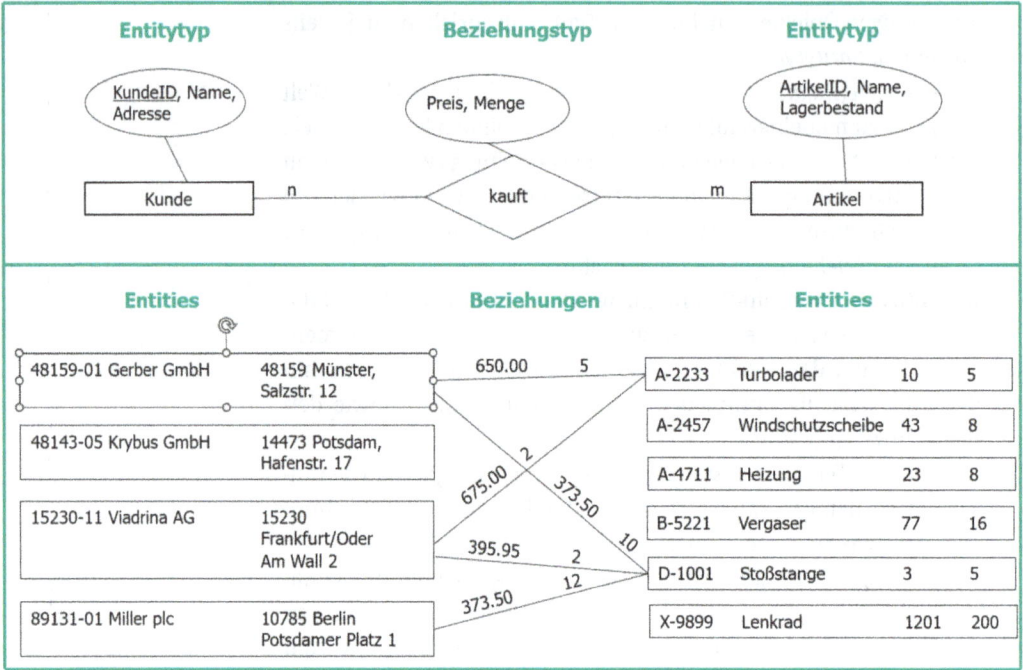

Abb. 5.1: Entity- und Beziehungstypen vs. Entities und Beziehungen (Beispiel).

im Beispiel eindeutig eine bestimmte Beziehung des Beziehungstyps „kauft".

Kardinalität, Komplexität

- Die *Kardinalität* (oder *Komplexität*) eines Beziehungstyps gibt an, wie viele Objekte eines Entitytyps mit einem Objekt eines anderen Entitytyps in Beziehung stehen bzw. in Beziehung stehen können. Beziehungstypen mit elementaren Kardinalitäten sind:
- 1 : 1-*Beziehung*: Ein Objekt des Entitytyps A steht mit genau einem Objekt des Entitytyps B in Beziehung.
- m : 1-*Beziehung*: Ein Objekt des Entitytyps A kann mit mehreren Objekten des Entitytyps B in Beziehung stehen, während umgekehrt ein Objekt des Entitytyps B nur mit einem Objekt des Entitytyps A eine Beziehung hat.
- 1 : n-*Beziehung*: Ein Objekt des Entitytyps B kann mit mehreren Objekten des Entitytyps A in Beziehung stehen, während umgekehrt ein Objekt des Entitytyps A nur mit einem Objekt des Entitytyps B eine Beziehung hat.
- m : n-*Beziehung*: Ein Objekt des Entitytyps A kann mit mehreren Objekten des Entitytyps B in Beziehung stehen, und umgekehrt kann ein Objekt des Entitytyps B mit mehreren Objekten des Entitytyps A eine Beziehung haben.

Entitytyp A   **Entitytyp B**

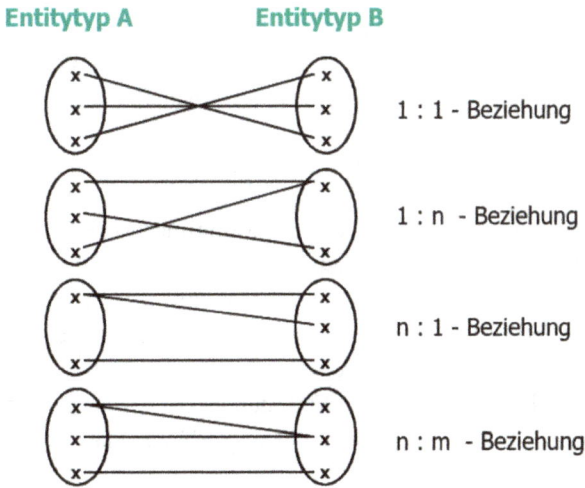

Abb. 5.2: Kardinalität eines Beziehungstyps.

Abbildung 5.2 veranschaulicht die Bedeutung der Kardinalitäten an einem grafischen Beispiel. In der Abbildung 5.1 wurde demzufolge eine *n : m-Beziehung* zwischen Kunden und Artikeln modelliert. Dies bedeutet, dass ein bestimmter Kunde *n* Artikelarten kaufen und umgekehrt ein bestimmter Artikel von *m* Kunden bezogen werden kann. Preis als Attribut des Beziehungstyps

Aus der *n : m*-Kardinalität erklärt sich auch, weshalb der Preis nicht als Attribut des Entitytyps „Artikel", sondern des Beziehungstyps „kauft" aufgeführt ist. Auf diese Weise kann der Sachverhalt modelliert werden, dass der gleiche Artikel an verschiedene Kunden zu unterschiedlichen Preisen verkauft wird.

Die in der Abbildung und auch im Weiteren verwendete Schreibweise wurde unter anderem von Schlageter und Stucky vorgeschlagen [Schlageter, Stucky 1983]. Man notiert hierbei die Anzahl der Beteiligungen eines Entitytyps A an einem Beziehungstyp an derjenigen Kante, die von der Raute zum Rechteck des Entitytyps A hinführt. Chen hatte ursprünglich die umgekehrte Schreibweise eingeführt [Chen 1976]; in seiner Notation wäre die „kauft"-Beziehung nicht eine *n : m*-Beziehung, sondern eine *m : n*-Beziehung. Schlageter-Stucky-Notation

• *Min-max-Kardinalitäten* (oder -*Komplexitäten*) dienen dazu, manche Sachverhalte, die mit den elementaren Kardinalitäten nicht eindeutig spezifiziert sind, genauer zu beschreiben. Dazu werden Untergrenzen (min) und Obergrenzen (max) für beide Komponenten einer Kardinalität eingeführt. Häufig verlangt man Min-max-Kardinalitäten

$$0 \leq \min \leq 1 \leq \max \leq *,$$

wobei * für „beliebig viele" steht. Als Unter- und Obergrenzen können grundsätzlich auch andere natürliche Zahlen angegeben werden. Vier häufig verwendete Min-max-Kardinalitäten sind:

$$(0,1), \ (0,*), \ (1,1), \ (1,*)$$

Obwohl es sich um eine relativ einfache Erweiterung des ER-Grundmodells handelt, erlaubt sie in vielen Fällen die semantische Präzisierung von Zusammenhängen. Zum Beispiel lässt sich exakt und kompakt der Sachverhalt ausdrücken, dass einem Lieferanten gegenüber mehrere Verbindlichkeiten bestehen können (*), dass es aber auch möglich ist, dass keine Verbindlichkeit existiert (0). In umgekehrter Blickrichtung gehört zu jeder Verbindlichkeit genau ein Lieferant (min = max = 1).

Abbildung 5.3 zeigt diesen Sachverhalt im ER-Diagramm. Mit elementaren Kardinalitäten – im Diagramm zum Vergleich unterhalb der Linien zusätzlich notiert – hätte man das Gleiche (ungenauer) als m : 1-Beziehung beschrieben.

Abb. 5.3: Min-max-Kardinalitäten und elementare Kardinalitäten.

- *Konnektoren* sind Verknüpfungselemente für Beziehungstypen. Man unterscheidet u. a. die Konnektoren *und (and)*, *oder (or)* sowie *xor (exklusives Oder)*. Im ER-Diagramm stellt man sie als Dreieck mit einer Eingangskante und mehreren Ausgangskanten dar. Abbildung 5.4 illustriert die drei Typen von Konnektoren. In Teil (a) ist modelliert, dass ein leitender Angestellter entweder ein Projekt oder eine Abteilung leitet, in Teil (b), dass auch beides zutreffen kann, und in Teil (c), dass ein leitender Angestellter sowohl ein Projekt als auch eine Abteilung leitet.

> Konnektoren sind Verknüpfungselemente für Beziehungstypen

- Das Konzept der *Generalisierung* ist ähnlich wie schon früher erläutert (z. B. bei Akteuren in Use-Case-Modellen, vgl. Abschnitt 4.2.2). Generalisierung bedeutet, dass ähnliche Typen von Objekten zu einem Obertyp zusammengefasst werden.

> Generalisierung bedeutet, dass ähnliche Typen von Objekten zusammengefasst werden

Das Gegenstück ist die *Spezialisierung*, die einen Entitytyp in mehrere Ausprägungen untergliedert. Die Generalisierung erlaubt es unter anderem, gemeinsame Eigenschaften mit dem übergeordne-

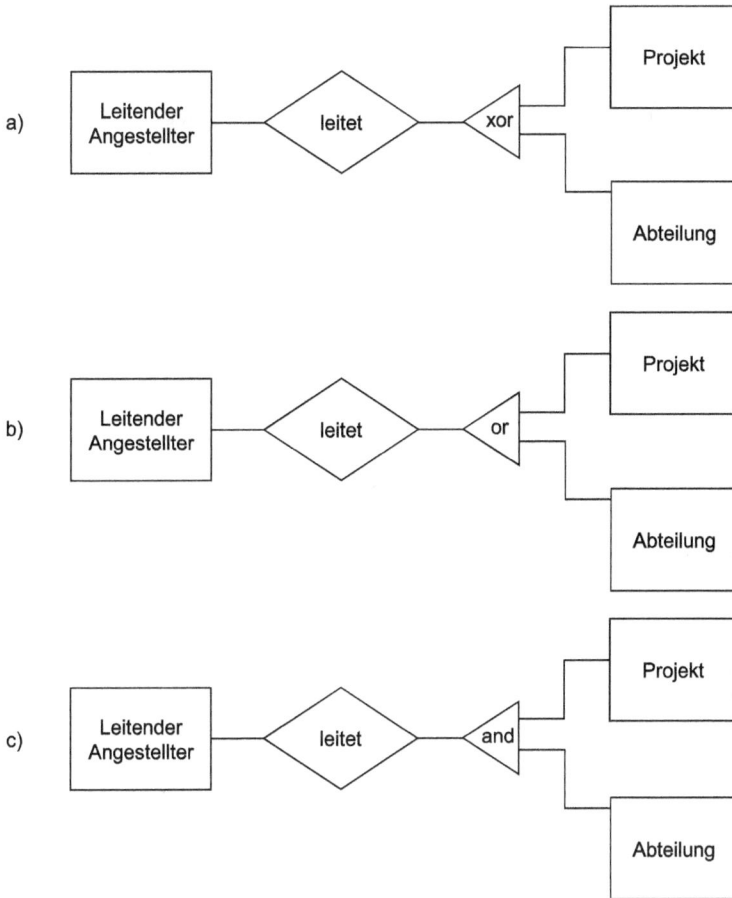

Abb. 5.4: Konnektoren *xor*, *or* und *and*.

ten Typ zu verbinden und nur die Unterschiede bei den Untertypen zu führen.

Generalisierung und Spezialisierung kann auf verschiedene Weise im Entity-Relationship-Modell repräsentiert werden. Gebräuchlich ist die Verwendung eines speziellen Beziehungstyps (*„is a"-Beziehung*). Dieser stellt eine Verbindung zwischen Entitytypen her, die im Sinne der Generalisierung für Ober- und Untertypen stehen. Im ER-Diagramm wird er häufig mit einem entsprechend beschrifteten Dreieck realisiert. Abbildung 5.5 zeigt dies am Beispiel der Entitytypen Geschäftspartner, Kunde, Lieferant und Bank.

Der Entity-Relationship-Ansatz mit seinen Erweiterungen stellt ein mächtiges Instrumentarium für die konzeptuelle Datenmodellierung dar. Semantisches Datenmodell

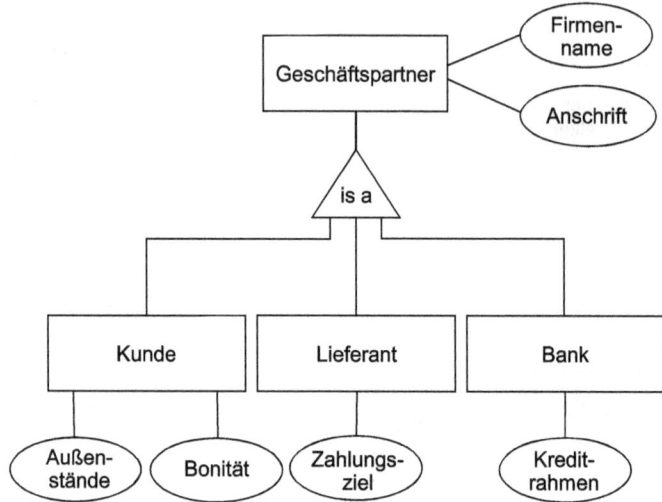

Abb. 5.5: „is a"-Beziehung zur Generalisierung/Spezialisierung.

In einem Entity-Relationship-Modell sind bereits zahlreiche Aussagen über die Bedeutung der Objekte und insbesondere ihrer Beziehungen enthalten. Man spricht deshalb auch von einem *semantischen Datenmodell.*

Beispiel: Nordwind-Datenbank

Die Datenmodellierung mit dem Entity-Relationship-Modell soll an einem etwas größeren Beispiel veranschaulicht werden. Wir greifen dabei auf die bekannte *Nordwind-Datenbank* zurück, die Microsoft bis 2010 mit MS Access als Beispieldatenbank auslieferte.

Unternehmen Nordwind GmbH

Die Datenbank gehört zu einem fiktiven Großhandelsunternehmen, der *Nordwind GmbH* (im Original *Northwind Traders*), das Spezialitäten aus der ganzen Welt importiert und exportiert (Business-to-Business). Nordwind möchte seine Umsätze und alle import-/exportrelevanten Daten in einer Datenbank speichern, um später Informationen wie die folgenden abrufen bzw. erzeugen zu können:

*   Welcher Kunde hat welche Bestellungen erteilt?
*   Alle offenen Bestellungen
*   Bestellungsdetails, d. h. die Einzelpositionen einer Bestellung (einschl. Preis, Menge etc.)
*   Aufstellungen aller Kunden, Lieferanten, Versandfirmen
*   Welche Versandfirma hat welche Bestellung ausgeliefert?
*   Welche Lieferanten liefern welche Artikel?
*   Zu welcher Kategorie (Artikelgruppe) gehört ein Artikel?
*   Welcher Mitarbeiter hat welche Bestellung bearbeitet?

Das Datenmodell, das am Anfang des Modellierungsprozesses steht und im Ergebnis zu der implementierten Datenbank führt, sähe etwa wie in Abbildung 5.6 aus. Es stammt nicht von Microsoft, da das Datenmodell nicht mit ausgeliefert wurde. Das Modell beschreibt typische Sachverhalte, die auch in einem ERP-System anzutreffen sind.

Nordwind-Datenmodell

In Abbildung 5.6 wurden *Min-max-Kardinalitäten* verwendet. Beispielsweise gibt die Kardinalität (0, *) zwischen Artikel und Bestellung an, dass ein Artikel in beliebig vielen Bestellungen vorkommen kann (oder auch in keiner). Die Kardinalität (1, *) zwischen Bestellung und Artikel sagt demgegenüber aus, dass eine Bestellung mindestens einen Artikel enthalten muss (sonst ist es keine Bestellung), der Artikel kann aber auch in beliebig vielen Bestellungen vorkommen.

Min-max-Kardinalitäten

Eine Erweiterung des ursprünglichen Entity-Relationship-Modells von Chen soll am Beispiel der Nordwind-Datenbank noch erläutert werden. Angenommen, die Lieferungen von Nordwind sind aufgrund neuer Compliance-Regeln zusätzlichen rechtlichen und technischen Vorschriften unterworfen. Deshalb müssen z. T. spezialisierte Spediteure

Erweiterung des Modells

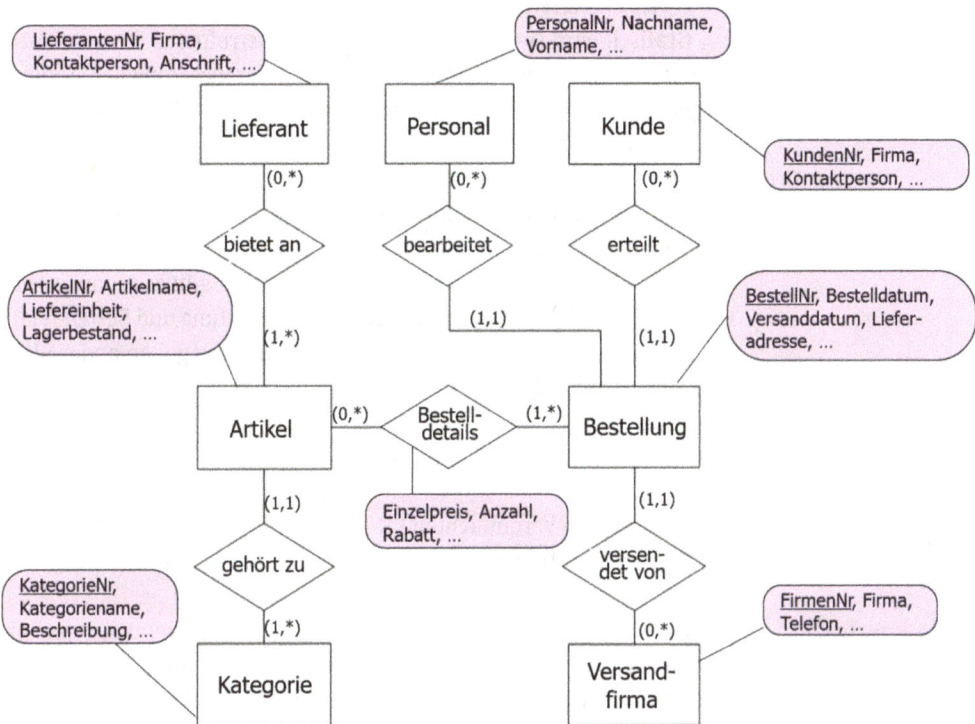

Abb. 5.6: Entity-Relationship-Modell der Nordwind GmbH.

beauftragt werden. Nicht jede von Nordwinds Versandfirmen kann alle produktspezifischen Vorgaben erfüllen.

Für die Nordwind GmbH resultiert daraus die Notwendigkeit, einzelne Positionen derselben Bestellung ggf. durch unterschiedliche Spediteure transportieren zu lassen und diesen Sachverhalt nachvollziehen zu können.

Modellierungsproblematik

Die Modellierungsproblematik besteht darin, dass in dem Entity-Relationship-Modell der Abbildung 5.6 Bestellpositionen durch einen Beziehungstyp („Bestelldetails") und nicht durch einen Entitytyp repräsentiert wurden. Der Beziehungstyp „versendet von" müsste eigentlich eine Beziehung mit „Bestelldetails" eingehen, was aber nicht möglich ist. Beziehungstypen können nur für Beziehungen zwischen Entitytypen und nicht für Beziehungen mit anderen Beziehungstypen modelliert werden.

Lösung: uminterpretierter Beziehungstyp

Die Lösung besteht darin, den Beziehungstyp gewissermaßen in einen Entitytyp „umzuinterpretieren" bzw. das gesamte Aggregat „Artikel – Bestelldetails – Bestellung" als Entitytyp anzusehen. Im erweiterten ER-Modell heißt diese Uminterpretation *Aggregation* oder *uminterpretierter Beziehungstyp*.

Grafisch wird sie durch Umrandung der betroffenen Elemente bzw. des Beziehungstyps dargestellt. Abbildung 5.7 veranschaulicht die beiden Möglichkeiten, wobei es sich eingebürgert hat, die kompaktere Variante (b) zu verwenden.

Kardinalitäten

Eine Anmerkung ist zu den *Kardinalitäten* erforderlich. In Abbildung 5.7 wurden sie belassen, wie sie vorher waren und für den ursprünglich definierten Beziehungstyp galten. Wenn man diesen nach der Uminterpretation nun als Entitytyp betrachtet, gibt es genau genommen neue Beziehungen – nämlich zwischen Bestellung und Bestelldetails sowie zwischen Bestelldetails und Artikel. Für diese gelten andere Kardinalitäten, nämlich:

Artikel – (0, *) —— (1, 1) – Bestelldetails – (1, 1) —— (1, *) – Bestellung

Diese werden im vereinfachten ER-Modell (vgl. unten Abbildung 5.8) sowie bei der Überführung des ER-Modells in ein Relationenmodell (vgl. unten Abschnitt 5.2.2) benutzt.

Konstruktionstechnisch sind uminterpretierte Beziehungstypen ein wichtiges Element der Entity-Relationship-Modellierung. Die praktische Bedeutung ist heute jedoch nicht mehr so hoch, da viele Modellierungswerkzeuge nur die vereinfachte Form des ERM unterstützen. In dieser kommen explizite Beziehungstypen gar nicht vor.

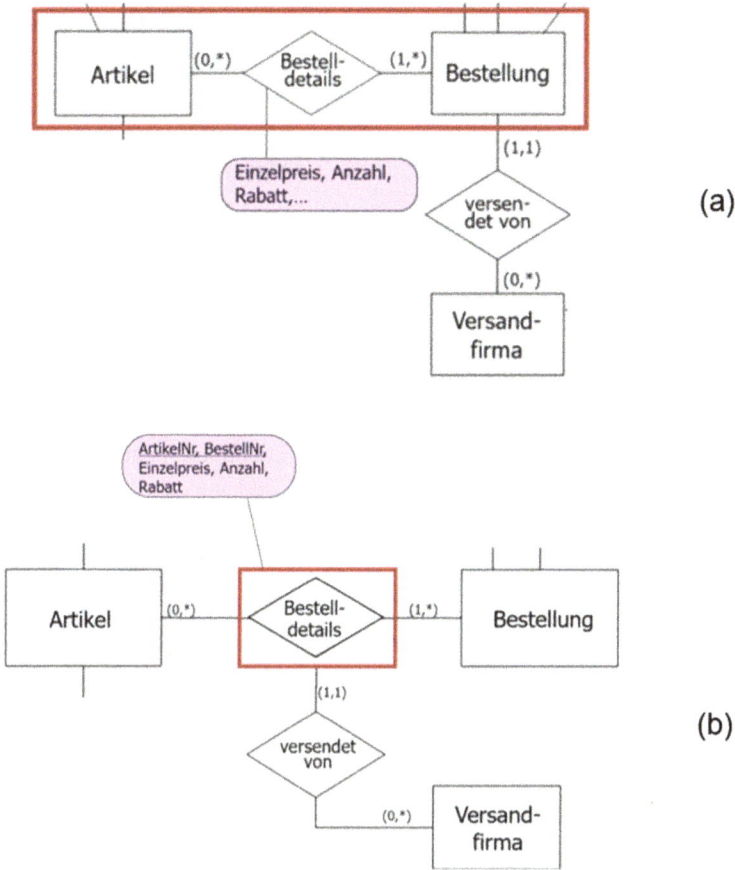

Abb. 5.7: Uminterpretierter Beziehungstyp bzw. Aggregation.

5.1.2 Vereinfachtes ER-Modell

Eine Vereinfachung des Entity-Relationship-Modells besteht darin, dass Beziehungstypen nicht durch gesonderte Symbole (Rauten), sondern einfach durch Kanten mit Kardinalitäten modelliert werden.

Kein gesondertes Symbol für Beziehungstypen

Da man an eine Kante jedoch nicht Attribute wie an ein Rechteck oder eine Raute anhängen darf, wird für Beziehungstypen, die Attribute haben, eine andere Lösung benötigt. Diese sieht so aus, dass *Beziehungstypen mit Attributen* als Entitytypen behandelt werden – ähnlich wie dies gerade für uminterpretierte Beziehungstypen beschrieben wurde.

Für die Darstellung der Kardinalitäten wird beim vereinfachten ER-Modell meist eine andere Notation als die oben beschriebene benutzt, nämlich die sogenannte *Krähenfuß-Notation* ("Crow's foot notation"). Diese erlangte u. a. durch die Bücher von James Martin zum "Informa-

Krähenfuß-Notation ("Crow's foot notation")

tion Engineering" [Martin 1989] weite Verbreitung. Der Name kommt daher, dass für die verschiedenen „mehrere"-Kardinalitäten ein Symbol verwendet wird, das einem Vogelfuß ähnelt.

Nordwind-Datenmodell in Krähenfuß-Notation

Zu Veranschaulichung wird in Abbildung 5.8 das Nordwind-Datenmodell in der Krähenfuß-Notation wiedergegeben. Es ist das gleiche Modell wie in Abbildung 5.5, mit der Erweiterung, dass „Bestelldetails" wie in Abbildung 5.7 (b) als Entitytyp repräsentiert wird. Das Modell wurde mit ARIS Express erstellt; deshalb sind werkzeugspezifische grafische Elemente enthalten (spezielle Icons für Entitytypen, Attribute und Schlüssel).

Auf die Darstellung aller Attribute, die in Abbildung 5.5 enthalten sind, wurde aus Gründen der Übersichtlichkeit verzichtet. Attribute werden nur für „Bestelldetails" angezeigt. Hier sieht man die unterschiedli-

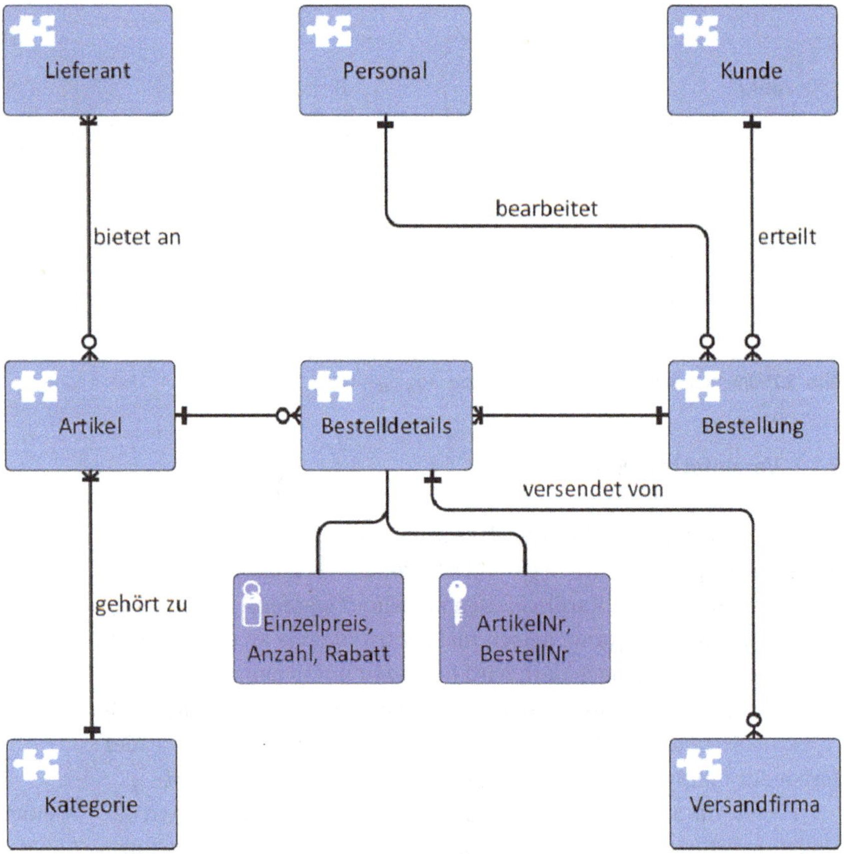

Abb. 5.8: Nordwind-Datenmodell in Krähenfuß-Notation (mit ARIS Express [ARIS 2023] erstellt).

chen Icons für „normale" Attribute und für Schlüsselattribute, die ARIS Express einfügt.

Für den (zusammengesetzten) Schlüssel von Bestelldetails (*ArtikelNr*, *BestellNr*) wird auf den ursprünglichen Beziehungstyp zurückgegriffen, bei dem sich der Schlüssel aus den Primärschlüsseln der beiden beteiligten Entitytypen Artikel und Bestellung ergibt. Schlüssel von Bestelldetails

Die Kardinalitäten werden in der Krähenfuß-Notation durch kleine Kreise, Striche und die „Krähenfüße" sowie Kombinationen derselben dargestellt. Abbildung 5.9 zeigt einige der möglichen Kardinalitäten. Kardinalitäten in Krähenfuß-Notation

──┼	1 Beziehung
──<	Mehrere Beziehungen
──╫	Genau 1 Beziehung (mindestens 1, höchstens 1)
──○┼	0 oder 1 Beziehung (mindestens 0, höchstens 1)
──⫕	1 oder mehrere Beziehungen (mindestens 1, beliebig viele)
──○<	0 oder mehrere Beziehungen (beliebig viele, evtl. auch keine)

Abb. 5.9: Kardinalitäten in Krähenfuß-Notation.

Die ersten beiden sind nicht genau spezifiziert und lassen Interpretationsspielraum offen. Wenn man nur 1 Strich benutzt, ist jedoch meist „genau 1" gemeint (so auch in Abbildung 5.6; ARIS Express bietet nur den einfachen Strich an, der hier für „genau 1" steht).

Bei dem Krähenfuß ohne Angabe der Untergrenze ist unklar, ob „keine Beziehung" mit eingeschlossen ist oder nicht. Besser ist es deshalb, die Grenzen im Sinne der Min-max-Notation zu notieren. Dies ist den restlichen Einträgen der Tabelle der Fall. Min-max-Notation

Zu beachten ist, dass bei der Krähenfuß-Notation, anders als bei der zuvor verwendeten Schlageter-Stucky-Notation, die Kardinalitäten vom Quelltyp ausgehend notiert werden (d. h. in umgekehrter Anordnung). Die Kardinalitäten der Beziehung zwischen „Bestelldetails" und „Bestellung" in Abbildung 5.8: Kardinalitäten werden vom Quelltyp ausgehend notiert

geben also an, dass eine Entität von Bestelldetails (d. h. eine Bestellposition) zu genau einer Bestellung gehört. Umgekehrt kann eine Bestellung beliebig viele Bestelldetails haben, mindestens aber 1 (d. h., eine Bestellung ohne Bestellpositionen macht keinen Sinn).

5.1.3 UML-Klassenmodell

Klassen und Klassendiagramme

Das zentrale Konstrukt von UML sind Klassen bzw. Klassendiagramme als grafische Ausdrucksmittel. Klassen haben gewisse Eigenschaften wie Entitytypen (sowie weitere, darüber hinaus gehende), sodass ein Klassenmodell mit ähnlicher Aussagekraft wie ein Entity-Relationship-Modell aufgestellt werden kann.

Eine *Klasse* ist ein objektorientiertes Konzept, das einen Typ von Objekten mit gleicher Struktur und gleichem Verhalten definiert. Ein *Klassendiagramm* repräsentiert das statische Modell eines aus Klassen bestehenden Softwaresystems. Das Klassendiagramm zeigt die Klassen des Systems und ihre Zusammenhänge.

Konzeptuelle Klassen beim Requirements Engineering

Konzeptuelle Klassen

Klassen sind in UML ein allgemeines Konzept, das auf verschiedenen Abstraktions- bzw. Modellierungsebenen verwendet wird. Bei der konzeptuellen Modellierung im Rahmen des *Requirements Engineering* benutzt man sog. *konzeptuelle Klassen*. Diese sind dadurch charakterisiert, dass sie als eigenständige Typen von Objekten in dem zu modellierenden Ausschnitt der Realität identifiziert wurden. Sie ähneln in diesem Sinne den Entitytypen im ER-Modell.

Konzeptuelle Klassen weisen weniger Details auf als Klassen, die beim Systementwurf modelliert werden (sog. Entwurfs- oder Designklassen). Konzeptuelle Klassen zeigen die Existenz von realen oder abstrakten Sachverhalten in der Problemdomäne an. Ähnlich wie bei der Entity-Relationship-Modellierung nimmt man im ersten groben Modell nur auf die Klassen als solche Bezug, während bei einer detaillierteren Analyse bzw. Gestaltung dann auch Attribute der Klassen hinzugefügt werden.

Fachkonzeptebene

Im Sinne der Beschreibungsebenen von ARIS würde man konzeptuelle Klassen (und das mit ihnen gebildete Klassenmodell) der Fachkonzeptebene zuordnen, ebenso wie es beim Entity-Relationship-Modell der Fall ist.

Grafisch wird eine Klasse als Rechteck dargestellt. Dieses kann in mehrere Abteilungen unterteilt sein. Bei der konzeptuellen Modellierung benutzt man anfangs nur eine Abteilung, die den *Klassennamen* enthält, oder dann noch eine zweite, in der die *Attribute* aufgeführt werden. (Die dritte Abteilung ist den *Methoden* vorbehalten, die später beim Entwurf hinzugefügt werden.)

Zur Darstellung der *Beziehungen* zwischen den Klassen der Problemdomäne werden Linien mit oder ohne Pfeilspitzen verwendet. Bei der konzeptuellen Modellierung sind drei Arten von Beziehungen relevant:

Beziehungen zwischen Klassen

- Assoziation
- Generalisierung
- Verfeinerung

Die *Assoziation* ist die Grundform der Beziehung im Klassendigramm (ähnlich wie der Beziehungstyp im ER-Diagramm). Eine Assoziation kann:

Assoziation

- einen oder zwei Namen
- Multiplizitäten, welche die Anzahl der möglichen Beziehungen definieren
- einen oder zwei Richtungspfeile

haben. Die Namen drücken zusammen mit den Richtungspfeilen die Leserichtung der Beziehung aus. Abbildung 5.10 zeigt ein Beispiel. Wenn nur ein Name und keine Richtungspfeile angegeben sind, wird der „Normalfall" unterstellt (d. h., man liest von links nach rechts bzw. von oben nach unten).

Abb. 5.10: Assoziationsnamen und Richtungspfeile.

Multiplizitäten entsprechen den Kardinalitäten im ER-Modell. Sie werden als Min-max-Multiplizitäten verwendet, wobei auch abgekürzte Schreibweisen existieren. Typische Multiplizitäten sind:

Multiplizitäten

1	Genau 1 Beziehung zwischen einem Objekt der Klasse A und einem Objekt der Klasse B
0..1	Höchstens 1 Beziehung zwischen einem Objekt der Klasse A und einem Objekt der Klasse B
0..*	Null oder mehr Beziehungen zwischen einem Objekt der Klasse A und Objekten der Klasse B
*	Beliebig viele (einschl. null) Beziehungen zwischen einem Objekt der Klasse A und Objekten der Klasse B; entspricht der Multiplizität 0..*

Zur Veranschaulichung werden in Abbildung 5.11 die Sachverhalte, die dem Nordwind-Datenmodell in den Abbildungen 5.5 bzw. 5.8 zugrunde lagen, als Klassendiagramm modelliert. Die Klassensymbole weisen, wie oben erwähnt, drei Abteilungen auf. Zwei davon sind besetzt (Klas-

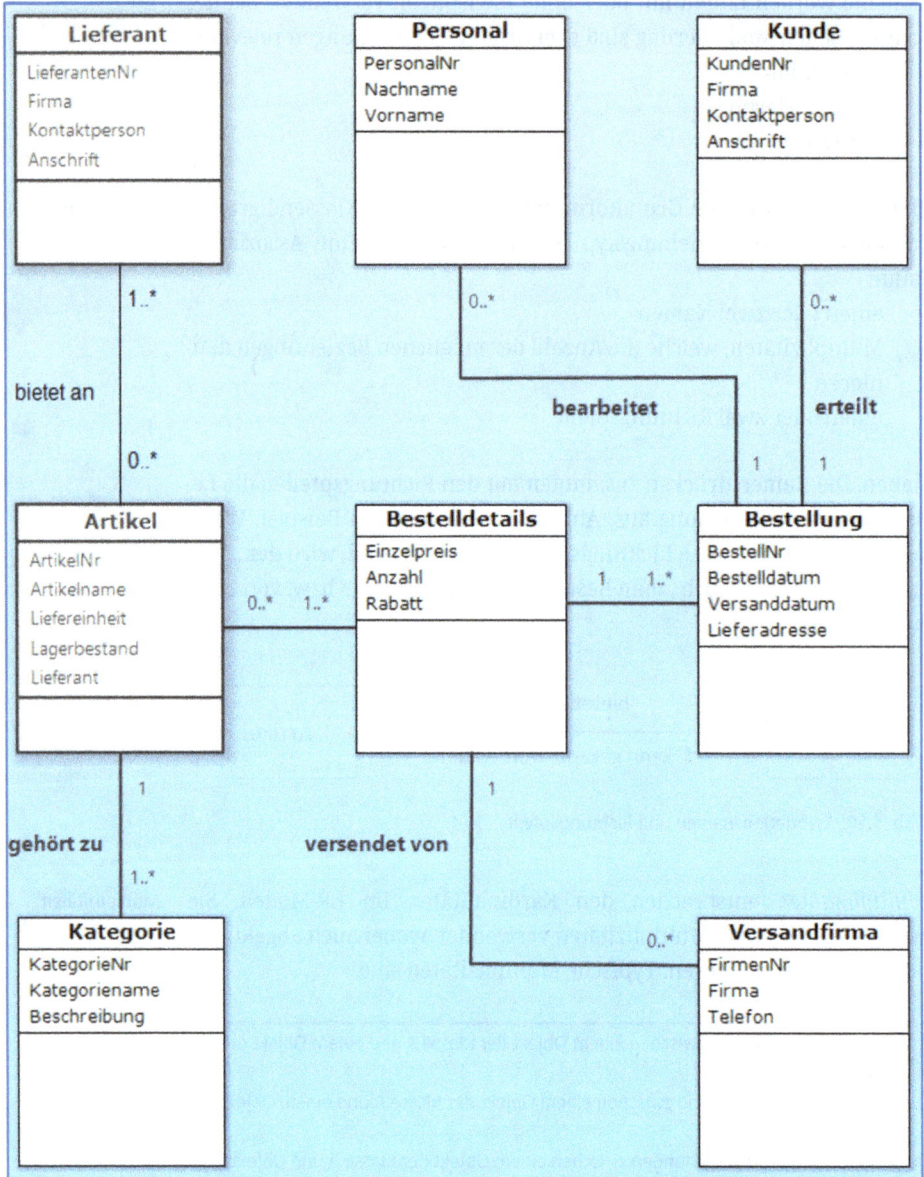

Abb. 5.11: Nordwind-Datenmodell als Klassendiagramm (mit *Software Ideas Modeler* [Rodina 2023] erzeugt).

senname und Attribute). Die dritte, für die Methoden vorgesehene, ist leer. Methoden sind diejenigen Operationen, die von Objekten der Klasse ausgeführt werden können. Methoden werden bei der Modellierung erst später berücksichtigt.

Der Beziehungstyp *Generalisierung* wird, wie an anderen Stellen auch (z. B. in Use-Case-Diagrammen), durch Pfeile mit breiten Spitzen dargestellt. Zur Veranschaulichung soll auf das Beispiel in Abbildung 4.30 (vgl. Abschnitt 4.2.2), das Generalisierung/Spezialisierung bei Akteuren zeigte, zurückgegriffen werden. Wenn man die gleichen Annahmen trifft und die Akteure durch Klassen repräsentiert, erhält man ein Klassenmodell wie das in Abbildung 5.12 gezeigte. — *Generalisierung*

Die Unterklassen Lieferant, Kunde und Bank „erben" Eigenschaften von der Oberklasse Geschäftspartner und können diese um weitere Eigenschaften ergänzen. Da die Generalisierung transitiv ist, erben die Unterklassen der Unterklasse Kunde (d. h. Geschäftskunde und Privatkunde) nicht nur Eigenschaften von der Unterklasse Kunde, sondern indirekt auch von der Oberklasse Geschäftspartner. — *Generalisierung ist transitiv*

Verfeinerung (Refinement), die dritte der erwähnten Beziehungsarten, erlaubt es, die gleiche Klasse nochmals, aber mit mehr Details versehen zu spezifizieren. Mit Blick auf die Klassen in Abbildung 5.12, bei — *Verfeinerung*

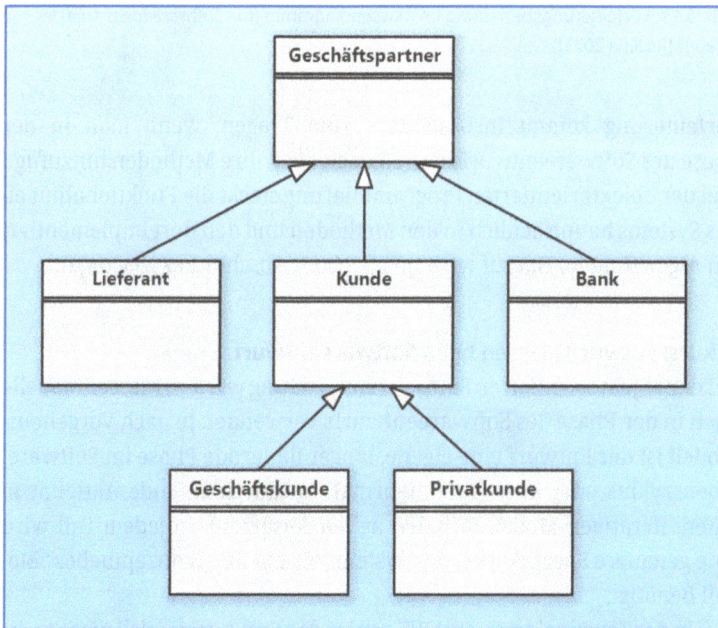

Abb. 5.12: Generalisierungsbeziehungen im Klassendiagramm (mit *Software Ideas Modeler* [Rodina 2023] erzeugt).

denen nur Klassennamen angegeben waren, könnte man beispielsweise in der nächsten Stufe des Modellierungsprozesses auch die wichtigsten Attribute angeben.

Stereotyp «Refine»   Durch einen gestrichelten Pfeil und Beschriftung mit dem Stereotyp «Refine» wird zum Ausdruck gebracht, dass es sich um die gleiche Klasse handelt, nur in verfeinerter Darstellung. Abbildung 5.13 zeigt dies am Beispiel der Klasse Geschäftspartner.

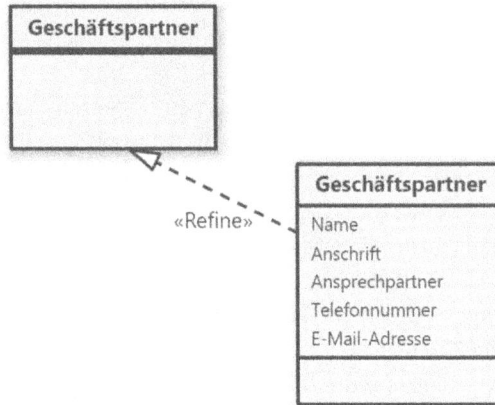

Abb. 5.13: Verfeinerungsbeziehung im Klassendiagramm (mit *Software Ideas Modeler* erzeugt [Rodina 2023]).

Verfeinerung kommt insbesondere zum Tragen, wenn man in der Phase des Softwareentwurfs den Klassen auch ihre Methoden hinzufügt. (Bei der objektorientierten Programmierung steckt die Funktionalität eines Systems hauptsächlich in den Methoden und den dort implementierten Algorithmen.) Darauf wird im nächsten Abschnitt eingegangen.

Exkurs: Entwurfsklassen beim Softwareentwurf

Bei der objektorientierten Softwareentwicklung werden Klassenmodelle auch in der Phase des Softwareentwurfs verwendet. Je nach Vorgehensmodell ist der Entwurf eine eigene, länger dauernde Phase im Softwarelebenszyklus oder auch eine mehrmals zu durchlaufende Aktivität in einem iterativen Modell (z. B. bei agilen Ansätzen). In jedem Fall wird eine genauere Spezifikation des Systems als ein nur „konzeptuelles" Modell benötigt.

ARIS: „DV-Konzept"   In der Terminologie von ARIS gehört das Entwurfsmodell nicht mehr zur Ebene des Fachkonzepts (und damit auch nicht zur konzeptuellen Modellierung), sondern zur Ebene des *DV-Konzepts*. Auf dieser Beschreibungsebene modelliert man „datenverarbeitungsnähere" Sachverhalte. Für die Datenmodellierung heißt das zum Beispiel, dass man Spezifikationen im Hinblick auf die spätere Verwendung eines Datenbanksystems trifft.

Ein Klassenmodell, das zum Zweck des Softwareentwurfs angefertigt wird, wird als *Entwurfsmodell* bezeichnet. Der Name stammt ursprünglich aus dem *Rational Unified Process (RUP)*, einem „schwergewichtigen" Vorgehensmodell, das von den UML-Vätern Booch, Rumbaugh und Jacobson entwickelt wurde.

Entwurfsmodell

Klassen für den Entwurf weisen wesentlich mehr Detail auf als konzeptuelle Klassen. Da der Entwurf die Vorstufe zur Programmierung (Codierung) ist, müssen insbesondere die Funktionen des Systems, die letztlich sein Verhalten bestimmen, festgelegt werden. Andernfalls fehlt die Grundlage für das, was im nächsten Schritt „programmiert" werden soll.

Außerdem sind genauere Spezifikationen der Attribute (z. B. Datentypen) und der Zusammenhänge zwischen den Klassen erforderlich. Dies soll am Beispiel des Klassenmodells aus Abbildung 5.11 verdeutlicht werden.

Genauere Spezifikationen werden in dem in Abbildung 5.14 gezeigten Entwurfsmodell insbesondere für die Attribute angegeben, und zwar in Form der *Datentypen*. Die in dem Klassenmodell verwendeten Datentypen sollen kurz erläutert werden:

Datentypen

- Die meisten Attribute sind vom Typ „Zeichenkette" (auf Englisch und in den gängigen Programmiersprachen heißt dieser Datentyp „String"). Für Zeichenketten wird bei der Programmierung auch eine Längenangabe benötigt (z. B. 30 Zeichen für Namen, 20 Zeichen für Telefonnummern). Diese weitere Verfeinerung sei aber erst einmal auf später verschoben.
- Für alle Schlüsselattribute wird ein selbst definierter (d. h. vom Softwareentwickler zu spezifizierender) Datentyp „ID" unterstellt.
- Die Mengeneinheiten werden bei Nordwind in Stück gemessen; deshalb wird der Datentyp „ganze Zahl" (englisch „Integer") verwendet.
- Monetäre Größen werden mit dem Datentyp „reelle Zahl" (englisch „Real") spezifiziert, da Nachkommastellen zu berücksichtigen sind.

Die Operationen, die von bzw. mit den Objekten des Klassenmodells ausgeführt werden können, bestimmen letztlich die Funktionalität des Softwaresystems. In der objektorientierten Terminologie heißen sie *Methoden*, man spricht aber auch von Funktionen oder Operationen. Sie beinhalten nicht zuletzt die Algorithmen, die arbeitsteilig die Aufgaben des Softwaresystems lösen.

Methoden

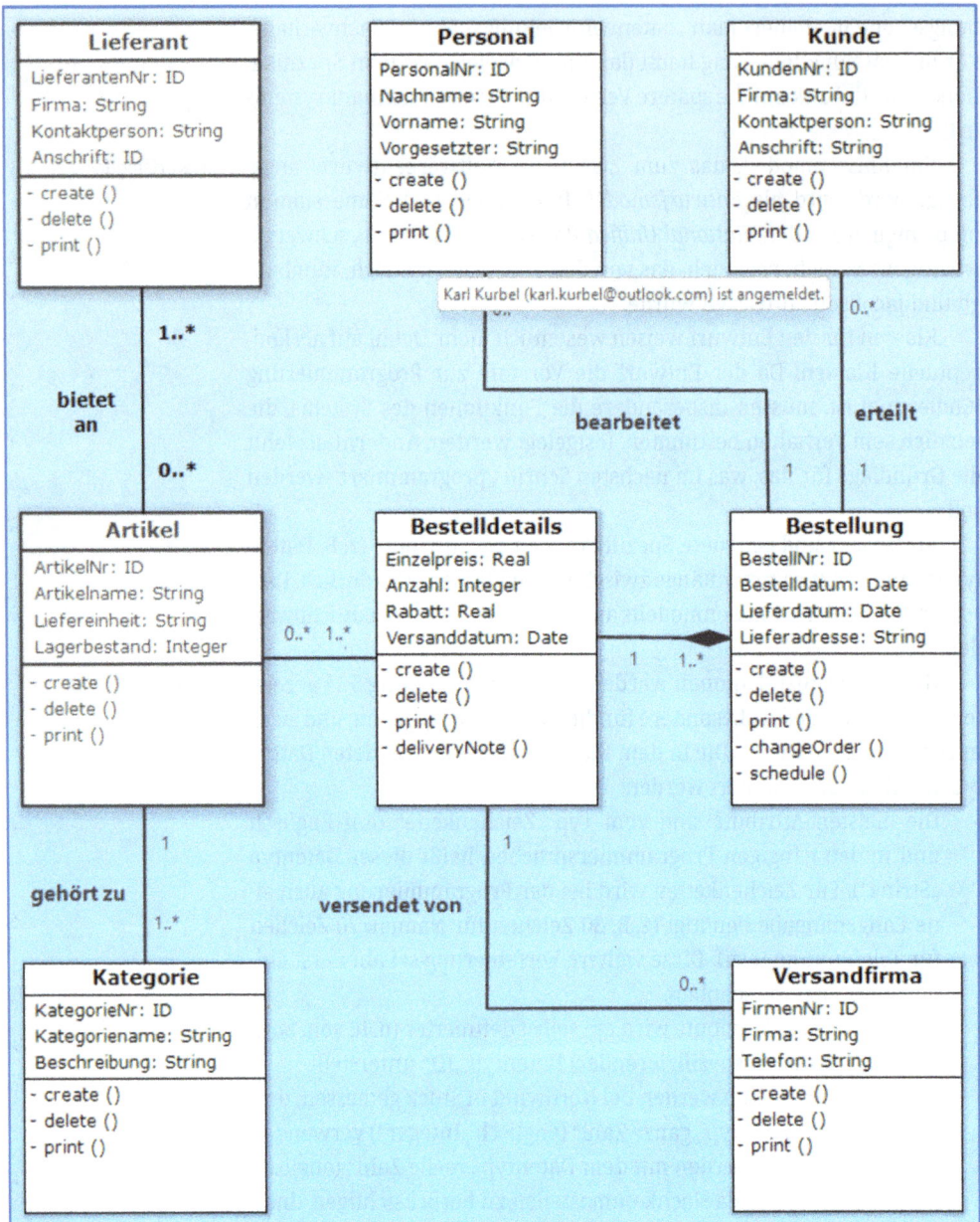

Abb. 5.14: Entwurfsmodell als Klassendiagramm (mit *Software Ideas Modeler* erzeugt [Rodina 2023]).

Die Festlegung der Methoden zu den einzelnen Klassen gehört zur Klassenmodellierung, nicht aber die Spezifikation der Algorithmen. Diese findet außerhalb der Klassenmodellierung statt. In UML gibt es dafür andere Modelltypen, insbesondere Aktions- und Verhaltensdiagramme.

Für alle Klassen wurden erst einmal die „Standardmethoden" spezifiziert. Damit sind Methoden gemeint, die üblicherweise bei Datenklassen benötigt werden, nämlich:

- Erzeugen eines Objekts der Klasse (create)
- Löschen eines Objekts (delete)
- Drucken eines Objekts (print)

Die Notation mit Klammern hinter dem Methodennamen wurde von dem Modellierungswerkzeug erzeugt. (Sie rührt daher, dass in den gängigen Programmiersprachen Methoden häufig mit Parametern gesteuert werden, die in Klammern geschrieben werden.)

Neben den drei Standardmethoden können im Einzelfall weitere Methoden hinzukommen, insbesondere für die algorithmischen Komponenten. In der Klasse *Bestellung* ist dies beispielsweise die Methode „schedule", welche die Terminierung der Bestellung durchführt. Diese kann je nach Anwendungsfall einfacher oder auch sehr aufwendig sein. Darüber hinaus wurde eine Methode „changeOrder" spezifiziert, welche es gestattet, eine Bestellung nachträglich abzuändern.

Methode für Terminierung

In der Klasse *Bestelldetails* gibt es eine Methode für die Erzeugung der Lieferscheine („deliveryNote"). Da das Klassenmodell den Fall reflektiert, dass Bestellpositionen möglicherweise von unterschiedlichen Versandfirmen ausgeliefert werden, muss die Lieferscheinschreibung in der Klasse Bestelldetails statt in der Klasse Bestellung angesiedelt werden (vgl. auch die Erläuterungen zu Abbildung 5.7).

Methode für Lieferscheine

Schließlich ist noch auf das Symbol für den Beziehungstyp „Komposition" (Composition) hinzuweisen, der zwischen den Klassen „Bestellung" und „Bestelldetails" modelliert wurde. Eine ausgefüllte Raute kennzeichnet diesen Typ. Wie schon der Name andeutet, setzt sich bei einer Komposition ein Objekt der Klasse A (Vaterklasse) aus Objekten der Klasse B (Kindklasse) zusammen.

Beziehungstyp „Komposition"

Zwischen den Klassen besteht eine sog. *Existenzabhängigkeit*. Dies bedeutet, dass Objekte von B nur existieren können, wenn es auch ein zugehöriges Objekt von A gibt. Beim Wohnungsbau könnte man zum Beispiel ein Objekt „Raum" nur sinnvoll erzeugen, wenn es auch ein Objekt „Haus" gibt.

Existenzabhängigkeit

Das Gleiche gilt umgekehrt. Ein „Vaterobjekt" kann nur existieren, wenn es auch mindestens ein Kindobjekt gibt. Im Klassenmodell der Abbildung 5.14 besagt die Existenzabhängigkeit, dass eine Bestellposition (Bestelldetails) nur angelegt werden kann, wenn es auch eine Bestellung gibt. Eine Bestellung macht andererseits nur Sinn, wenn sie auch mindestens eine Bestellposition enthält.

5.2 Logische Datenmodellierung

Im Sinne der Beschreibungsebenen von ARIS nähert man sich auch bei der Datenmodellierung schrittweise der Implementierungsebene. Ein konzeptuelles Modell spiegelt gut die fachlichen Gesichtspunkte und Zusammenhänge zwischen die Daten wider. Es ist aber noch weit entfernt von der Umsetzung in einem Datenbanksystem. Letztlich werden nahezu bei jedem betrieblichen Informationssystem die Daten in einer Datenbank gespeichert.

Logisches Datenmodell
Datenbanken sind in einer Weise strukturiert, die sich an einem sog. *logischen Datenmodell* orientiert. Wie ein konzeptuelles Modell auch beschreibt ein logisches Datenmodell Typen oder Klassen von Datenobjekten und ihre Zusammenhänge, aber auf einer implementierungsnäheren Ebene. Das logische Datenmodell stellt also den nächsten Schritt in Richtung Umsetzung in einem Datenbanksystem dar.

Datenbankschema
Auf diesen Schritt folgt später die Erstellung eines sog. *Datenbankschemas* aus dem logischen Datenmodell. Ein Datenbankschema beschreibt die konkrete Struktur der Datenbank, die mit dem verwendeten Datenbanksystem erzeugt wird (d. h. die Datenbankdefinition). Im Sinne der ARIS-Ebenen befindet man sich dann auf der Ebene der technischen Implementierung (vgl. Abbildung 1.2).

Relationales Datenmodell (Relationenmodell)
Das heute verbreitetste logische Datenmodell ist das *relationale Datenmodell (Relationenmodell)*. Es liegt den meisten betrieblichen Informationssystemen zugrunde. Frühere Datenbanksysteme verwendeten auch andere logische Datenmodelle (insbesondere das hierarchische Datenmodell und das Netzwerkmodell); diese spielen heute jedoch keine Rolle mehr.

Nicht-relationale Datenmodelle
Mit neueren Entwicklungen im Bereich der Informationsverarbeitung – z. B. Internet der Dinge, Big Data, Wissensverarbeitung, Business Analytics – kommen in zwar noch geringerem, aber zunehmendem Maße andere Datenmodelle als das Relationenmodell zur Anwendung. Diese sind nicht Gegenstand des vorliegenden Buchs. In Abschnitt 5.3 wird jedoch auf ein vor allem im Bereich der Business Intelligence anzutreffendes alternatives Modell eingegangen, das sog. dimensionale Datenmodell (auch Sternschema genannt).

5.2.1 Relationales Datenmodell (Relationenmodell)

Das Relationenmodell (RM) geht auf E. F. Codd zurück, der die Grundprin- | Edgar F. Codd
zipien 1970 in der Zeitschrift Communications of the ACM veröffentlichte
[Codd 1970]. Das Relationenmodel bildet die Grundlage für die heutigen
relationalen Datenbanksysteme.

Strukturell ist das Relationenmodell einfach zu verstehen. Als etwas
anspruchsvoller kann es sich erweisen, Daten aus einer relationalen Datenbank abzurufen, d. h., Datenbankabfragen zu formulieren. Wir betrachten zuerst das Relationenmodell als solches und gehen dann darauf
ein, wie die „Vorarbeiten" genutzt werden können. Schließlich liegt bei einer systematischen Vorgehensweise ein Entity-Relationship-Modell oder
ein konzeptuelles Klassenmodell bereits vor.

Das wichtigste Konstrukt ist die *Relation*. Praktisch spricht man | Mathematischer
meist von *Tabellen*, da die Daten letztlich in Tabellenform ähnlich wie | Hintergrund
in einer Excel-Tabelle gespeichert werden. Der Begriff Relation ist im
mathematischen Hintergrund des Relationenmodells begründet. Wenn
man unter

Attributen $A_1, A_2, \ldots, A_n$ die Eigenschaften einer Relation
Domänen $D(A_1), \ldots, D(A_n)$ die Mengen der jeweils möglichen Werte
eines Attributs
Tupel $(a_{i1}, a_{i2}, \ldots, a_{in})$ eine bestimmte Kombination von
Attributwerten $a_{ij} \in D(A_j)$

versteht, dann ergibt sich das *kartesische Produkt* der Domänen als

$$D(A_1) \times D(A_2) \times \cdots \times D(A_n)$$ Kartesisches Produkt

Das kartesische Produkt besteht aus *allen* möglichen Kombinationen
von Attributwerten. Jedes Tupel $(a_{i1}, a_{i2}, \ldots, a_{in})$ repräsentiert eine solche Kombination.

Die Datensätze in einer Datenbank spiegeln aber nicht alle mögli- | Teilmenge des
chen Kombinationen von Attributwerten wider, sondern i. d. R. nur eine | kartesischen Produkts
Teilmenge davon. Diese Teilmenge heißt *Relation* und ergibt sich als

$$R(A_1, \ldots, A_n) \subseteq D(A_1) \times D(A_2) \times \cdots \times D(A_n)$$

Wenn n Attribute $A_1, A_2, \ldots, A_n$ vorliegen, dann spricht man von einer | *n*-stellige Relation
n-stelligen Relation über den Domänen $D(A_1), \ldots, D(A_n)$ als einer Teilmenge des kartesischen Produkts $D(A_1) \times D(A_2) \times \cdots \times D(A_n)$.

Was sich theoretisch etwas kompliziert anhört, ist praktisch rela- | Beispiel Personaltabelle
tiv einfach zu verstehen. Ein Beispiel soll die Zusammenhänge verdeut-

lichen. Angenommen, in einer verkürzten Personaldatenbank werden Mitarbeiter zusammen mit den Städten, in denen sie arbeiten, geführt. Es seien drei Mitarbeiter und zwei Städte zu berücksichtigen:

Attribute:	Domänen:
A_1 = Nachname	$D(A_1)$ = {Maier, Mahler, Smith}
A_2 = Stadt	$D(A_2)$ = {Hamburg, München, Berlin}

Das kartesische Produkt besteht dann aus neun Attributkombinationen. Von diesen sind aber nur drei relevant, da Maier in München arbeitet (und nicht in Hamburg oder Berlin), Mahler in Hamburg und Smith in Berlin:

Kartesisches Produkt		Relation
(Maier, Hamburg)	(Maier, Hamburg)	(Maier, München)
(Maier, München)	(Maier, München)	(Mahler, Hamburg)
(Maier, Berlin) $\implies$ (Maier, Berlin)	$\implies$	(Smith, Berlin)
(Mahler, Hamburg)	(Mahler, Hamburg)	
(Mahler, München)	(Mahler, München)	
(Mahler, Berlin)	(Mahler, Berlin)	
(Smith, Hamburg)	(Smith, Hamburg)	
(Smith, München)	(Smith, München)	
(Smith, Berlin)	(Smith, Berlin)	

Keine Ordnungsreihenfolge

Aus der Mengenlehre ist bekannt, dass es in einer Menge *keine Ordnungsreihenfolge* der Elemente gibt. Da die Relation eine Menge ist, bedeutet das beispielsweise, dass

{(Maier, München), (Mahler, Hamburg), (Smith, Berlin)}
{(Mahler, Hamburg), (Smith, Berlin), (Maier, München)}

die gleiche Menge sind. Bei Operationen auf Relationen in einem Datenbanksystem kann es sich ergeben, dass einmal diese und einmal jene Reihenfolge in der Ergebnismenge angezeigt wird.

Keine Duplikate

Weiterhin folgt aus der Mengenlehre, dass es *keine doppelten Tupel* gibt. Die Tupel einer Relation sind paarweise verschieden.

Notation für Relationen

Die übliche *Notation* für Relationen ist der Relationenname, in Klammern gefolgt von den Attributen. Schlüsselattribute werden als Erste notiert und unterstrichen. Manchmal wird dem Relationennamen ein „R." vorangestellt, um zu kennzeichnen, dass es sich um eine Relation handelt:

$R.Name\ (\underline{\text{Schlüsselattribut}},\ Attribut_2,\ Attribut_3,\ ...,\ Attribut_n)$
    oder
$Name\ (\underline{\text{Schlüsselattribut}},\ Attribut_2,\ Attribut_3,\ ...,\ Attribut_n)$

Beispiel:

R.Mitarbeiter (<u>MitarbID</u>, Nachname, Vorname, Geburtsdatum, ...)
R.Lieferant (<u>LiefID</u>, Firmenname, Rechtsform, Kontakt, ...)
    oder
Mitarbeiter (<u>MitarbID</u>, Nachname, Vorname, Geburtsdatum, ...)
Lieferant (<u>LiefID</u>, Firmenname, Rechtsform, Kontakt, ...)

Eine Anmerkung zur Terminologie: Während man in der Theorie von Relationen spricht, hat sich im Datenbankbereich die Bezeichnung *Tabelle* etabliert. Statt Tupel verwendet man die Begriffe *Zeile, Datensatz* oder *Record*. Attribute heißen dann *Spalten* oder *Felder* der Tabelle. **Relationale Terminologie**

Der Grund ist einfach. Die mit Daten gefüllten Relationen sehen wie Tabellen aus. Abbildung 5.15 veranschaulicht dies am Beispiel der Kundentabelle aus einer früheren, englischen Version der Nordwind-Datenbank. Jede Zeile der Tabelle beinhaltet ein Tupel. Die Spaltennamen bezeichnen die Attribute der Relation Customers.

Customer ID	Company Name	Contact Name	Contact Title	as
ALFKI	Alfreds Futterkiste	Maria Anders	Sales Representative	
ANATR	Ana Trujillo Emparedados y helados	Ana Trujillo	Owner	
ANTON	Antonio Moreno Taqueria	Antonio Moreno	Owner	
AROUT	Around the Horn	Thomas Hardy	Sales Representative	
BERGS	Berglunds snabbköp	Christina Berglund	Order Administrator	
BLAUS	Blauer See Delikatessen	Hanna Moos	Sales Representative	
BLONP	Blondel père et fils	Frédérique Citeaux	Marketing Manager	
BOLID	Bólido Comidas preparadas	Martín Sommer	Owner	
BONAP	Bon app'	Laurence Lebihan	Owner	
BOTTM	Bottom-Dollar Markets	Elizabeth Lincoln	Accounting Manager	
BSBEV	B's Beverages	Victoria Ashworth	Sales Representative	
CACTU	Cactus Comidas para llevar	Patricio Simpson	Sales Agent	
CENTC	Centro comercial Moctezuma	Francisco Chang	Marketing Manager	
CHOPS	Chop-suey Chinese	Yang Wang	Owner	
COMMI	Comércio Mineiro	Pedro Afonso	Sales Associate	
CONSH	Consolidated Holdings	Elizabeth Brown	Sales Representative	

Abb. 5.15: Tabelle „Customers" der Datenbank Northwind Traders [Quelle: Microsoft Corp.]

5.2.2 Überführung eines Entity-Relationship-Modells in ein Relationenmodell

Vorarbeit durch
ER-Modellierung

Auf dem Weg zum logischen Datenmodell wurde mit der Entity-Relationship-Modellierung schon wichtige Vorarbeit geleistet. Auf diese kann man bei der Aufstellung des logischen Datenmodells zurückgreifen. Die Fragestellung ist nun: Wie lässt sich aus dem ER-Modell ein Relationenmodell erzeugen?

Aufgrund der Ähnlichkeiten der beiden Modelltypen ist die Antwort relativ einfach. Entitytypen sind den Relationen sehr ähnlich und können direkt überführt werden. Etwas schwieriger ist die Überführung der Beziehungstypen, da ein entsprechendes Konstrukt im Relationenmodell nicht existiert.

Relationenmodell kennt
nur Relationen

Das Relationenmodell kennt nur Relationen (Tabellen) und keine Beziehungstypen. Beziehungen zwischen Relationen lassen sich jedoch zu einem gewissen Grad mit Hilfe von Schlüsselverweisen abbilden. Das heißt, ein Attribut in Relation B kann das Schlüsselattribut von Relation A sein. Man spricht von einem *Fremdschlüssel*, der in Relation B auf ein Tupel in Relation A verweist.

$1 : n$-Beziehungen

Damit geht ein eindeutiger Verweis von dem Tupel (Datensatz) in B auf ein Tupel (Datensatz) in A. Wie man leicht sieht, lassen sich auf diese Weise $1 : n$-*Beziehungen* im ERM direkt auf das Relationenmodell abbilden.

$n : m$-Beziehungen

Schwieriger ist es bei den $n : m$-*Beziehungen*. Hier müsste ein Tupel in B auf mehrere (oder auch sehr viele) Tupel in A verweisen und umgekehrt. Dies bereitet strukturelle Probleme, sodass eine andere Lösung erforderlich ist.

Verbindungsrelation

Anstelle von Fremdschlüsselverweisen führt man hier eine *Verbindungsrelation* ein, die bestimmte Datensätze in B mit bestimmten Datensätzen in A in Beziehung setzt. Die Verbindungsrelation hat ähnliche Merkmale wie ein uminterpretierter Beziehungstyp im Entity-Relationship-Modell. Sie heißt Verbindungsrelation, weil sie über Paare von Schlüsselattributen Tupel der einen Relation mit Tupeln der anderen Relation verbindet.

Regeln für die
Überführung ERM – RM

Mit diesen Vorbemerkungen lassen sich bestimmte *Regeln für die Überführung* eines ER-Modells in ein Relationenmodell definieren. Diese Regeln können schematisch angewendet werden. Als Ergebnis erhält man ein relationales Datenmodell.

Regel 1 – Entitytypen. Jeder Entitytyp wird in eine Relation überführt. Attribute des Entity-Typs werden zu Attributen der Relation.

Regel 2 – Beziehungstypen. Bei Beziehungstypen kommt je nach Kardinalität Regel 2a), 2b) oder 2c) zur Anwendung.

2a) Eine *m : n-Beziehung* zwischen Relation A und Relation B wird durch eine Verbindungsrelation abgebildet. Diese gibt mithilfe von Fremdschlüsselpaaren „Primärschlüssel A, Primärschlüssel B" an, welches Tupel von A mit welchem Tupel von B in Verbindung steht.

2b) Eine *1 : n-Beziehung* zwischen A und B wird mithilfe eines Fremdschlüsselattributs von A abgebildet, das auf ein Tupel in B verweist (analog für *n* : 1-Beziehung).

2c) Eine *1 : 1-Beziehung* wird durch ein Attribut von A, das auf das entsprechende Tupel von B verweist, und umgekehrt abgebildet (d.h. durch Fremdschlüssel in beiden Relationen).

Regel 3 – Generalisierung/Spezialisierung. Jeder beteiligte Entitytyp wird in eine eigene Relation überführt. Die Relationen für die spezialisierenden Entitytypen erhalten die gleichen Primärschlüssel wie die Relation für den generalisierenden Entitytyp.

Anmerkungen
- Regel 1 gilt für alle Entitytypen, also auch für uminterpretierte Beziehungstypen.
- Regel 2b) gilt nur, wenn die Beziehung selbst keine Attribute hat. Andernfalls entstünde das Problem, dass die Attribute entweder unter den Tisch fallen oder – fälschlicherweise – der einen oder der anderen Relation zugeordnet werden müssen. Wenn die Beziehung Attribute hat, wird wie in Regel 2a) vorgegangen.
- Regel 3): Es gibt grundsätzlich mehrere Möglichkeiten, Generalisierung/Spezialisierung im Relationenmodell abzubilden. Keine ist davon vollständig befriedigend. Man könnte auch von „Umwegen" sprechen, da das Relationenmodell das Konstrukt der Generalisierung nicht unterstützt.

Bei der in Regel 3) formulierten Option hat man letztlich drei (oder mehr) Relationen, die im Relationenmodell zunächst flach nebeneinanderstehen und nicht erkennen lassen, dass eine den Vatertyp und die anderen die Kindtypen repräsentieren.

Die Kindrelationen sind unvollständig, da sie nur die zusätzlichen Attribute enthalten, nicht aber die generellen Attribute. Also muss später beim Zugriff auf die Kinder die vollständige Spezialisierung erst algorithmisch erzeugt werden. (Datenbanktechnisch bedeutet dies, dass für jede Kindrelation eine sog. Join-Operation mit der Vaterrelation erforderlich ist.)

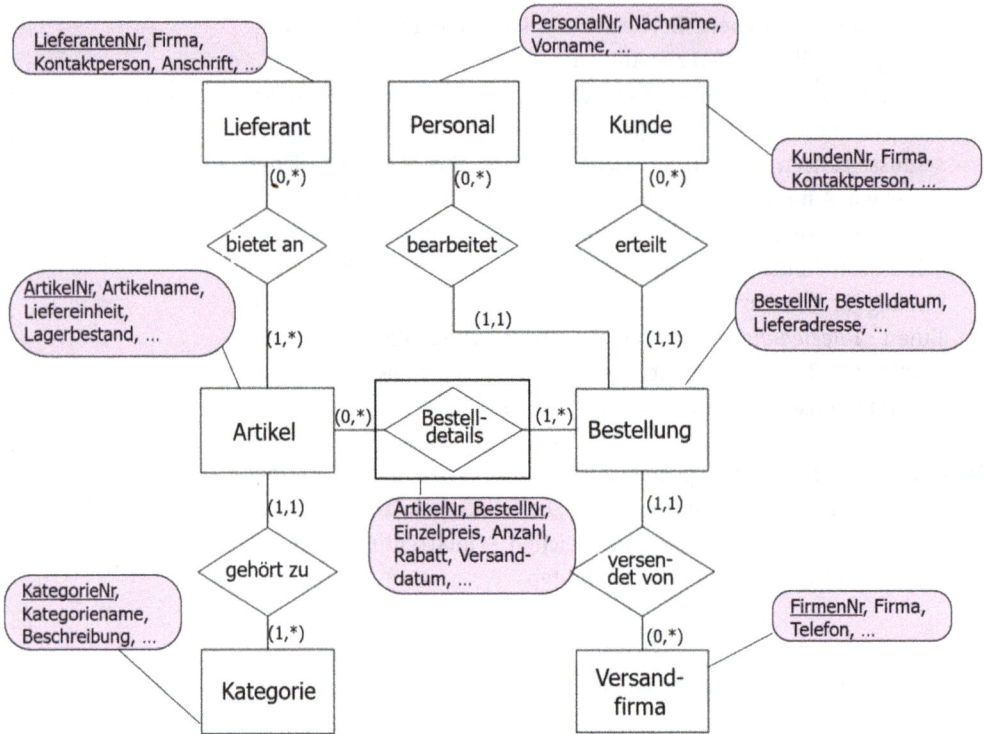

Abb. 5.16: Entity-Relationship-Modell der Nordwind GmbH.

Relationenmodell Nordwind

Um die Anwendung der Regeln zu verdeutlichen, greifen wir auf das Entity-Relationship-Modell der Nordwind GmbH zurück. Die zugrunde gelegte Fassung ist in Abbildung 5.16 wiedergegeben. Die Anwendung der Transformationsregeln führt zu den folgenden Relationen.

Entitytypen
Lieferant (<u>LieferantenNr</u>, Firma, Kontaktperson, Anschrift, ...)
Artikel (<u>ArtikelNr</u>, Artikelname, Liefereinheit, Lagerbestand, ...)
Kategorie (<u>KategorieNr</u>, Kategoriename, Beschreibung, ...)
Mitarbeiter (<u>PersonalNr</u>, Nachname, Vorname, ...)
Kunde (<u>KundenNr</u>, Firma, Kontaktperson, ...)
Bestellung (<u>BestellNr</u>, Bestelldatum, Lieferadresse, ...)
Versandfirma (<u>FirmenNr</u>, Firma, Telefon, ...)

_n_ : _m_-Beziehungen
Bestelldetails (<u>ArtikelNr</u>, <u>BestellNr</u>, Einzelpreis, Anzahl, Rabatt, Versanddatum ...)
bietet an (<u>ArtikelNr</u>, <u>LieferantenNr</u>, ...)

Lieferant				
LieferantenNr	Firma	Kontaktperson	Anschrift	...
S-134	Exotic Liquids	Charlotte Cooper	49 Gilbert St.	
S-234	Cajun Delights	Shelley Burke	P.O. Box 78934	
SX-33	Grandma Kelly's	Regina Murphy	707 Oxford Rd.	
T-444	Tokyo Traders	Yoshi Nagase	9-8 Sekimai	
H-X12	Mayumi's	Mayumi Ohno	92 Setsuko	

Artikel				
ArtikelNr	Artikelname	Anzahl	Einzelpreis	...
P-2240	Chef Anton's Cajun	48	55,50	
P-3455	Chef Anton's Gumbo Mix	36	21,35	
A-6622	Grandma's Boysenberry Spread	12	25,00	
A-7777	Uncle Bob's Organic Dried Pears	12	30,15	
P-128	Northwoods Cranberry Sauce	40	96,00	
A-967	Mishi Kobe Niku	18	97,29	

bietet an		
LieferantenNr	ArtikelNr	...
SX-33	P-128	
T-444	A-967	
S-234	P-3455	
S-234	P-2240	
S-134	P-128	

Abb. 5.17: Verbindungsrelation „bietet an" [Quelle: Microsoft Corp.]

Abbildung 5.17 verdeutlicht am Beispiel des Beziehungstyps „bietet an", wie eine Verbindungsrelation aussieht. Im Wesentlichen besteht sie aus Fremdschlüsselpaaren. So sagt die erste Zeile etwa aus, dass ein bestimmtes Tupel von „Lieferant" (nämlich Grandma Kelly's) eine Beziehung zu einem bestimmten Tupel von „Artikel" (nämlich Northwoods Cranberry Sauce) hat. Die Daten stammen wieder aus einer früheren Fassung der „Northwind Traders"-Datenbank.

1 : n- und n : 1-Beziehungen

In dem Datenmodell gibt es sechs 1 : n- bzw. n : 1-Beziehungen: „gehört zu", „bearbeitet", „erteilt", „versendet von" sowie die beiden aus dem uminterpretierten Beziehungstyp resultierenden von bzw. zu „Bestelldetails" hin. Diese werden jeweils durch Fremdschlüsselverweise abgebildet.

Konsistenzprobleme

Fremdschlüsselverweise können in einer Datenbank zu Konsistenzproblemen führen. Deshalb sollte man sie sehr sorgsam handhaben und überwachen. Eine übliche Praxis war es, die Verwendung von Fremdschlüsseln explizit zu dokumentieren. Heute sorgen allerdings die meisten Datenbankmanagementsysteme schon dafür, dass Konsistenzprobleme nicht auftreten. Dennoch ist es sinnvoll, Fremdschlüssel im Modell zu kennzeichnen. Dies kann direkt bei der Relation erfolgen, welche einen Fremdschlüssel enthält.

Die obigen Relationen Artikel, Bestellung und Bestelldetails sind gemäß der Regel 2b) um die Fremdschlüsselattribute KategorieNr, PersonalNr bzw. FirmenNr zu erweitern:

Artikel (<u>ArtikelNr</u>, KategorieNr, Artikelname, Liefereinheit, Lagerbestand, ...)
 Fremdschlüssel: KategorieNr verweist auf KategorieNr in R.Kategorie
Bestellung (<u>BestellNr</u>, PersonalNr, KundenNr, Bestelldatum, Lieferadresse, ...)
 Fremdschlüssel: PersonalNr verweist auf PersonalNr in R.Mitarbeiter
 Kunden-Nr. verweist auf KundenNr in R.Kunden
Bestelldetails (<u>ArtikelNr</u>, <u>BestellNr</u>, FirmenNr, Einzelpreis, Anzahl, Rabatt,
 Lieferdatum ...)
 Fremdschlüssel: FirmenNr verweist auf FirmenNr in R.Versandfirma

Die auf R.Artikel und R.Bestellung verweisenden Schlüsselattribute ArtikelNr und BestellNr in R.Bestelldetails sind ebenfalls Fremdschlüssel. Sie wurden bereits mit der Konstruktion des umdefinierten Beziehungstyps implizit spezifiziert.

Zur Veranschaulichung werden wieder Tabellen aus der früheren Nordwind-Datenbank herangezogen (vgl. Abbildung 5.18). Die Tabelle „Bestellung" enthält die beiden Fremdschlüsselspalten PersonalNr und KundenNr, welche die „bearbeitet"-Beziehung zwischen Mitarbeiter und Bestellung sowie die „erteilt"-Beziehung zwischen Kunde und Bestellung abbilden. Die Bestellung mit der Nummer 12-AB-08 wurde beispielsweise von Christina Berglund bei Berglunds snabbköp erteilt und von Janet Leverling bearbeitet.

Zusammengefasst sieht das Relationenmodell für die Nordwind GmbH wie folgt aus:

Relationenmodell für
Nordwind

Lieferant (<u>LieferantenNr</u>, Firma, Kontaktperson, Anschrift, ...)
Artikel (<u>ArtikelNr</u>, KategorieNr, Artikelname, Liefereinheit, Lagerbestand, ...)
 Fremdschlüssel: KategorieNr verweist auf KategorieNr in R.Kategorie
 bietet an (<u>ArtikelNr</u>, <u>LieferantenNr</u>, ...)
Kategorie (<u>KategorieNr</u>, Kategoriename, Beschreibung, ...)
Mitarbeiter (<u>PersonalNr</u>, Nachname, Vorname, ...)
Kunde (<u>KundenNr</u>, Firma, Kontaktperson, ...)
Versandfirma (<u>FirmenNr</u>, Firma, Telefon, ...)

Mitarbeiter				
PersonalNr	Nachname	Vorname	Titel	...
J-1134	Davolio	Nancy	Sales Representative	
K-2234	Fuller	Andrew	Vice President, Sales	
J-3345	Leverling	Janet	Sales Representative	
J-1234	Peacock	Margaret	Sales Representative	
K-2345	Buchanan	Steven	Sales Manager	
...				

Kunde			
KundenNr	Firma	Kontaktperson	...
ALFKI	Alfreds Futterkiste	Maria Anders	
ANATR	Ana Trujillo Emparedados	Ana Trujillo	
AROUT	Around the Horn	Thomas Hardy	
BERGS	Berglunds snabbköp	Christina Berglund	
BLONP	Blondel père et fils	Frédérique Citeaux	
...			

Bestellung				
BestellNr	PersonalNr	KundenNr	Bestelldatum	...
12-AB-08	J-3345	BERGS	12. März 2024	
02-XA-08	J-1134	AROUT	10. März 2024	
33-KK-08	J-1234	ALFKI	30. April 2024	
21-AQ-09	J-1134	AROUT	12. Juni 2024	
34-FG-07	J-3345	BLONP	13. Dezember 2023	
35-FG-07	J-3345	ALFKI	12. Dezember 2023	
...				

Abb. 5.18: Fremdschlüsselbeziehungen zwischen Bestellung, Kunde und Mitarbeiter
[Quelle: Microsoft Corp.]

Bestellung (BestellNr, PersonalNr, KundenNr, Bestelldatum, Lieferadresse, ...)
> *Fremdschlüssel*: PersonalNr verweist auf PersonalNr in R.Mitarbeiter
> Kunden-Nr. verweist auf KundenNr in R.Kunden

Bestelldetails (ArtikelNr, BestellNr, FirmenNr, Einzelpreis, Anzahl, Rabatt, Lieferdatum ...)
> *Fremdschlüssel*: FirmenNr verweist auf FirmenNr in R.Versandfirma

5.2.3 Überführung eines Klassenmodells in ein Relationenmodell

Bei objektorientierter Softwareentwicklung und Modellierung mit UML liegt das konzeptuelle Modell meist in Form eines Klassenmodells und nicht als Entity-Relationship-Modell vor. Mit Blick auf die Implementierung des Modells mit einem relationalen Datenbanksystem stellt sich die gleiche Herausforderung wie bei einem ER-Modell: Wie kann das Klassenmodell in ein Relationenmodell überführt werden?

Die Antwort auf diese Frage ist etwas komplexer als die der Überführung eines Entity-Relationship-Modells, da ein objektorientiertes Klassenmodell anderen Grundprinzipien folgt als ein ER-Modell.

Wesentliche Unterschiede zu ERM
Wesentliche Unterschiede liegen zum Beispiel darin, dass Klassen objektorientierte Konzepte wie Kapselung, Vererbung, Polymorphismus und Aggregation implementieren, während Entitytypen auf Datenobjekte und ihre Attribute fokussiert sind. Weiterhin haben Klassen nicht nur Attribute, sondern auch Methoden, welche zusammen die Ablauflogik des Systems repräsentieren. Ihre Attribute werden im Sinne des Information Hiding i. d. R. vor Zugriff geschützt und können gar nicht direkt angesprochen werden.

Klassen sind temporär
Klassen sind darüber hinaus temporärer Natur. Sie existieren, solange das Programmsystem läuft, und hören auf zu existieren, wenn es beendet wird (egal ob ordnungsgemäß oder durch Absturz). Damit sind auch die Attributwerte („Daten") verloren. Um dies zu verhindern, sind zusätzliche Maßnahmen erforderlich.

Vererbung
Vererbung ist eines der zentralen Konzepte bei der objektorientierten Programmierung. In einem objektorientierten Softwaresystem trifft man häufig, anders als bei einem „konventionellen" Softwaresystem, vielstufige *Vererbungshierarchien* an.

„Object-Relational Mismatch"
Das Relationenmodell unterstützt objektorientierte Prinzipien wie die skizzierten praktisch gar nicht. Das sich daraus ergebende Dilemma wird im Englischen „Object-Relational Mismatch" genannt, also ein Auseinanderklaffen von objektorientierten und relationalen Grundprinzipien. Dieser „Mismatch" macht die Überführung eines objektorientierten Klassenmodells schwierig (aber nicht unmöglich). Zwei Problemkreise müssen angegangen werden:

(1) Entwurf und Implementierung einer sog. Persistenzschicht („Persistence Layer")

(2) Abbildung von Klassen und Beziehungen auf Relationen

Zu (1) Die Aufgabe besteht darin, Objekte dauerhaft zu erhalten und Datenverlust zu verhindern. Diese könnte grundsätzlich von den Softwareentwicklern im Anwendungsprogramm gelöst werden, würde ihnen aber unnötige und immer wiederkehrende Zusatzarbeit machen.

Persistenzschicht
Sinnvoller ist es, eine von allen Klassen nutzbare Schicht in der Architektur des Softwaresystems (bei einer Schichtenarchitektur) oder einen Dienst vorzusehen (bei einer serviceorientierten Architektur, SOA), welche(r) das Persistenzproblem löst. Bei einer konventionellen Drei-Schichten-Architektur könnte beispielsweise die Datenhaltungsschicht

erweitert oder eine separate Persistenzschicht vorgesehen werden, wie in Abbildung 5.19 skizziert.

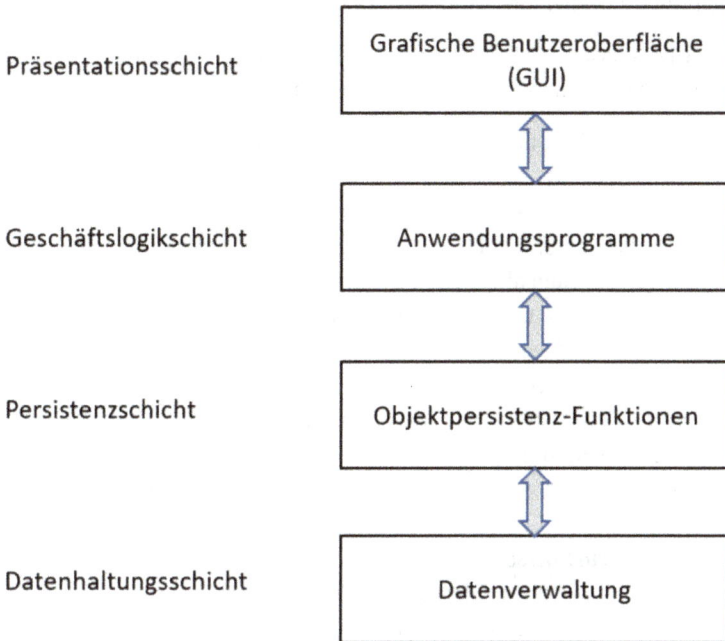

Präsentationsschicht	Grafische Benutzeroberfläche (GUI)
Geschäftslogikschicht	Anwendungsprogramme
Persistenzschicht	Objektpersistenz-Funktionen
Datenhaltungsschicht	Datenverwaltung

Abb. 5.19: Persistenzschicht in einer Schichtenarchitektur.

Die Persistenzschicht steht zwischen den Anwendungsprogrammen und der Datenhaltungsschicht. Den Ersteren stellt sie eine Schnittstelle mit abstrakten Zugriffsoperationen auf die Daten bereit. Der Letzteren übergibt sie zu Relationen transformierte Klassen, die in der Datenbank gespeichert werden können; und sie nimmt Relationen aus der Datenbank entgegen, die sie wieder zu Klassen transformiert und der Anwendungsschicht übergibt.

> Aufgaben der Persistenzschicht

Die Schnittstelle der Persistenzschicht zur Anwendungsschicht hin könnte etwa Operationen wie die folgenden zur Verfügung stellen:

> Schnittstellenoperationen

- Speichere ein Objekt
- Hole ein bestimmtes Objekt
- Lösche ein Objekt
- Hole das erste Objekt
- Hole das nächste Objekt
- Bestätige eine Transaktion („Commit")
- Mache eine Transaktion rückgängig („Rollback")

Zu (2) Die Schritte zur Transformation der Klassen und Beziehungen in das Relationenmodell sind den bereits für die Überführung eines ER-Modells besprochenen teilweise recht ähnlich. Teilweise bestehen aber auch Unterschiede. Die Grundregeln sind:

Regel 1 – Klassen. Jede Klasse wird in eine Relation überführt. Attribute der Klasse werden zu Attributen der Relation.

Regel 2 – Assoziationen. Je nach Multiplizität kommt Regel 2a), 2b) oder 2c) zur Anwendung.

2a) *„Viele-zu-viele"-Assoziationen*, d. h. Assoziationen, die Multiplizitäten 1..* oder 0..* auf beiden Seiten haben, werden über Verbindungsrelationen abgebildet. In einer Verbindungsrelation zwischen zwei Klassen A und B werden hauptsächlich Fremdschlüsselpaare geführt. Ein Paar „Primärschlüssel A, Primärschlüssel B" gibt an, welches Tupel von A mit welchem Tupel von B in Verbindung steht.

2b) *„Eins-zu-viele"-Assoziationen*, d. h. Assoziationen, die Multiplizitäten 1 oder 0..1 auf der einen Seite und 1..* oder 0..* auf der anderen Seite haben, werden wie oben beim ERM über Fremdschlüsselverweise abgebildet.

2c) *„Eins-zu-eins"-Assoziationen*, d. h. Assoziationen, die Multiplizitäten 1 oder 0..1 auf beiden Seiten haben, werden durch gegenseitige Fremdschlüsselverweise abgebildet. Ein Attribut von A verweist auf das entsprechende Tupel von B und umgekehrt.

Regel 3 – Generalisierung/Spezialisierung. Jede beteiligte Klasse wird in eine Relation überführt. Die Relationen für die spezialisierenden Klassen erhalten die gleichen Primärschlüssel wie die Relation für die generalisierende Klasse.

Anmerkungen

* Regel 1: Anders als beim ERM lässt sich nicht jedes objektorientierte Attribut direkt als ein Attribut einer Relation abbilden. Attribute einer Klasse können zusammengesetzt sein, während eine Relation nur atomare Attribute kennt. Wenn das Attribut der Klasse A als Typangabe eine Klasse B hat, dann wird Letztere nach Regel 1 ohnehin in eine eigene Relation überführt. Auf die Tupel dieser Relation kann dann über einen Fremdschlüssel verwiesen werden.

* Regel 2b): Wenn die Klasse, auf die durch den Fremdschlüssel verwiesen wird, Attribute hat, muss die Assoziation nach Regel 2a) behandelt werden.

- Regel 3 ist grundsätzlich anwendbar. Sie ist praktikabel, solange es sich um einstufige Generalisierungsbeziehungen handelt. Bei tieferen Vererbungshierarchien funktioniert die Verfahrensweise zwar grundsätzlich auch, aber sie wird schnell unhandlich.

Die Transformation von Objekten in Relationen (und umgekehrt) ist eine wiederkehrende Aufgabe. Sie fällt bei jedem betrieblichen Informationssystem an, das objektorientiert entwickelt wurde und eine relationale Datenbank benutzt.

Transformation ist eine wiederkehrende Aufgabe

Die einzelnen Transformationsaufgaben könnten natürlich von den Softwareentwicklern programmiertechnisch gelöst werden. Die Entwickler müssten dazu entweder eine Persistenzschicht programmieren oder aber SQL-Anweisungen geschickt formulieren und direkt in ihren Programmcode einbetten. Die SQL-Anweisungen würden die jeweils „richtigen" relationalen Daten in Datenbanktabellen eintragen oder aus den Tabellen abrufen und wieder zu Objekten zusammensetzen. (SQL ist die Sprache, in der Abfragen und Datendefinitionen bei einem RDBMS formuliert werden.)

Programmiertechnische Lösung

Effektiver ist es, ein *Werkzeug* zu benutzen, welches die oben beschriebenen Aufgaben übernimmt. Das heißt insbesondere, dass ein Werkzeug die Schnittstellenoperationen einer Persistenzschicht bereitstellt und die Überführung der Klassen in Relationen vornimmt.

Werkzeugnutzung ist effektiver

Ein solches Werkzeug wird meist als *ORM Tool (Object-Relational Mapping Tool)* bezeichnet. Da die Programme des Tools mit dem Programmcode des Informationssystems zusammenarbeiten müssen (z. B. eingebettet werden), sind die verfügbaren Tools meist programmiersprachenabhängig. Es gibt eine große Zahl von ORM Tools auf dem Markt. Abbildung 5.20 führt einige bekannte Werkzeuge auf [Abba 2022].

ORM Tools

ORM für Java	ORM für Python	ORM für PHP	ORM für MS.NET
Hibernate Apache OpenJPA EclipseLink jOOQ Oracle TopLink	Django web2py SQLObject SQLAlchemy	Laravel Eloquent CakePHP Qcodo RedBeanPHP	Entity Framework NHibernate Dapper BFC (Base One Foundation Component Library)

Abb. 5.20: ORM Tools [Quelle: Abba 2022].

5.3 Normalformen

Bei einer systematischen Modellierung der Daten und ihrer Beziehungen, angefangen mit einem ordnungsgemäß strukturierten konzeptuellen Modell, und der Transformierung nach den oben erläuterten Regeln erhält man im Ergebnis auch ein sinnvoll strukturiertes Relationenmodell.

Praxis: Datenbankdefinition oft inadäquat

In der Praxis trifft man aber oft Datenbanken an, deren Tabellen nicht auf Modellen basieren, sondern einer externen Notwendigkeit folgend ad hoc angelegt und später immer weiter erweitert wurden. In diesen Fällen ist nicht gewährleistet, dass die Datenbankdefinition adäquat ist und geeignet, Datenbankfehler zu vermeiden.

Kritisch ist der Anfang der Modellierung

Aber auch bei einem modellbasierten Ansatz können Fehler entstehen. Kritisch ist der Startpunkt, nämlich das Entity-Relationship-Modell oder das erste Klassenmodell. Man muss am Anfang sorgfältig reflektieren und festlegen, was als eigenständiges Datenobjekt (Entitytyp oder Klasse) in Betracht kommt und welche Attribute es kennzeichnen. Dann stehen am Ende alle Attribute in den richtigen Relationen, und zwar nur einmal (redundanzfrei).

Redundanzfrei bedeutet, dass ein Attribut nicht mehrfach, d. h. in mehreren Relationen, vorkommt, sondern nur einmal. (Dies gilt nicht für Schlüsselattribute, die als Fremdschlüssel Relationen verbinden und natürlich in mehreren Relationen aufgeführt werden müssen.)

Anomalien

Redundanz kann dazu führen, dass später Probleme beim Ändern, Löschen oder Einfügen auftreten. Diese Probleme werden als *Anomalien* bezeichnet. Man unterscheidet drei Formen von Anomalien:

Änderungsanomalie

Änderungsanomalie (Update Anomaly). Wenn sich ein redundant gespeicherter Attributwert ändert und die Änderung in einer der Relationen vollzogen wird, dann sind die Attribute in den anderen Relationen immer noch im alten Zustand. Das heißt, die Daten sind erst einmal inkonsistent, sofern die Änderung nicht auch in allen anderen Tabellen durchgeführt wird.

Beispiel: Die Kundenanschrift ist in den Kundenstammdaten (Relation Kunde), bei den Rechnungen (Relation Rechnung) und bei den Wartungsaufträgen (Relation Service) gespeichert. Wenn die Wartungstechnikerin feststellt, dass der Kunde umgezogen ist und die neue Anschrift an ihrem vernetzten Tablet in den Wartungsauftrag einträgt, dann ist in den anderen Relationen immer noch die frühere Anschrift gespeichert. Es gibt Folgeprobleme, z. B. geht die Rechnung an die falsche Adresse.

Einfügeanomalie

Einfügeanomalie (Insert Anomaly). Neue Tupel können nicht oder nur schwierig eingefügt werden, weil nicht alle Attributwerte bekannt sind.

Dieses Problem tritt auf, wenn in eine Relation Attribute aufgenommen werden, die ursächlich nicht zu dem modellierten Datenobjekt gehören.

Beispiel: Bei den Artikelstammdaten (Relation Artikel) sind zu einem Artikel auch gleich die Lieferanten, bei denen er bestellt wird, mitsamt Adresse, Ansprechpartner, Telefonnummer und Konditionen aufgeführt. Dies ist bequem, hat aber den Nachteil, dass die Lieferantendaten mehrfach (nämlich bei jedem Artikel, der vom gleichen Lieferanten bezogen wird) gespeichert werden müssen. Schlimmer ist, dass ein neuer Artikel nicht oder nur unvollständig in die Datenbank aufgenommen werden kann, solange man nicht auch alle Lieferantendaten beisammen hat.

Löschanomalie (Delete Anomaly). Wenn die Attribute nicht in den richtigen Relationen stehen, kann es vorkommen, dass beim Löschen eines Datensatzes auch Informationen verloren gehen, die ursächlich nicht zu dem betreffenden Datenobjekt gehören, aber anderweitig nicht gespeichert sind. Löschanomalie

Beispiel: Angenommen, in den genannten Artikelstammdaten (Relation Artikel) gibt es einen Lieferanten, von dem gegenwärtig nur ein Artikel bezogen wird. Wenn dieser Artikel gelöscht wird, dann sind auch die Lieferantendaten verschwunden, obwohl man sie vielleicht noch benötigt. Sollte später ein neuer Artikel angelegt werden, der bei diesem Lieferanten bestellt werden soll, dann müssten auch alle Lieferantendaten neu angelegt werden.

Sinnvoll strukturierte Relationen, die helfen, derartige Fehlersituationen zu vermeiden, müssen folglich bestimmten Anforderungen genügen. Der Erfinder des Relationenmodells, E. F. Codd, hat diese unter der Bezeichnung *Normalformen* beschrieben [Codd 1970].

Es gibt mehrere Normalformen, die aufeinander aufbauen, wie Abbildung 5.21 veranschaulicht. Wir definieren diese erst und skizzieren anschließend den Prozess der *Normalisierung*, der von einer nicht oder unzweckmäßig strukturierten Relation zu sinnvoll strukturierten Relationen führt. Normalformen

1. Normalform (1NF): Eine Relation ist genau dann in der ersten Normalform, wenn die Domänen (Wertebereiche) aller Attribute nur atomare Werte enthalten und es keine Wiederholungsgruppen gibt. 1. Normalform (1NF)

Atomar bedeutet, dass das Attribut nicht weiter in sinnvolle Teile zerlegt werden kann. Beispielsweise ist ein Attribut „Adresse" nicht atomar, weil meist auf die einzelnen Bestandteile (Ort, Postleitzahl, Straße, Hausnummer etc.) zugegriffen werden muss. Atomar wären Attribute „Ort", „Straße" etc.

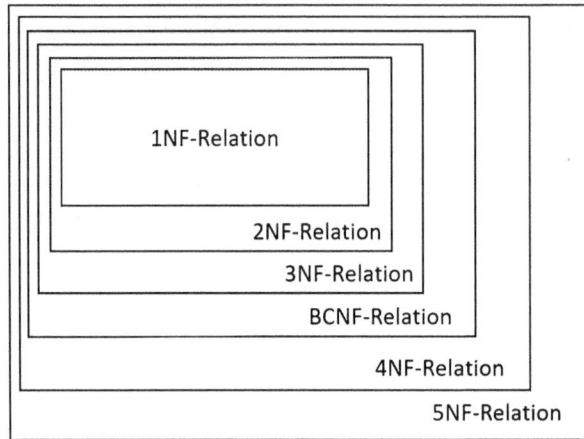

```
┌─────────────────────────────────────────────┐
│ ┌───────────────────────────────────────┐   │
│ │ ┌───────────────────────────────────┐ │   │
│ │ │ ┌───────────────────────────────┐ │ │   │
│ │ │ │                               │ │ │   │
│ │ │ │        1NF-Relation           │ │ │   │
│ │ │ │                               │ │ │   │
│ │ │ └───────────────────────────────┘ │ │   │
│ │ │              2NF-Relation         │ │   │
│ │ └───────────────────────────────────┘ │   │
│ │               3NF-Relation            │   │
│ └───────────────────────────────────────┘   │
│               BCNF-Relation                  │
├─────────────────────────────────────────────┤
│               4NF-Relation                   │
│                                              │
│                        5NF-Relation          │
└─────────────────────────────────────────────┘
```

Abb. 5.21: Normalformen.

Wiederholungsgruppe Eine *Wiederholungsgruppe* ist durch ein oder mehrere Felder gekennzeichnet, die wiederholt auftreten. Wenn ein bestimmter Artikel von mehreren Lieferanten bezogen werden kann und alle diese Lieferanten mit ihren Feldern (Ort, PLZ, Straße, Hausnummer, ...) in dem Artikel-Tupel aufgeführt werden, dann liegt eine Wiederholungsgruppe vor. (Diese ist im Übrigen auch nicht atomar.)

2. Normalform (2NF) **2. *Normalform (2NF)*:** Eine Relation ist genau dann in der zweiten Normalform, wenn sie in der 1. Normalform ist und jedes Nichtschlüsselattribut vom gesamten Primärschlüssel abhängt.

Dieses Kriterium ist dann relevant, wenn der Primärschlüssel aus mehreren Attributen besteht. Dann ist zu prüfen bzw. sicherzustellen, dass jedes andere Attribut tatsächlich von allen Schlüsselattributen und nicht nur von einer Teilmenge davon abhängt.

Volle funktionale Abhängigkeit Man spricht in diesem Zusammenhang auch von „funktionaler Abhängigkeit". Eine andere Formulierung der 2NF-Anforderungen lautet, dass jedes Nichtschlüsselattribut vom gesamten Primärschlüssel *voll funktional abhängig* ist.

Wenn das Schlüsselattribut atomar ist, dann befindet ich jede 1NF-Relation automatisch auch in der zweiten Normalform.

3. Normalform (2NF) **3. *Normalform (3NF)*:** Eine Relation ist genau dann in der dritten Normalform, wenn sie in der 2. Normalform ist und jedes Nichtschlüsselattribut nichttransitiv vom Primärschlüssel abhängt.

Nichttransitiv bedeutet, dass das Attribut direkt und nicht indirekt vom Primärschlüssel abhängt. Ein indirekte (transitive) Abhängigkeit liegt vor, wenn das Attribut direkt von einem anderen Nichtschlüsselattribut abhängt und dieses dann vom Primärschlüssel abhängt.

Die dritte Normalform wird als wichtig und in der Praxis meist ausreichend für die sinnvolle Strukturierung einer relationalen Datenbank angesehen. Das Normalisierungsbeispiel unten geht demzufolge auch bis zur dritten Normalform.

Es gibt aber auch besondere Fälle, in denen eine weitere Normalisierung nutzbringend ist. Dafür wurden drei weitere Normalformen vorgeschlagen.

Boyce-Codd-Normalform (BCNF): Eine Relation ist genau dann in der Boyce-Codd-Normalform, wenn sie in der 3. Normalform vorliegt und kein Teil eines Schlüssels funktional abhängig von einem anderen Teil des Schlüssels ist. Bei der BCNF geht es also um Abhängigkeiten innerhalb zusammengesetzter Schlüssel.

Boyce-Codd-Normalform (BCNF)

4. Normalform (4NF): Eine Relation ist genau dann in der vierten Normalform, wenn sie in der Boyce-Codd-Normalform ist und es keine nichttrivialen Abhängigkeiten mehrwertiger Attribute gibt.

4. Normalform (4NF)

Mehrwertig heißt, dass bei einem Attribut, das vom Primärschlüssel abhängt, nicht nur ein Wert, sondern mehrere Werte vorhanden sind. *Trivial* bedeutet, dass die Relation keine weiteren Attribute hat. Probleme können mehrwertige Abhängigkeiten bereiten, wenn eine Relation mehrere Attribute mit mehrwertigen Abhängigkeiten hat.

5. Normalform (5NF): Eine Relation ist genau dann in der fünften Normalform, wenn sie in der 4. Normalform ist und es keine mehrwertigen Abhängigkeiten gibt, die voneinander abhängig sind.

5. Normalform (5NF)

Dies bedeutet, dass die Werte eines mehrwertigen Attributs B nicht von den Werten eines anderen, mehrwertigen Attributs A abhängen dürfen. Sollte eine Relation Attribute mit derartigen Merkmalen enthalten, dann muss sie so zerlegt werden, dass es keine Attribute mit mehrwertigen Abhängigkeiten, die voneinander abhängig sind, mehr gibt.

Da der Gegenstand dieses Buchs nicht Datenbanktheorie ist, wird der Leser, der an Einzelheiten und Beispielen zu den höheren Normalformen interessiert ist, auf die einschlägige Datenbankliteratur verwiesen [z. B. Kemper, Eickler 2015, S. 167 ff.].

Die in der Praxis relevanten ersten drei Normalformen sollen jetzt an einem Beispiel erläutert werden.

Beispiel zur Normalisierung

Gegeben seien zwei Relationen *Artikel* und *Bestellungen*. Die Letztere enthält die Bestellungen eines Handelsunternehmens bei den Lieferanten seiner Artikel, die Erstere alle wichtigen Daten zu den Artikeln. Um nützliche Informationen zu Artikeln und Bestellungen direkt zugreifbar zu machen, hatte der Programmierer alle relevanten Daten in diese beiden Relationen gepackt. Damit sollten Abfragen wie die folgenden so einfach und schnell wie möglich durchgeführt werden können:

- Wo ist welche Menge des Artikels gelagert?
- Bei welchem Lieferanten kann der Artikel zu welchem Preis bestellt werden?
- Welcher Einkäufer ist für den Artikel zuständig?

Unnormalisierte Relationen

Ausgangsrelationen

Artikel (ArtikelNr, Artikelname, Verkaufspreis, LagerNr-1, Lagerort-1, Lagerbestand-1, LagerNr-2, Lagerort-2, Lagerbestand-2, …, LagerNr-8, Lagerort-8, Lagerbestand-8, EinkäuferNr, Einkäufername, Einkäufer-TelNr)

Bestellung (ArtikelNr, LieferantenNr, Bestellmenge, Bestelldatum, Preis, Lieferantenname, Lieferantenanschrift)

Da das Unternehmen acht Standorte hat, wurden vorsichtshalber maximal acht Lagerorte vorgesehen. Die meisten Artikel werden allerdings nur an drei oder vier Standorten gelagert, sodass unter dem Strich Speicherplatz nicht ausgenutzt wird. Probleme kann es später geben, falls das Unternehmen einmal einen neunten oder zehnten Lagerort eröffnet und ein Artikel überall auf Lager genommen werden soll.

Zwei mit beispielhaften Werten gefüllte Tabellen Artikel und Bestellung sind in Abbildung 5.22 wiedergegeben. Aus Darstellungsgründen wurden die Tabellen transponiert. Das heißt, die Attributnamen stehen in der ersten Spalte, und die Datentupel sind spaltenweise angeordnet.

Die beiden Tabellen sind nicht zweckmäßig aufgebaut und sollen nun bis zur dritten Normalform hin verbessert werden.

Wiederholungsgruppen

Die Tabelle (Relation) *Artikel* ist nicht in der ersten Normalform, da sie *Wiederholungsgruppen* enthält (LagerNr-1, Lagerort-1, Lagerbestand-1), (LagerNr-2, Lagerort-2, Lagerbestand-2), …, (LagerNr-8, Lagerort-8, Lagerbestand-8). Diese werden in eine gesonderte Relation *ArtikelLager* ausgelagert.

Damit entfällt das Problem der möglicherweise zu kleinen (d. h., acht Lagerorte reichen später einmal nicht aus) oder zu großen (effektiv werden bei den meisten Artikeln nur zwei oder drei Lagerorte benötigt) Zahl an Wiederholungen. In einer gesonderten Tabelle können beliebig viele oder wenige Lagerorte für einen Artikel geführt werden.

Die Tabelle *Bestellungen* ist näher an der ersten Normalform, da keine Wiederholungsgruppen vorkommen. Die Lieferantenanschrift, eine lange Zeichenkette, ist aber nicht atomar, sondern inhaltlich in Postleitzahl, Ort und Straße gegliedert. Bei manchen Abfragen wird später auch

Artikel

ArtikelNr	C-0743	T-0896	T-0899	...
Artikelname	Dell XPS 15	Amazon Fire HD 8	Dell Latitude 7320	
Verkaufspreis	2.225,28	159,99	202,19	
LagerNr-1	1002	1070	1030	
Lagerort-1	Berlin	Hamburg	München	
Lagerbestand-1	2	5	1	
LagerNr-2	1030		1070	
Lagerort-2	München		Hamburg	
Lagerbestand-2	3		5	
...	...	...	...	
LagerNr-8			1065	
Lagerort-8			Frankfurt (Oder)	
Lagerbestand-8			17	
EinkäuferNr	100	200	100	
Einkäufername	C. Meier	A.B. Smith	C. Meier	
EinkäuferTelNr	069 86 799 799	030 31 862 30	069 86 799 799	

Bestellung

ArtikelNr	T-0899	T-0896	C-0743	...
LieferantenNr	L-1245	L-2388	L-1245	
Bestellmenge	25	18	10	
Bestelldatum	22.07.2024	15.07.2024	16.07.2024	
Preis	165,00	141,00	1.975,50	
Lieferantenname	Notebooks & More	CyberShop	Notebooks & More	
Lieferantenanschrift	10785 Berlin, Potsdamer Platz 5	80335 München, Karlsplatz 10	10785 Berlin, Potsdamer Platz 5	
...	...	...	...	

Abb. 5.22: Zwei unnormalisierte Relationen (Beispiel).

auf die einzelnen Bestandteile und nicht auf die gesamte Anschrift zugegriffen (z. B. „welche Bestellungen wurden in München getätigt?").

Deshalb sollte die Lieferantenanschrift besser durch einzelne Felder
Postleitzahl, Ort und Straße repräsentiert werden.

1NF-Relationen

Artikel (ArtikelNr, Artikelname, Verkaufspreis, EinkäuferNr, Einkäuferna-   1. Normalform
me, EinkäuferTelNr)
ArtikelLager (ArtikelNr, LagerNr, Lagerort, Lagerbestand)
Bestellung (ArtikelNr, LieferantenNr, Bestellmenge, Bestelldatum, Preis,
Lieferantenname, Lief-PLZ, Lief-Ort, Lief-Strasse)

Die zweite Normalform verlangt volle funktionale Abhängigkeit jedes Nichtschlüsselattributs vom (gesamten) Primärschlüssel. In den Relationen *ArtikelLager* und *Bestellung* sind die Primärschlüssel zusammengesetzt und somit zu überprüfen.

In *ArtikelLager* hängt der Lagerbestand sowohl von der LagerNr als auch der ArtikelNr ab. Dies gilt jedoch nicht für das Attribut Lagerort. Dieses hängt nur von der LagerNr und nicht von der ArtikelNr ab. Es muss in eine eigene Relation *Lager* ausgegliedert werden.

In *Bestellungen* hängen Bestellmenge, Bestelldatum und Preis von beiden Schlüsselattributen ab, nicht aber Lieferantenname, Lieferantenanschrift und Ansprechpartner. Diese müssen in eine eigene Relation *Lieferant* ausgelagert werden.

2NF-Relationen

2. Normalform
Artikel (ArtikelNr, Artikelname, Verkaufspreis, EinkäuferNr, Einkäufername, EinkäuferTelNr)
ArtikelLager (ArtikelNr, LagerNr, Lagerbestand)
Lager (LagerNr, Lagerort)
Bestellung (ArtikelNr, LieferantenNr, Bestellmenge, Bestelldatum, Preis)
Lieferant (LieferantenNr, Lieferantenname, Lief-PLZ, Lief-Ort, Lief-Strasse)

Schließlich ist noch auf verbliebene transitive Abhängigkeiten der Nichtschlüsselattribute zu prüfen. In *Artikel* tritt eine solche auf. Die Attribute Einkäufername und EinkäuferTelNr hängen nicht von der ArtikelNr, sondern von der EinkäuferNr ab, nur diese wiederum hängt von der ArtikelNr ab. Also müssen die Einkäuferdaten in eine eigene Relation *Einkäufer* ausgelagert werden. In *Artikel* verbleibt der Verweis auf die entsprechenden Einkäufer-Tupel mittels des (Fremdschlüssel-) Attributs EinkäuferNr.

3NF-Relationen

3. Normalform
Artikel (ArtikelNr, Artikelname, Verkaufspreis, EinkäuferNr)
ArtikelLager (ArtikelNr, LagerNr, Lagerbestand)
Lager (LagerNr, Lagerort)
Bestellung (ArtikelNr, LieferantenNr, Bestellmenge, Bestelldatum, Preis)
Lieferant (LieferantenNr, Lieferantenname, Lief-PLZ, Lief-Ort, Lief-Strasse)
Einkäufer (EinkäuferNr, Einkäufername, EinkäuferTelNr)

Abbildung 5.23 zeigt das Ergebnis der Normalisierung der Relationen aus Abbildung 5.22 bis zur dritten Normalform. Wie man an dem

Artikel

ArtikelNr	C-0743	T-0896	T-0899	...
Artikelname	Dell XPS 15	Amazon Fire HD 8	Dell Latitude 7320	
Verkaufspreis	2.225,28	159,99	202,19	
EinkäuferNr	100	200	100	

ArtikelLager

ArtikelNr	C-0743	C-0743	T-0896	T-0899	T-0899	...
LagerNr	1002	1030	1070	1030	1070	
Lagerbestand	2	3	5	1	5	

Lager

LagerNr	1002	1030	1070	1065	...
LagerOrt	Berlin	München	Hamburg	Frankfurt (Oder)	

Bestellung

ArtikelNr	T-0899	T-0896	C-0743	...
LieferantenNr	L-1245	L-2388	L-1245	
Bestellmenge	25	18	10	
Bestelldatum	22.07.2024	15.07.2024	16.07.2024	
Preis	165,00	141,00	1.975,50	

Lieferant

LieferantenNr	L-1245	L-2388	L-1245	...
Lieferantenname	Notebooks & More	CyberShop	Notebooks & More	
Lief-PLZ	10785	80335	10785	
Lief-Ort	Berlin	München	Berlin	
Lief-Strasse	Potsdamer Platz 5	Karlsplatz 10	Potsdamer Platz 5	

Einkäufer

EinkäuferNr	100	200	300	...
Einkäufername	C. Meier	A.B. Smith	C. Meier	
EinkäuferTelNr	069 86 799 799	030 31 862 30	069 86 799 799	

Abb. 5.23: Relationen in der dritten Normalform (Beispiel).

Beispiel erkennt, entstehen durch den Normalisierungsprozess weitere Relationen; d. h., die unnormalisierten Relationen werden immer weiter zerlegt. Beginnend mit zwei Relationen sind es am Ende sechs.

5.4 Modellierung der Datenbank (Datenbankschema)

Wenn ein logisches Datenmodell vorliegt, muss dieses im nächsten Schritt in einer Datenbank abgebildet werden. Im Sinne der ARIS-Beschreibungsebenen findet dies auf der Ebene der *technischen Implementierung* statt (vgl. Abbildung 1.2).

Zur Implementierung des logischen Datenmodells werden die konkreten Ausdrucksmittel herangezogen, die das zu verwendende Datenbanksystem anbietet. Beispielsweise müssen die

- Tabellen mithilfe der Datendefinitionsanweisungen der Datenbanksprache definiert,
- Primär- und Fremdschlüsselattribute gekennzeichnet,
- Attribute (Felder) mit Datentypen versehen (und zwar mit denjenigen Datentypen, die das konkrete Datenbanksystems unterstützt),
- Beziehungen zwischen Tabellen in Form von Fremdschlüsselbeziehungen spezifiziert

werden. Hinzu kommen zahlreiche Festlegungen im Detail, z. B. zulässige Wertebereiche, Integritätsbedingungen, Trigger, welche Aktionen veranlassen u. v. a.

Datendefinitionssprache (DDL)
Die Datenbanksprache für relationale Datenbanken ist *SQL (Structured Query Language)*. Ihre Ursprünge gehen wie das Relationenmodell auf E. F. Codd zurück. SQL unterstützt nicht nur Datenbank*abfragen*, wie der Name nahelegt, sondern stellt auch Anweisungen für die Datenbankdefinition zur Verfügung. Insofern ist SQL nicht nur eine Abfragesprache, sondern auch eine *Datendefinitionssprache (DDL – Data Definition Language)*.

„Create Table"
Die SQL-Anweisung für die Tabellendefinition ist die „Create Table"-Anweisung. Ohne hier auf Details eingehen zu wollen, sei zur Veranschaulichung eine vereinfachte „Create Table"-Anweisung angegeben. Mit ihr wird die normalisierte Artikeltabelle aus dem vorigen Abschnitt (vgl. Abbildung 5.23) definiert:

```
Create Table Artikel
   (ArtikelNr Char(20) Primary Key,
   Artikelname Char (100),
   Verkaufspreis Single,
   EinkaeuferNr Integer);
```

Die für die Attribute der Tabelle anzulegenden Datenbankfelder sowie ihre Datentypen werden in Klammer hinter dem Tabellennamen aufgeführt. ArtikelNr und Artikelname sind Zeichenketten der Länge 20 bzw. 100 (Typ Char), Verkaufspreis ist eine Zahl mit Nachkommastellen (Typ Single) und EinkaeuferNr ist eine ganze Zahl (Typ Integer). Durch den Zusatz „Primary Key" wird festgelegt, dass ArtikelNr der Primärschlüssel der Tabelle ist.

Datenbankdefinition: manuell oder automatisch
Für alle sechs Relationen des Datenmodells aus Abbildung 5.23 müssen „Create Table"-Anweisungen wie die vorstehende erzeugt werden. Dies macht entweder ein Mensch (Datenbankdesigner) oder ein automa-

tisiertes Werkzeug. Wenn das relationale Datenmodell mit hinreichenden Details versehen wurde, dann kann die Datenbankdefinition automatisch generiert werden.

Die Beziehungen zwischen den Tabellen einer relationalen Datenbank werden über Fremdschlüsselverweise realisiert. Dies wurde oben in Abschnitt 5.2.3 erläutert. Im Datenbankschema werden die Beziehungen dadurch angelegt, dass die entsprechenden Primär- und Fremdschlüsselattribute aus den beteiligten Tabellen miteinander verbunden werden.

Dabei wird genau spezifiziert, welches Feld in Tabelle A mit welchem Feld in Tabelle B in einer $1 : n$-Beziehung steht. Abbildung 5.24 zeigt ein Beispiel für die Definition einer Beziehung. Das Feld ArtikelNr ist Primärschlüssel in der Tabelle Artikel. Der Fremdschlüssel ArtikelNr in Tabelle Bestellung verweist auf dieses Feld. Abbildung 5.25 zeigt die Beziehung als $(1, \infty)$-Beziehung zwischen Artikel und Bestellung an.

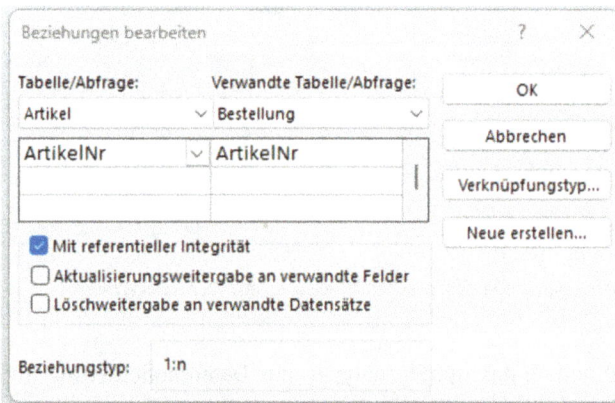

Abb. 5.24: Definition einer Beziehung in MS Access.

Die Kardinalität der Beziehung wird mit den Zeichen „1" und „∞" angezeigt, was für eine $1 : n$-Beziehung steht. Hinzuweisen ist auf die Checkbox „Mit referentieller Integrität". Diese stellt sicher, dass es keine ins Leere führende Schlüsselverweise gibt, wenn die Datenbank mit konkreten Daten gefüllt wird.

Referentielle Integrität

Abbildung 5.25 zeigt die Beziehungen im Datenbankschema der normalisierten Datenbank aus dem vorigen Abschnitt (vgl. auch Abbildung 5.23). Das Schema wurde in MS Access angelegt (und ist den dort gegebenen Einschränkungen unterworfen).

Ein zweites Beispiel soll die automatische Erzeugung eines Datenbankschemas verdeutlichen. Ausgangspunkt ist ursprünglich ein

Generierung des Datenbankschemas

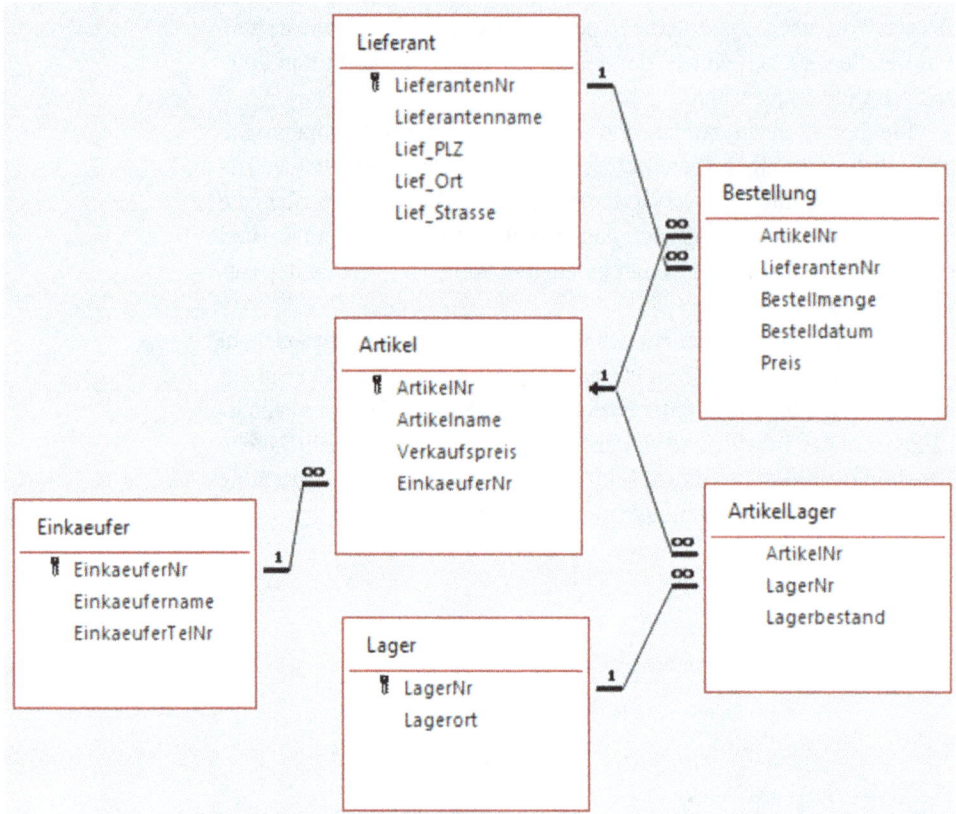

Abb. 5.25: Beziehungen im Datenbankschema (Beispiel), mit MS Access erzeugt.

UML-Klassenmodell, das um Stereotypen zur Datenmodellierung und verschiedene Details (z. B. Datentypen, Schlüsselkennzeichnungen) erweitert wurde. Der einfacheren Darstellung halber überführen wir das Klassenmodell in das folgende Relationenmodell:

Advertisement (adID, adName, description, filename)
Agency (custID, category, contactPerson, comID)
CommissionScheme (comID, description)
Customer (custID, name, address, phoneNumber)
Edition (edID, volume, issue, date)
Invoice (invoiceID, custID, date, salesRep)
InvoiceItem (itemID, adID, edID, invoiceID, itemPrice, quantity)
Publication (adID, edID, custID, invoiceID, state)
RegularCustomer (custID, discountScheme)

Inhaltlich geht es um eine Datenbank, in der Anzeigen, Kunden und Rechnungen eines Zeitungsverlags verwaltet werden. Die Einzelheiten sind hier jedoch nicht von Bedeutung, da der Generierungsprozess im Vordergrund steht. Für eine ausführlichere Beschreibung wird auf [Kurbel 2008, S. 344 ff.] verwiesen.

Aus dem erweiterten UML-Modell wurde mit einem Case-Tool (Enterprise Architect [https://www.sparxsystems.de]) automatisiert die Datenbankdefinition für eine Oracle-Datenbank erzeugt. Abbildung 5.26 zeigt das Ergebnis in Ausschnitten.

Ohne hier alle Details erläutern zu wollen, sei nur kurz angemerkt, dass das häufig verwendete Wort VARCHAR in Oracle für den Datentyp Zeichenkette steht. adID VARCHAR(32) bedeutet beispielsweise, dass das Attribut adID max. 32 Zeichen lang sein kann.

Der Generator erzeugte die Datenbankdefinition in mehreren Teilschritten. Im ersten Block mit den „Drop"-Anweisungen werden vorsichtshalber alle Tabellen entfernt, die evtl. mit gleichem Namen noch vorhanden sein könnten. Es folgen die eigentlichen Tabellendefinitionen („Create Table"-Anweisungen), bei denen jedoch die Primärschlüsselattribute nicht gleich markiert wurden.

Stattdessen erzeugte der Generator eine größere Zahl von „Alter"-Anweisungen. Die „Alter"-Anweisung dient grundsätzlich dazu, Tabellendefinitionen zu ändern. Der Generator verwendete sie, um nachträglich jeder Tabelle eine zusätzliche „Einschränkung" („Constraint") aufzuerlegen, nämlich dass ein bestimmtes Feld den Primärschlüssel darstellt. Die „Alter"-Anweisung

```
ALTER TABLE Invoice ADD CONSTRAINT PK_Invoice PRIMARY KEY (invoiceID);
```

sagt beispielsweise aus, dass invoiceID zum Primärschlüssel der Tabelle Invoice gemacht werden soll. Mit einer weiteren „Alter"-Anweisung für dieselbe Tabelle wird spezifiziert, dass das Attribut custID ein Fremdschlüssel ist, der auf das Feld custID in der Tabelle Customer verweist:

```
ALTER TABLE Invoice ADD CONSTRAINT FK_Invoice_Customer
FOREIGN KEY (custID) REFERENCES Customer (custID);
```

5.5 Stern- und Schneeflockenschema

Bei den bisherigen Ausführungen über Modellierung wurde unausgesprochen angenommen, dass es um Informationssysteme geht, welche die Durchführung von Geschäftsprozessen oder andere Transaktionen unterstützen. Man spricht auch von Systemen für die Transaktions-

```
DROP TABLE Advertisement CASCADE CONSTRAINTS;
DROP TABLE Agency CASCADE CONSTRAINTS;
DROP TABLE CommissionScheme CASCADE CONSTRAINTS;
DROP TABLE Customer CASCADE CONSTRAINTS;
DROP TABLE Edition CASCADE CONSTRAINTS;
DROP TABLE Invoice CASCADE CONSTRAINTS;
DROP TABLE InvoiceItem CASCADE CONSTRAINTS;
DROP TABLE Publication CASCADE CONSTRAINTS;
DROP TABLE RegularCustomer CASCADE CONSTRAINTS;

CREATE TABLE Advertisement (
    adID VARCHAR(32) NOT NULL, adName VARCHAR(120),
    description CLOB, fileName VARCHAR(255));

CREATE TABLE Agency (
    custID VARCHAR(32) NOT NULL, category VARCHAR(50),
    contactPerson VARCHAR(120), comID VARCHAR(32));

CREATE TABLE CommissionScheme (
    comID VARCHAR(32) NOT NULL, description CLOB);

CREATE TABLE Customer (
    custID VARCHAR(32) NOT NULL, name VARCHAR(120),
    address VARCHAR(255), phoneNumber VARCHAR(28));

CREATE TABLE Edition (
    edID VARCHAR(32) NOT NULL, volume VARCHAR(50),
    issue VARCHAR(50), date DATE);

CREATE TABLE Invoice (
    invoiceID VARCHAR(32) NOT NULL, custID VARCHAR(32),
    date DATE, salesRep VARCHAR(32));

CREATE TABLE InvoiceItem (
    itemID VARCHAR(32) NOT NULL, adID LONG, edID LONG,
    invoiceID VARCHAR(32), itemPrice NUMBER(8,2),
    quantity NUMBER(8,2));

CREATE TABLE Publication (
    adID VARCHAR(32) NOT NULL, edID VARCHAR(32) NOT NULL,
    custID VARCHAR(32) NOT NULL, invoiceItemID VARCHAR(32) NOT NULL,
    state VARCHAR(50));

CREATE TABLE RegularCustomer (
    custID VARCHAR(32) NOT NULL,
    discountScheme VARCHAR(50));

ALTER TABLE Invoice ADD CONSTRAINT PK_Invoice
    PRIMARY KEY (invoiceID);

ALTER TABLE InvoiceItem ADD CONSTRAINT PK_InvoiceItem
    PRIMARY KEY (itemID);

ALTER TABLE Publication ADD CONSTRAINT PK_Publication
    PRIMARY KEY (adID, edID);

    ...

ALTER TABLE Invoice ADD CONSTRAINT FK_Invoice_Customer
    FOREIGN KEY (custID) REFERENCES Customer (custID);

ALTER TABLE InvoiceItem ADD CONSTRAINT FK_InvoiceItem_Invoice
    FOREIGN KEY (invoiceID) REFERENCES Invoice (invoiceID);
```

Abb. 5.26: Generierte DDL-Anweisungen (Beispiel) [Kurbel 2008, S. 367].

verarbeitung oder OLTP (Online Transaction Processing). ERP-Systeme und Buchungssysteme jeder Art gehören beispielsweise in diese Kategorie.

Neben Transaktionssystemen gibt es aber noch eine zweite große Gruppe von Informationssystemen, die zu Analysezwecken entwickelt werden. Man spricht hier von *analytischen Informationssystemen* oder OLAP-Systemen (Online Analytical Processing).

OLAP-Systeme (Online Analytical Processing)

Analytische Informationssysteme bauen auf Transaktionssystemen auf, da sie die zu analysierenden Daten aus den Letzteren beziehen. Sie verwenden anders strukturierte Datenbanken, die konventionell in einem sog. *Data Warehouse*, auch (Business) Information Warehouse genannt, gespeichert werden.

Data Warehouse

Wenn die Daten in einem Data Warehouse genau so wie in einer normalen relationalen Datenbank gespeichert würden, könnten Auswertungen der Daten sehr aufwendig werden. Aufgrund der in Abschnitt 5.3 erläuterten Normalisierung bestünde die Datenbank aus sehr vielen, miteinander verbundenen Tabellen. Das heißt, die Datenelemente zu einem bestimmten Sachverhalt wären auf viele Tabellen verteilt.

Eine normalisierte Datenbank hat zwar enorme Vorteile im Hinblick auf Redundanzvermeidung, Integrität und Konsistenz. Der Nachteil ist jedoch, dass bei Datenbankabfragen die verteilten Daten über die Fremdschlüsselbeziehungen wieder zusammengeführt werden müssen. Datenbanktechnisch sind dies sog. *Join-Operationen*. Je stärker die Daten verteilt sind, um so mehr Joins sind erforderlich.

Join-Operationen

Bei Datenbanken für OLTP-Systeme fällt dieser Nachteil gegenüber den Vorteilen der Normalisierung nicht so sehr ins Gewicht, da vergleichsweise wenige Joins anfallen. Anders sieht es bei analytischen Systemen aus, bei denen Auswertungen nach den unterschiedlichsten Kriterien erwünscht sein können. In einer normalisierten Datenbank impliziert dies meist sehr viele und aufwendige Joins.

Um den Laufzeitaufwand zu vermindern, verzichtet man bei OLTP-Datenbanken auf Normalisierung und nimmt Redundanz bewusst in Kauf. Genau genommen geht man noch weiter und erzeugt die Redundanz bewusst. Die erwünschte Folge ist, dass Datenelemente (oder Datengruppen) nicht erst durch Join-Operationen lange „zusammengesucht" werden müssen, sondern dass sie direkt an den Stellen stehen, wo sie benötigt werden (wenn auch wiederholt).

Denormalisierung und Redundanz

Sternschema (Star-Schema)

Statt eines normalisierten Datenbankmodells (und Datenbankschemas) modelliert man eine Struktur, bei der die Tabellen sternförmig um ei-

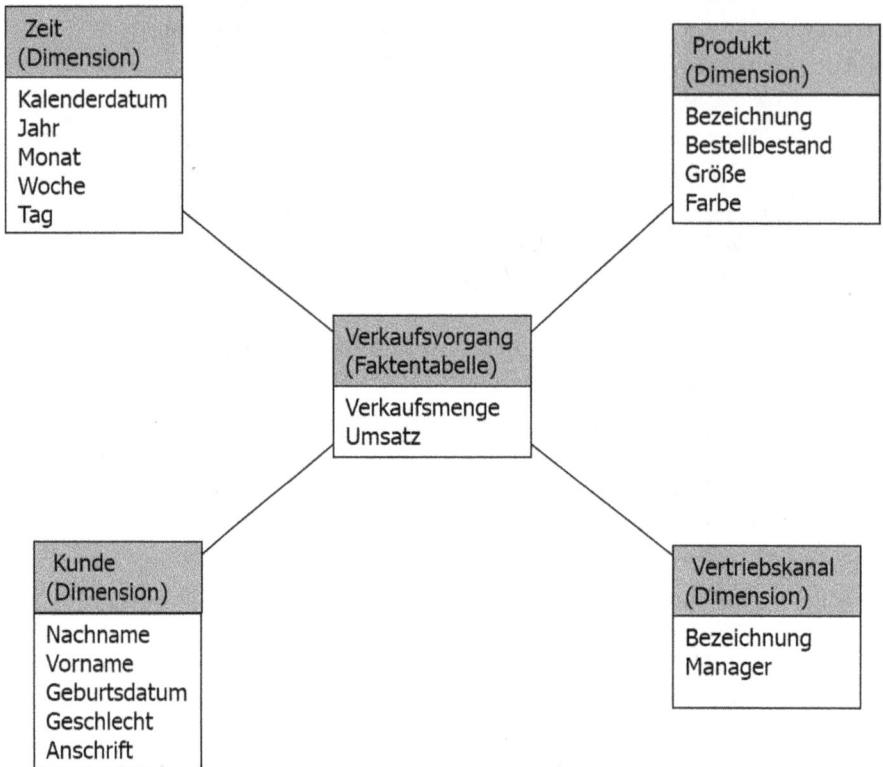

Abb. 5.27: Sternschema (Beispiel).

ne Tabelle in der Mitte herum angeordnet werden. Daher kommt die Bezeichnung *Sternschema* (oder *Star-Schema*). In der Mitte steht die Tabelle, die ausgewertet werden soll (Faktentabelle), außen herum befinden sich die Tabellen mit den Kriterien, nach denen ausgewertet werden kann (sog. Dimensionstabellen).

Faktentabelle Die *Faktentabelle (Fact Table)* in der Mitte von Abbildung 5.27 enthält beispielsweise die Absatzzahlen eines Modehändlers über einen längeren Zeitraum hinweg. Auswertungen sollen u. a. nach Produkten, Kunden, Vertriebskanälen und Zeiträumen ermöglicht werden, etwa eine Auswertung wie:

- „Umsatz für alle im letzten Monat des Vorjahres verkauften Skijacken"
- „Anzahl der weiblichen Kunden, die im vorigen Quartal fünf oder mehr Kleider gekauft haben"

Dimensionstabellen Dimensionstabellen sind:
- Produkt

Zeit
(Dimension)

DatumID
Kalenderdatum
Jahr
Monat
Woche
Tag

Produkt
(Dimension)

ProduktID
Bezeichnung
Bestellbestand
Größe
Farbe

Verkaufsvorgang
(Faktentabelle)

ProduktID
KundeID
VertrKanID
DatumID
Verkaufsmenge
Umsatz

Kunde
(Dimension)

KundeID
Nachname
Vorname
Geburtsdatum
Geschlecht
Anschrift

Vertriebskanal
(Dimension)

VertrKanID
Bezeichnung
Manager

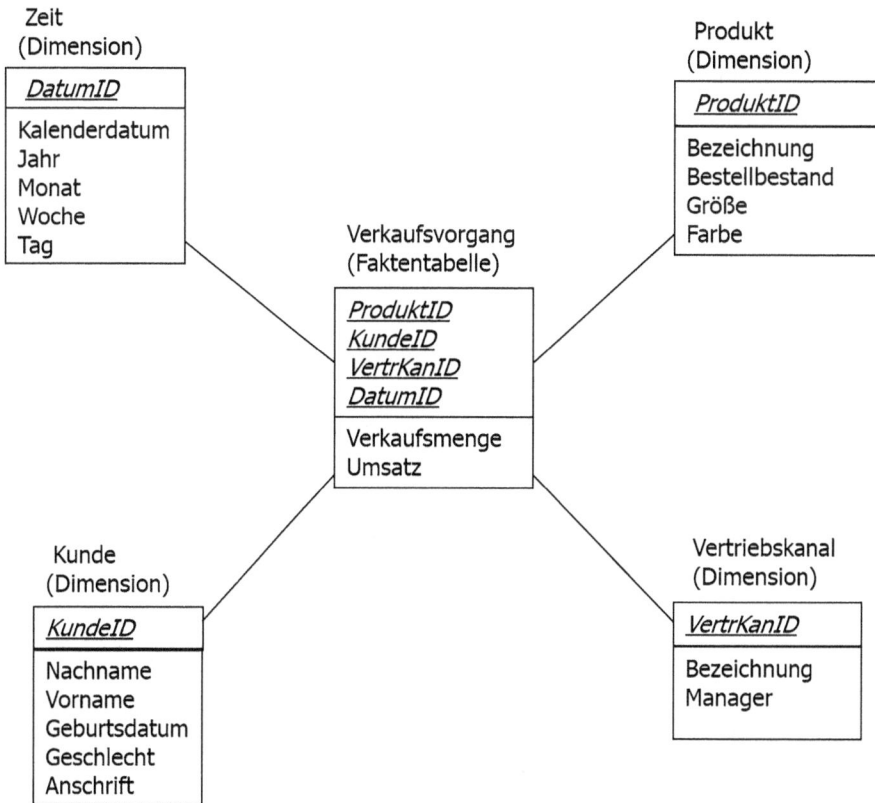

Abb. 5.28: Sternschema mit Fremdschlüsselverweisen (Beispiel).

- Vertriebskanal
- Kunde
- Zeit

Die Faktentabelle enthält Millionen von einzelnen Verkäufen. Fakten i. e. S. sind die verkaufte Menge und der erzielte Umsatz eines Verkaufsvorgangs, der durch Verweise auf das Produkt, den Vertriebskanal, den Kunden und das Verkaufsdatum näher gekennzeichnet wird.

Im Datenmodell ist die Faktentabelle mit den Dimensionstabellen über die Fremdschlüssel verbunden. Abbildung 5.28 zeigt das Beispiel nochmals unter Einbeziehung der Fremdschlüssel ProduktID, VertrKanID, KundeID und DatumID, welche auf die jeweiligen Dimensionstabellen verweisen. Gleichzeitig bilden sie zusammen den Primärschlüssel der Faktentabelle.

Fremdschlüsselverbindungen

Die Darstellungsform des Sternschemas wie in Abbildung 5.28 hat sich eingebürgert, obwohl man das Schema auch als Entity-Relationship-

Relationenmodell für das Beispiel

Diagramm oder als relationales Datenmodell beschreiben könnte. Im Relationenmodell sähe das Schema wie folgt aus:

Verkaufsvorgang (<u>ProduktID</u>, <u>VertrKanID</u>, <u>KundeID</u>, <u>DatumID</u>, Verkaufsmenge, Umsatz)

Produkt (<u>ProduktID</u>, Bezeichnung, Bestellbestand, Größe, Farbe)

Vertriebskanal (<u>VertrKanID</u>, Bezeichnung, Manager)

Kunde (<u>KundeID</u>, Nachname, Vorname, Geburtsdatum, Geschlecht, Anschrift)

Datum (<u>DatumID</u>, Kalenderdatum, Jahr, Monat, Woche, Tag)

Faktentabelle ist schmal und lang

Die Faktentabelle eines Sternschemas ist in der Regel recht „schmal" (d. h. wenige Spalten). Im Wesentlichen sind es eine oder mehrere numerische Spalten (wie Verkaufsmenge und Umsatz im obigen Beispiel) sowie eine gewisse Anzahl von Fremdschlüsselspalten, abhängig von der Zahl der berücksichtigten Dimensionen. Dafür enthält sie aber sehr viele Zeilen.

Die Faktentabelle belegt in einem Data Warehouse den größten Teil des Speicherplatzes. Dies kann mehr als 98 % betragen [Howson 2013]. Die Größenordnung lässt sich ermessen, wenn man etwa an Auswertungen über mehrere Jahre nach Produkten oder Kunden denkt. Bei einer Granularität auf Tagesbasis, 10.000 Produkten und 100.000 Kunden (und ohne Berücksichtigung der Vertriebskanäle) gäbe es theoretisch maximal 3.652.000.000.000 Einträge in der Faktentabelle [Howson 2013].

Das theoretisch mögliche Maximum ist aber nicht das praktisch zu erwartende, da nicht jeder Kunde jeden Tag jedes Produkt kauft. Nimmt man an, dass der dreidimensionale Würfel nur zu 0,5 Promille tatsächlich mit Daten besetzt ist, dann kommt man immerhin noch auf 1,83 Mrd. Zeilen in der Faktentabelle.

Dimensionstabellen sind breit und kurz

Die Dimensionstabellen sind demgegenüber vergleichsweise klein, wenn auch möglicherweise „breit". Nimmt man die Produkttabelle als Beispiel, dann kann sie eine große Zahl von Spalten aufweisen. Die Anzahl der Zeilen ist dagegen gering (10.000 im gerade zitierten Beispiel gegenüber 1,83 Mrd. Zeilen der Faktentabelle).

Schneeflockenschema (Snowflake Schema)

Das Beispiel in Abbildung 5.27 und 5.28 war in vielfacher Hinsicht stark vereinfacht. Wenn das Unternehmen 10.000 Produktarten hat, dann werden diese kaum „flach" nebeneinander stehen, sondern vermutlich in irgendeiner Form geordnet sein. Zum Beispiel ist eine Unterteilung nach Produktkategorien, Unterkategorien und Produktgruppen denkbar, sodass auch Auswertungen nach diesen Kriterien ermöglicht werden müssen.

Ebenso wenig werden alle 100.000 Kunden nur flach nebeneinander aufgelistet sein, sondern nach Kundenkategorien, Unterkategorien oder geografischen Gesichtspunkten gruppiert sein.

Eine Auswertung wie die eingangs genannte: „Umsatz für alle im letzten Monat des Vorjahres verkauften Skijacken", setzt voraus, dass „Skijacken" als Produktkategorie, Unterkategorie oder Produktgruppe überhaupt ausgewiesen werden. Ebenso müssen die Monate eines Jahres jeweils als Zeitraum, der eine gröbere Zeitspanne unterteilt (z. B. Quartal oder Jahr), spezifiziert sein.

Angenommen, Skijacken seien eine Produktgruppe der Unterkategorie „Wintersportbekleidung", die zur Produktkategorie „Outdoorbekleidung" gehört. Außerdem sei angenommen, dass Auswertungen nicht nur nach der Produktgruppe (z. B. Skijacken), sondern auch nach „Wintersportbekleidung" und „Outdoorbekleidung" von Interesse sind. Dann müsste im Sternschema die Dimensionstabelle nicht nur das spezielle Produkt der Gruppe „Skijacke" ausweisen, sondern auch die Unterkategorie „Wintersportbekleidung" und die Kategorie „Outdoorbekleidung":

Produkt (<u>ProduktID</u>, Produktkategorie, Unterkategorie, Produktgruppe, Bezeichnung, Größe, Farbe)

Abbildung 5.29 verdeutlicht an einem Ausschnitt der Dimensionstabelle, dass hierdurch sehr viel Redundanz entsteht. Die Produktkategorie „Outdoorbekleidung" und die Unterkategorie „Wintersportbekleidung" wiederholen sich in allen, die Produktgruppe „Skijacke" in den meisten Zeilen des gezeigten Ausschnitts.

Dafür sind aber Datenbankabfragen einfach und schnell. Wenn man etwa am Umsatz der Unterkategorie „Wintersportbekleidung" in einem bestimmten Zeitraum interessiert ist, dann müssen in der Faktentabelle nur alle diejenigen Umsätze aufaddiert werden, für die in der Dimensionstabelle Unterkategorie = „Wintersportbekleidung" gilt (d. h. ein einfacher Join).

Redundanz in den Dimensionstabellen lässt sich reduzieren, wenn man die Tabellen *normalisiert* und Unterdimensionen einführt. Dies führt dazu, dass es für eine Dimension nicht mehr nur eine, sondern mehrere Dimensions- bzw. Unterdimensionstabellen gibt. Zwischen diesen bestehen (1 : n)-Beziehungen, die im Relationenmodell durch Fremdschlüsselbeziehungen abgebildet werden können. Für die Produktdimension im obigen Beispiel ergibt sich:

Marginalia:
Strukturierung der Dimensionen

Redundanz

Normalisierung der Dimensionstabellen

ProduktID	Produktkategorie	Unterkategorie	Prod.gruppe	Bezeichnung	Best.best.	Größe	Farbe
10012	Outdoorbekleidung	Wintersportbekleidung	Skijacke	Salomon SuperDry	5	XXL	weinrot
10033	Outdoorbekleidung	Wintersportbekleidung	Skijacke	Salomon SuperDry	15	L	hellgrün
10022	Outdoorbekleidung	Wintersportbekleidung	Skijacke	Salomon SuperDry	5	XS	weinrot
10043	Outdoorbekleidung	Wintersportbekleidung	Skijacke	Salomon SuperDry	15	M	weinrot
10084	Outdoorbekleidung	Wintersportbekleidung	Skijacke	Salomon AntiFreeze	10	XL	dunkelblau
10085	Outdoorbekleidung	Wintersportbekleidung	Skijacke	Salomon AntiFreeze	10	M	dunkelblau
10087	Outdoorbekleidung	Wintersportbekleidung	Skijacke	Salomon AntiFreeze	3	XXL	dunkelblau
10092	Outdoorbekleidung	Wintersportbekleidung	Skijacke	Atomic Mountain	5	L	orange
10093	Outdoorbekleidung	Wintersportbekleidung	Skijacke	Atomic Mountain	5	M	orange
10094	Outdoorbekleidung	Wintersportbekleidung	Skijacke	Atomic Peak	10	L	schwarz
10095	Outdoorbekleidung	Wintersportbekleidung	Skijacke	Atomic Peak	10	L	rot
10096	Outdoorbekleidung	Wintersportbekleidung	Skijacke	Atomic Peak	8	XL	schwarz
10098	Outdoorbekleidung	Wintersportbekleidung	Skijacke	Atomic Peak	15	M	schwarz
10099	Outdoorbekleidung	Wintersportbekleidung	Skijacke	Atomic Peak	10	M	schwarz
10094	Outdoorbekleidung	Wintersportbekleidung	Skijacke	Atomic Peak	10	L	rot
10094	Outdoorbekleidung	Wintersportbekleidung	Skijacke	Atomic Peak	10	L	schwarz
10094	Outdoorbekleidung	Wintersportbekleidung	Skijacke	Atomic Peak	10	L	schwarz
10101	Outdoorbekleidung	Wintersportbekleidung	Skihose	Salomon AntiFreeze	5	M	dunkelblau
10102	Outdoorbekleidung	Wintersportbekleidung	Skihose	Salomon AntiFreeze	10	M	schwarz
...	...	...	...	...	...	...	...

Abb. 5.29: Redundante Einträge in Dimensionstabelle Produkt (Beispiel).

Produkt (ProduktID, *ProduktgruppeID*, Bezeichnung, Bestellbestand, Größe, Farbe)

Produktgruppe (ProduktgruppeID, *UnterkategorieID*, ProduktgruppeBezeichnung)

Unterkategorie (UnterkategorieID, *ProduktkategorieID*, UnterkategorieBezeichnung)

Produktkategorie (ProduktkategorieID, ProduktkategorieBezeichnung)

Die kursiv geschriebenen Namen *ProduktgruppeID*, *UnterkategorieID* und *ProduktkategorieID* sind jeweils Fremdschlüssel.

Durch die Normalisierung entstehen also weitere Tabellen. Bildlich angeordnet ergibt sich ein Schema aus verbundenen Tabellen, das an eine Schneeflocke erinnert. Abbildung 5.30 verdeutlicht das Prinzip.

Performanceeinbußen   Dem Vorteil einer besser strukturierten und redundanzärmeren Datenbank steht allerdings der erhöhte Aufwand bei Datenbankabfragen gegenüber. Wenn etwa aus der Faktentabelle der Gesamtumsatz an Outdoorbekleidung in einem Zeitraum ermittelt werden soll, dann steht das Suchkriterium „Outdoorbekleidung" nicht in der direkt verknüpften Dimensionstabelle Produkt, sondern erst drei Verknüpfungen weiter. Statt nur eines Joins wie beim Sternschema sind nun vier Join-Operationen erforderlich; das heißt, die Performance wird schlechter.

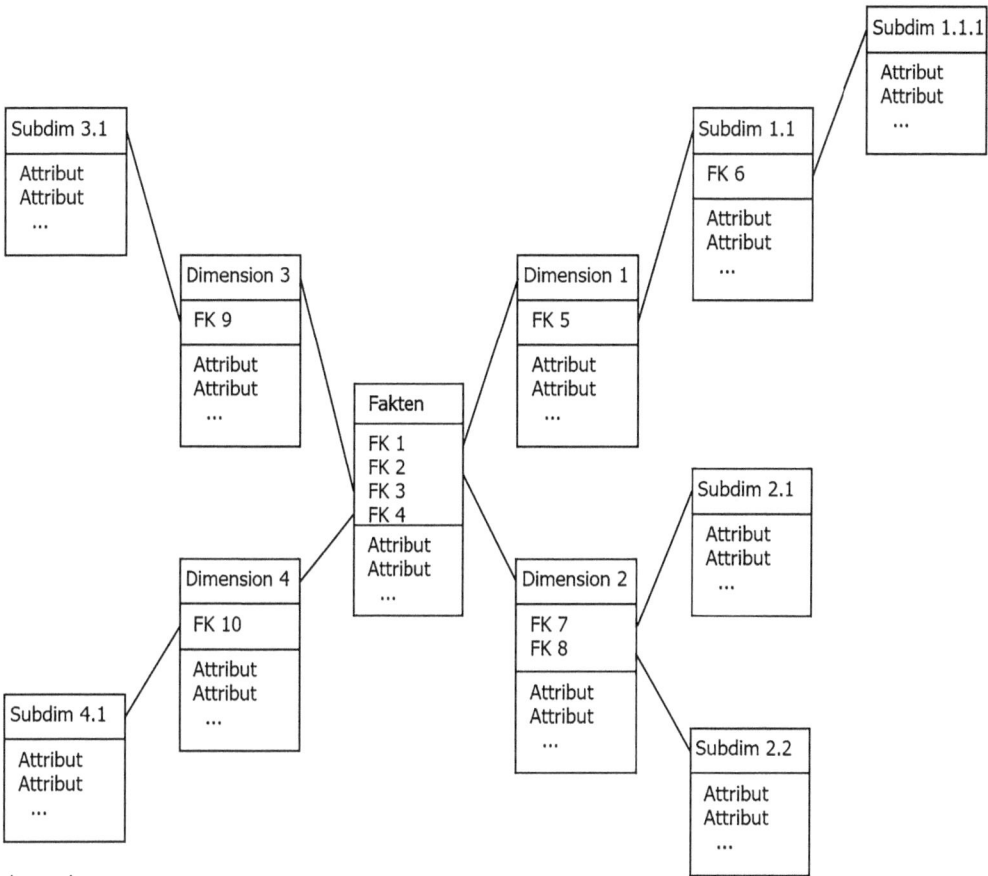

Legende
Subdim = Unterdimension
FK   = Fremdschlüssel

Abb. 5.30: Schneeflockenschema (Snowflake Schema).

Die als Data Warehouse gespeicherte analytische Datenbank wird aus den (operativen) Transaktionsdatenbanken in einem sog. ETL-Prozess („Extract, Transform, Load") erzeugt. Dieser ist sehr aufwendig und wird deshalb traditionell nur in gewissen Zeitabständen durchgeführt. In der Folge ist das Data Warehouse nie ganz so aktuell wie die Transaktionsdatenbank.

ETL-Prozess („Extract, Transform, Load")

Die Fortschritte der Datenbanktechnologie und insbesondere sog. *In-Memory-Datenbanken* (d. h. Datenbank auf Chips) ermöglichen heutzutage enorme Performance-Steigerungen bei Datenbankzugriffen. Deshalb wird die traditionelle Trennung in Transaktionsdatenbanken (für das operative Geschäft) und OLAP-Datenbanken (für Analysezwecke) zunehmend infrage gestellt.

In-Memory-Datenbanken

Single point of truth   Eine auf die Nutzung der In-Memory-Datenbank *SAP HANA* abzie-
lende Forderung lautet, nicht nur Transaktionen, sondern auch jede
Art von Auswertung „on-the-fly" auf nur einer gemeinsamen Datenbank
durchzuführen („single point of truth"). Diese Forderung geht auf den In-
itiator von HANA und SAP-Gründer Hasso Plattner zurück [Plattner 2014,
S. 19].

6 Funktionsmodellierung

Die *funktionale Zerlegung* eines Systems in seine Bestandteile ist der "klassische" Ansatz, der von jeher bei der Entwicklung eines betrieblichen Informationssystems, aber auch jedes anderen Softwaresystems verfolgt wurde.

Funktionale Zerlegung ist der "klassische" Ansatz

Dabei werden grobe Funktionsbereiche identifiziert, die in Teilbereiche aufgespalten und weiter in kleinere Funktionsbereiche zerlegt werden, bis man bei den Elementarfunktionen angelangt ist. Was letztlich eine Elementarfunktion darstellt, die nicht weiter zerlegt wird, hängt vom Anwendungskontext und den technischen Gegebenheiten ab.

Diese Kurzcharakterisierung unterstellt, dass man "von oben nach unten" vorgeht, von den groben Funktionsbereichen durch Zerlegung bzw. schrittweise Verfeinerung hin zu feineren Funktionsbereichen oder Funktionen (Top-down-Vorgehensweise). Dies ist der bei der Entwicklung betrieblicher Informationssysteme meistens eingeschlagene Weg.

Top-down-Vorgehensweise

Die umgekehrte Vorgehensweise kann jedoch grundsätzlich ebenfalls gewählt werden. Das heißt, ausgehend von den Einzelfunktionen werden jeweils mehrere Funktionen bzw. Funktionsbereiche zusammengefasst, bis das Gesamtsystem beschrieben ist (Bottom-up-Vorgehensweise). Diese Vorgehensweise kann angewendet werden, wenn schon relativ klare Vorstellungen über Detailfunktionen vorhanden sind, aber die Struktur des Gesamtsystems erst noch entwickelt werden muss.

Bottom-up-Vorgehensweise

Die Funktionsmodellierung trat in den letzten Jahren etwas in den Hintergrund, da sich Forschung und Praxis primär auf die Geschäftsprozessmodellierung fokussierten. Dies ist insoweit berechtigt, als betriebliche Informationssysteme die Geschäftsprozesse eines Unternehmens unterstützen sollen.

Geschäftsprozessmodellierung dominant

Auch wenn der Einstieg in die Informationssystementwicklung wie in diesem Buch über die Geschäftsprozessmodellierung erfolgt, kommt man dennoch nicht umhin, die *Funktionen* des Systems zu modellieren. Der Grund ist darin zu sehen, dass die funktionale Zerlegung in der Regel den Ausgangspunkt für die Softwareentwicklung im engeren Sinne darstellt. Auf der Basis des Geschäftsprozessmodells – oder auch direkt abgeleitet aus diesem – muss dann ein Funktionsmodell erstellt werden.

Funktionsmodell ist Ausgangspunkt für die Softwareentwicklung

Neben der Strukturierung des zu modellierenden Systems ist die funktionale Modellierung auch für den *Entwicklungsprozess* wichtig.

Entwicklungsprozess

IS-Entwicklungsvorhaben werden in der Regel als Projekte durchgeführt. Hierfür gibt es Unterstützung in Form des *Projektmanagements* und durch Softwarewerkzeuge (Projektmanagementsysteme). Das Projektmanagement schließt verschiedene Aufgabenbereiche ein, z. B. Ab-

Projektmanagement

https://doi.org/10.1515/9783111063843-006

laufplanung, Kapazitätsplanung, Ressourceneinsatzplanung und andere.

Auch beim Projektmanagement werden Aufgabenbereiche in Teilbereiche, Unterbereiche, Aufgabengruppen und Einzelaufgaben oder kleinere Vorgänge zerlegt. So wie ein Informationssystem funktional aufgegliedert wird, kann auch die Zerlegung des Entwicklungsprojekts nach funktionalen Gesichtspunkten erfolgen. Im Projektmanagement heißt dies *Projektstrukturplanung*.

Im Folgenden wird sowohl die funktionale Modellierung des Informationssystems (Systemstrukturplanung) als auch des Entwicklungsprozesses (Projektstrukturplanung) behandelt. Darüber hinaus wird auf die Zusammenhänge zwischen Geschäftsprozessmodellierung und Funktionsmodellierung eingegangen. Historische Ansätze, die zu funktionalen Systemmodellen führen, werden anschließend kurz charakterisiert.

6.1 Systemstrukturplanung

Funktionen können, wie schon in Abschnitt 2.3 angesprochen, aus einer betriebswirtschaftlichen oder einer informationstechnischen Perspektive betrachtet werden. Beide Sichtweisen werden nachfolgend erörtert.

Informationstechnische und betriebswirtschaftliche Sicht auf Funktionen

Im Idealfall der Informationssystementwicklung ergibt sich die informationstechnische Sicht aus der betriebswirtschaftlichen. Sie kann als Fortsetzung der Letzteren angesehen werden, da es nun darum geht, die Implementierung der Funktionalität in Form von Software vorzunehmen.

In einem ganzheitlichen Sinne wie bei ARIS gehört die informationstechnische Sicht zur Ebene des DV-Konzepts, während die betriebswirtschaftliche Sicht auf der Fachkonzeptebene angesiedelt ist.

6.1.1 Modellierung betrieblicher Funktionen

Ausgehend von den betrieblichen Funktionsbereichen eines Unternehmens – wie Vertrieb, Produktion, Einkauf, Forschung & Entwicklung, Rechnungswesen – bedeutet funktionale Modellierung, dass die Geschäftsfunktionen der obersten Ebene in Teilfunktionen, diese wiederum in Unterfunktionen und diese ggf. weiter in kleinere Funktionen zerlegt werden. Die Zerlegung setzt sich fort, bis man bei den Elementarfunktionen angelangt ist.

Funktionshierarchie

Durch die fortschreitende Verfeinerung entsteht eine Funktionshierarchie, die auch als Funktionsbaum oder Funktionshierarchiediagramm

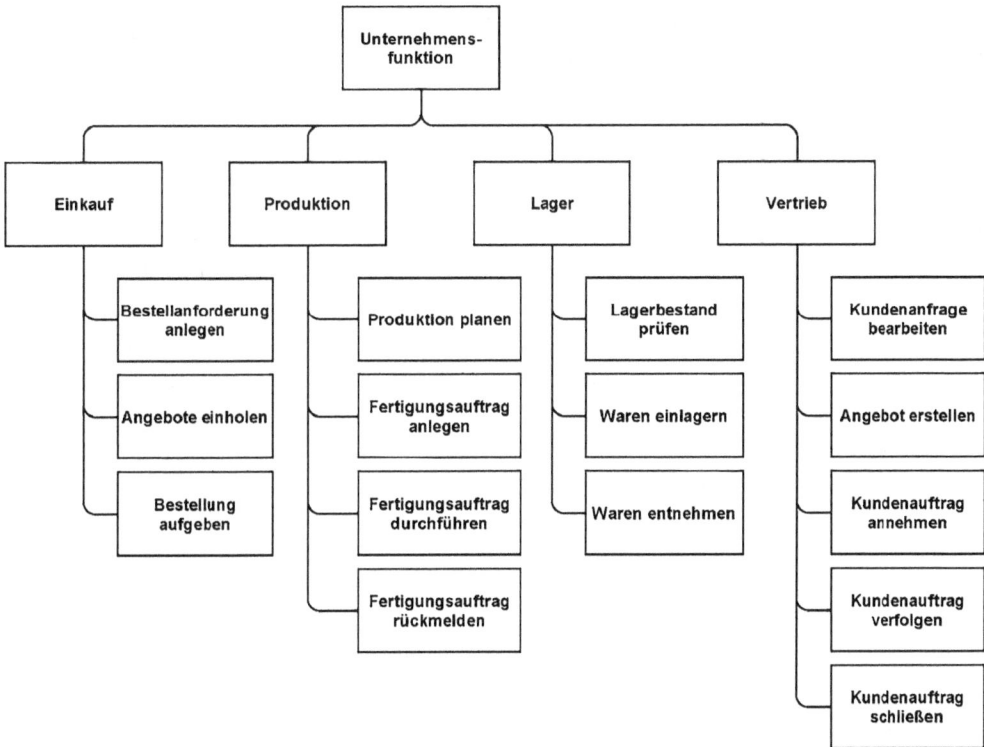

Abb. 6.1: Funktionsmodell (Beispiel, mit ARIS Express [ARIS 2023] erstellt).

bezeichnet wird. Abbildung 6.1 zeigt ein vereinfachtes Beispiel. Der Wurzelknoten („Unternehmensfunktion") wird in die Funktionsbereiche Einkauf, Produktion, Lager und Vertrieb untergliedert, die jeweils in detailliertere Funktionen aufgespalten werden. Auf eine weitere Zerlegung wird aus Platzgründen verzichtet. In der Realität würde eine Funktion wie „Produktion planen" oder „Lagerbestand prüfen" sicherlich weiter verfeinert.

Für die Zerlegung von Funktionen können unterschiedliche Kriterien angewendet werden. Grundsätzlich unterscheidet man eine

- prozessorientierte
- objektorientierte
- verrichtungsorientierte

Zerlegung, wobei diese Kriterien auch kombiniert werden. Das heißt, in einem Funktionsmodell kommen unter Umständen mehrere Kriterien zur Anwendung.

Prozessorientierte
Gliederung

Prozessorientiert bedeutet, dass die Zerlegung anhand der Schritte eines Geschäftsprozesses erfolgt. In Abbildung 6.1 ist beispielsweise der den Vertrieb untergliedernde Teilbaum nach den Schritten eines Auftragsbearbeitungsprozesses gestaltet.

Objektorientierte
Gliederung

Objektorientierung liegt dann vor, wenn sich die verfeinernden Funktionen alle auf den gleichen Objekttyp beziehen. Abbildung 6.2 zeigt im linken Teil ein Beispiel dazu. Hierbei wurde angenommen, dass – anders als in Abbildung 6.1 – ein Unterfunktionsbereich „Fertigungsauftrag bearbeiten" modelliert wurde, unter dem alle zu dem Objekt Fertigungsauftrag gehörenden Detailfunktionen zusammengefasst sind: Fertigungsauftrag anlegen, freigeben, ändern, stornieren, überwachen und rückmelden.

Verrichtungsorientierte
Gliederung

Verrichtungsorientiert ist die Gliederung, wenn das Kriterium, nach dem ein Funktionsbereich gebildet wird, die Art der Tätigkeit (Verrichtung) ist. Gleichartige Verrichtungen – an beliebigen Objekten – sind hier die Einzelfunktionen. Im rechten Teil von Abbildung 6.2 ist eine Untergliederung nach den Verrichtungen „Datenobjekte anlegen" und „Datenobjekte ändern" zu sehen, welche gleichermaßen bei Kundenanfragen, Kundenaufträgen, Fertigungsaufträgen und Bestellungen anfallen.

Modellierung von Zielen

Die Modellierung betrieblicher Funktionen erfolgt im Allgemeinen *zielorientiert*, vor allem auf den höheren Ebenen. Das heißt, die Unternehmensziele stellen die oberste Leitlinie dar, und die betrieblichen Funktionen sollen bestmöglich dazu beitragen, diese Ziele zu erreichen.

Auch Unternehmensziele sind ein Agglomerat von Teilzielen, Oberzielen und Unterzielen, ähnlich wie Funktionen (bzw. Funktionsbereiche). Die Beziehungen zwischen Zielen der verschiedenen Ebenen bilden eine Hierarchie, die ähnlich wie Funktionen in einem Hierarchiediagramm (Zieldiagramm) abgebildet werden können.

Zieldiagramm

Das Zieldiagramm wird meist in Form eines Baums dargestellt. Dieser ergibt sich quasi automatisch, wenn Unterziele aus Oberzielen abgeleitet werden. Die Zielbeziehungen müssen aber nicht zwangsläufig baumartig sein. Wenn beispielsweise ein Unterziel zu mehreren Oberzielen beiträgt, erhält man eine netzartige Struktur. Ein umfangreiches und anschauliches Beispiel für eine stark vernetzte Zielstruktur aus dem Bereich der Produktionsplanung beschreiben Schumann und Mertens (dort allerdings aus der Perspektive der erzielbaren Nutzeffekte [Schumann, Mertens 1990]).

(a) objektorientiert

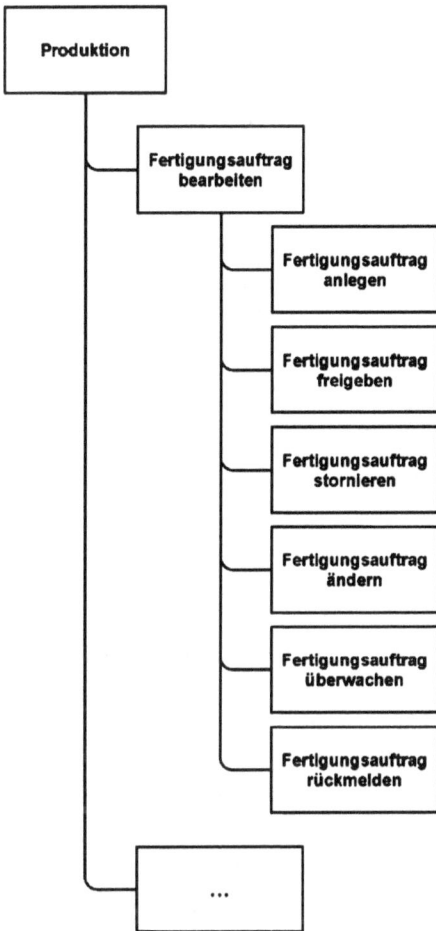

(b) verrichtungsorientiert

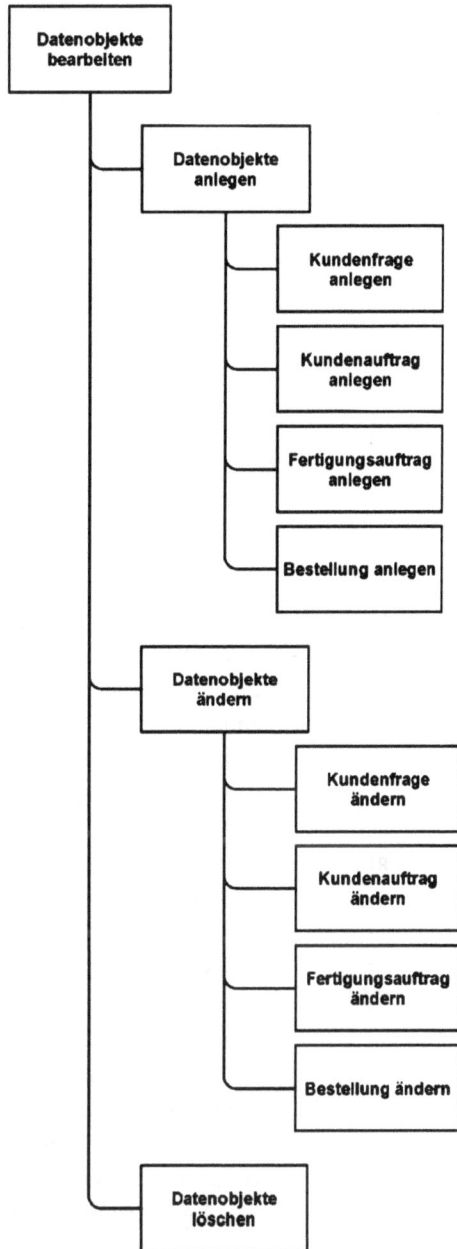

Abb. 6.2: Objektorientierte und verrichtungsorientierte Gliederung (mit ARIS Express [ARIS 2023] erstellt).

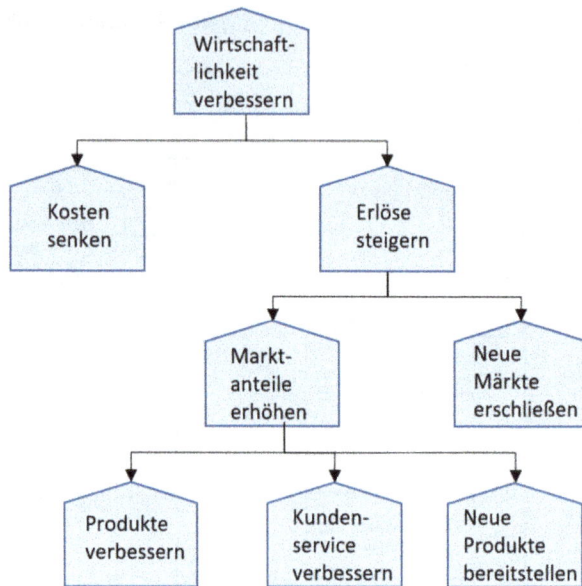

Abb. 6.3: Zielhierarchie (Beispiel).

Zielhierarchie Ein Zieldiagramm illustriert hauptsächlich die *Zielhierarchie* (Ober-
und Unterziele), wie Abbildung 6.3 an einem Beispiel zeigt. Die Erreichung des Ziels „Wirtschaftlichkeit verbessern" soll hier durch die Unterziele „Kosten senken" und „Erlöse steigern" gefördert werden. Zum
letzteren Ziel trägt „Marktanteile erhöhen" und „Neue Märkte erschließen" bei usw.

SMART-Kriterien Damit die einzelnen Ziele operational sind, müssen sie den sog.
SMART-Kriterien genügen. SMART ist eine Abkürzung, deren Auslegung
teilweise etwas variiert:

S – spezifisch: Ziel ist konkret beschrieben und damit gegen andere
Ziele abgegrenzt. Die Beschreibung soll einfach zu verstehen sein und
keinen Interpretationsspielraum bieten.

M – messbar: Zielerreichung ist überprüfbar. Das heißt, es kann
überprüft werden, ob bzw. in welchem Ausmaß das Ziel erreicht wurde. Bei numerisch formulierten Zielen kann der Zielerreichungsgrad
gemessen werden.

A – akzeptiert (manchmal auch attraktiv, akzeptabel, achievable):
Das Ziel wird von den Stakeholdern als erreichbar empfunden und damit
akzeptiert.

R – realistisch (manchmal auch relevant): Das Ziel ist nicht belanglos,
sondern besitzt eine Bedeutung und lässt sich realistischerweise auch
erreichen.

T – terminiert (manchmal auch terminierbar): Das Ziel hat einen Zeitbezug; d. h., es gibt einen Zeitpunkt, zu dem die Zielerreichung überprüft wird.

Zusammenhang zwischen Zielen und Funktionen

Um ein Ziel zu erreichen, sind i. d. R. Maßnahmen erforderlich; d. h., man muss tätig werden.

Tätigkeiten werden durch Funktionen ausgeführt, wie vorstehend bereits erörtert wurde.

Wenn man bei der Modellierung eines Informationssystems mit der Modellierung von Zielen beginnt, dann leitet sich die Modellierung der Funktionen teilweise unmittelbar aus der Zielhierarchie ab: Für jedes nichttriviale Ziel muss eine Funktion definiert werden, die zur Erreichung des Ziels führt und ggf. durch weitere Funktionen verfeinert wird.

Funktionen werden aus Zielen abgeleitet

Der Übergang vom Ziel zur Funktion wird erleichtert, wenn man sog. *Erfolgsfaktoren* definieren kann. Ein Erfolgsfaktor ist eine Voraussetzung oder Bedingung, welche die Erreichung eines Ziels (oder allgemeiner den Erfolg oder Misserfolg unternehmerischen Handelns) entscheidend mitbestimmt.

Erfolgsfaktoren

In Abbildung 6.4 sind zwei Erfolgsfaktoren notiert. „Kostentransparenz" ist erfolgskritisch dafür, dass sich Kosten senken lassen, und „24/7-Service" ist erfolgskritisch für einen besseren Kundenservice. Damit hat man schon zwei Ansatzpunkte, in welche Richtung Maßnahmen ergriffen (bzw. Funktionen spezifiziert) werden sollten.

Die Abbildung zeigt darüber hinaus an zwei Beispielen den Zusammenhang zwischen Zielen und Funktionen. Um das Ziel „Neue Märkte erschließen" zu erreichen, ist es erforderlich, die potenziellen Märkte zu untersuchen (Funktion), und zum „Kosten senken" (Ziel) fängt man zweckmäßigerweise mit „Kosten überwachen" (Funktion) an.

Ziele und Funktionen

Funktionen können also aus Zielen abgeleitet werden. Je breiter die Ziele formuliert sind, umso umfassender werden in vielen Fällen die Aufgaben der Funktion sein. Die Funktion muss dann, wie oben gezeigt, schrittweise in Teilfunktionen zerlegt werden. Dies wurde im Beispiel für die Funktion „Märkte untersuchen" vorgenommen. Auch die Funktion „Kosten überwachen" müsste weiter verfeinert werden, was in der Abbildung aus Platzgründen unterblieb.

Funktionen aus Zielen ableiten

6.1.2 Software-Modularisierung

Im *Software Engineering* war die funktionale Zerlegung eines Systems schon immer das dominierende Paradigma, wenn auch unter anderen

Software Engineering

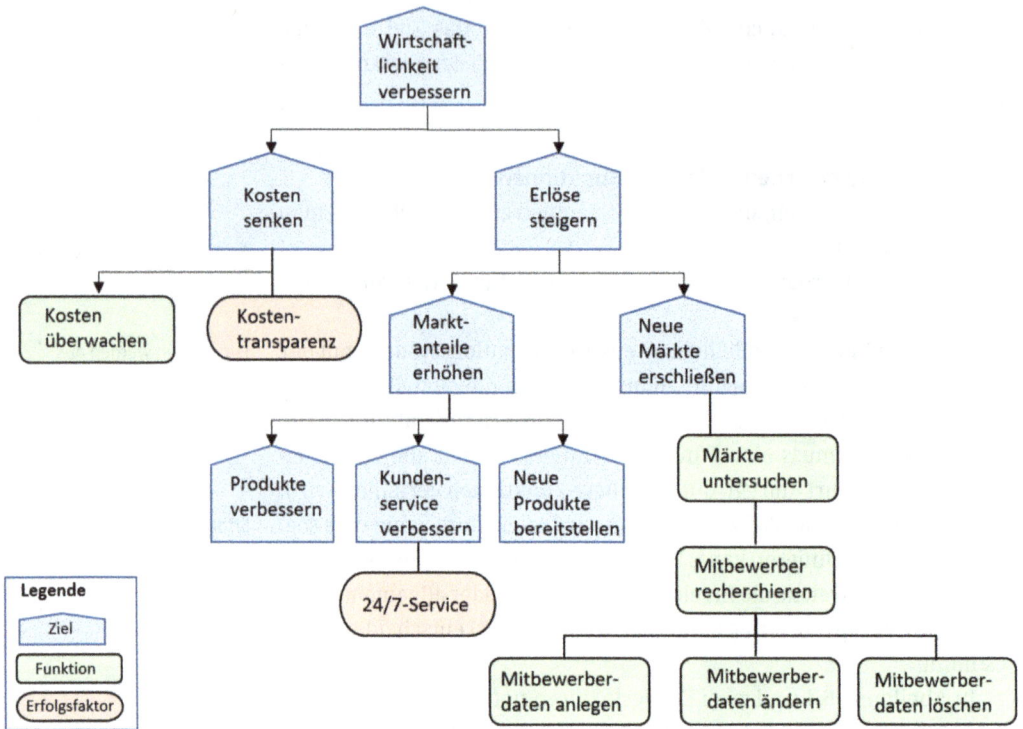

Abb. 6.4: Zielhierarchie mit Erfolgsfaktoren und Funktionen (Beispiel).

Bezeichnungen. In den Anfängen des Software Engineering war „Modularisierung" der vorherrschende Begriff.

Modularisierung   Offensichtlich sind Systeme, die aus mehreren kleineren Komponenten („Modulen") bestehen, leichter zu handhaben als große, monolithische Systeme. Voraussetzung ist allerdings, dass man die einzelnen Komponenten weitgehend für sich allein behandeln kann (d. h. entwickeln, testen, warten, ändern).

Die Informatikforschung beschäftigte sich intensiv damit, wie eine „gute" Systemstruktur erreicht werden kann. Ein wegweisender Artikel von David Parnas trug den Titel „ On the Criteria to be Used in Decomposing Systems into Modules" [Parnas 1972].

Schichtenarchitektur   Später trat die Auseinandersetzung mit Architekturprinzipien in den Vordergrund. Schichtenarchitekturen (wie Drei- oder Vier-Schichten-Architektur) sind letztlich ebenfalls Zerlegungen eines Softwaresystems oder einer Systemlandschaft nach funktionalen Kriterien, wenn auch auf einer gröberen Ebene.

Bei der Strukturplanung geht es darum, eine sinnvolle und zweckmäßige Struktur eines Softwaresystems zu definieren. Statt eines großen,

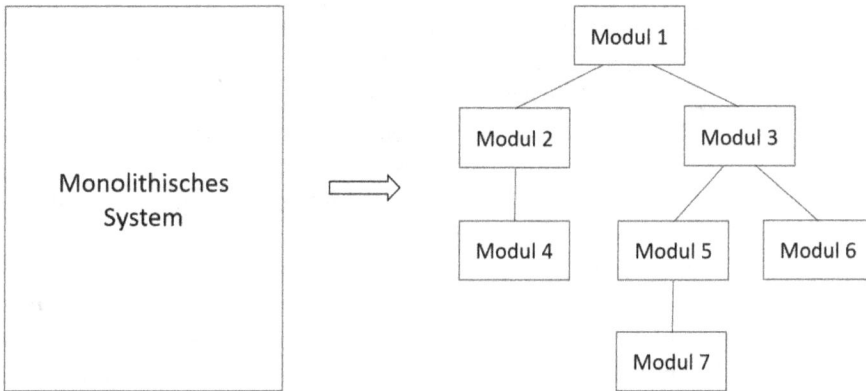

Abb. 6.5: Monolithisches vs. modulares System.

monolithischen Systems soll eine, gewissen Softwarequalitätsmerk-
malen genügende, Komponentenstruktur erzeugt werden (vgl. Abbildung 6.5).

 Der Grundgedanke, große Softwaresysteme in kleinere Einheiten zu Softwarekrise
zerlegen, bestimmte die Anfangszeit des Software Engineering. Mit zunehmender Leistungsfähigkeit der Hardware und schnell steigenden Anforderungen auf der Anwendungsseite waren Softwaresysteme immer
größer, komplexer und schlechter handhabbar geworden. Die Folge war,
dass die Wartbarkeit litt, die Fehleranfälligkeit wuchs und die Zuverläs-
sigkeit drastisch abnahm. Dieses Phänomen wurde in den sechziger und
siebziger Jahre des vorigen Jahrhunderts auch als „Softwarekrise" bezeichnet [Dijkstra 1972].

 Zur Bekämpfung der Softwarekrise wurde in der Informatik intensiv an Maßnahmen zum Gegensteuern geforscht. Der wichtigste Zweig
der Forschung beschäftigte sich damit, wie unhandliche, fehleranfällige
und wartungsfeindliche Riesensysteme vermieden und durch Systeme,
die aus kleineren, möglichst voneinander unabhängigen Komponenten
(Module) zusammengesetzt sind, ersetzt werden können.

 Drei wesentliche Erkenntnisse resultierten aus den Forschungsbe-
mühungen [Yourdon, Constantine 1979, S. 84 ff., Myers 1976, S. 92 ff.]:

1) Module sollten allenfalls lose gekoppelt sein.
2) Module sollten eine hohe innere Festigkeit aufweisen.
3) Die Beziehungen zwischen Modulen müssen klar benannt sein.

1) *Modulkopplung (Module Coupling)* bezieht sich auf die gegenseitige Modulkopplung
Abhängigkeit der Module, die stärker oder schwächer ausgeprägt sein
kann. Schwächen des Entwurfs, programmiertechnische Vorgehensweisen der Programmierer („Programmiertricks") und auch Unzulänglich-

keiten der verwendeten Programmiersprachen führen häufig zu einer engen Kopplung der Module. Das Ziel lautet indessen, dass Module eine möglichst *lose Kopplung* aufweisen sollten.

2) *Modulfestigkeit (Module Cohesion)* bezieht sich darauf, wie stark der „innere Zusammenhalt" eines Moduls ist. Je besser das Modul gerüstet ist, seine Aufgaben ohne Rückgriff auf andere Module zu erledigen, umso höher ist die Modulfestigkeit.

3) *Modulbeziehungen* können vielfältiger Art sein. Der bereits erwähnte David Parnas wies darauf hin, dass der Begriff „Struktur" eines Systems nur dann Aussagekraft hat, wenn die *Art der Beziehungen* zwischen den Modulen des Systems klar definiert ist [Parnas 1974, S. 336 ff.]. Oder anders ausgedrückt: Was bedeuten die Kanten im rechten Teil der Abbildung 6.5?

Es sind zahlreiche Arten von Beziehungen zwischen Modulen denkbar, zum Beispiel:
- Modul A enthält Modul B
- Modul A ruft Modul B auf
- Modul A verfeinert Modul B
- Modul A benutzt Modul B
- Modul A erweitert Modul B

Im Hinblick auf versteckte Abhängigkeiten, die nicht offenkundig sind oder vergessen werden könnten, schlug Parnas die *„Benutzt"-Beziehung (,,Uses" Relation)* vor [Parnas 1972, S. 1057]:

Ein Modul A benutzt ein Modul B, wenn die korrekte Ausführung von B Voraussetzung dafür sein kann, dass A korrekt funktioniert.

Das Ziel dieser Definition ist es, mögliche Abhängigkeiten zwischen Modulen zu identifizieren. Es wird nicht nur der „Normalfall" erfasst (Modul A ruft bei der Ausführung stets oder manchmal eine Funktion von B auf), sondern auch mögliche Sonderfälle. Als Beispiel sei eine Fehlerbehandlungsfunktion genannt, die im Normalablauf nie angesteuert wird. Nur in dem Fall, dass A auf einen bestimmten Fehler läuft, wird die Fehlerbehandlung in Modul C angestoßen. Nach der Definition von Parnas „benutzt" Modul A dann Modul C, denn A muss immer funktionieren, nicht nur dann, wenn der Fehler in A nicht auftritt.

Zur Verringerung der Modulkopplung formulierte Parnas zwei grundlegende Prinzipien für die Softwareentwicklung, die über Softwaretechnologien hinweg bis heute Gültigkeit besitzen: Information Hiding und Kapselung.

Information Hiding (im Deutschen manchmal mit Geheimnisprinzip übersetzt, gebräuchlicher ist aber der englische Begriff) bezog sich ursprünglich auf den Entwicklungsprozess bzw. die Softwareentwickler. Information Hiding besagt, dass ein Programmierer so wenig Informationen wie möglich über das Innere seines Moduls nach außen bekannt machen soll [Parnas 1972, S. 1056].

Parnas argumentierte aus praktischer Erfahrung: Hat ein Programmierer Kenntnis davon, wie ein Kollege sein Modul implementiert, dann besteht die Gefahr, dass er auf die eine oder andere Weise, explizit oder implizit, von diesem Wissen Gebrauch macht, wenn er sein eigenes Modul entwickelt. Damit erhöht er die Kopplung der Module.

Heute spricht man etwas abstrakter davon, dass ein Modul seine Interna verbergen und nur die für andere Module absolut notwendigen Informationen über wohldefinierte Schnittstellen weitergeben sollte. Dies wird auch als *Kapselung* bezeichnet. Module sollten also gekapselt und mit möglichst „schmalen" Schnittstellen versehen werden. | Kapselung

Kapselung und Information Hiding stellen auch die Säulen der *objektorientierten Softwareentwicklung* dar. Während in der „Vorzeit" die Entwickler selbst auf die Einhaltung der beiden Prinzipien achten mussten, werden sie heute von der objektorientierten Softwaretechnologie und Programmiersprachen wie Java oder C# weitgehend automatisch unterstützt. Bei dieser Technologie agieren programmtechnisch Objekte, welche von vornherein gekapselt sind, und mit anderen Objekten über deren Schnittstellen kommunizieren. | Objektorientierte Welt

Während die Benutzt-Beziehung von Parnas allgemeingültige Forderungen an die Systemstrukturierung zum Ausdruck bringt, sind in der objektorientierten Welt weitere Beziehungsarten relevant. | Weitere Beziehungsarten

- *Aggregation* drückt „Besteht aus"-Beziehungen aus: Ein „Ganzes" (d. h. das Gesamtsystem oder ein Teilsystem) besteht aus „Teilen"; oder anders formuliert, für das „Ganze" werden Teillösungen aus anderen Systembestandteilen benutzt. Diese Bestandteile können einzelne Komponenten (Module) und/oder Schichten sein, die selbst wieder in Komponenten strukturiert sind. | Aggregation

- *Schichtung* bedeutet, dass ein System mehrere Schichten (Layers) aufweist und die einzelnen Komponenten des Systems den Schichten zugeordnet werden. Abbildung 6.6 skizziert den Zusammenhang zwischen Komponenten und Schichten an einem schematischen Beispiel. | Schichtung

Die Schichten werden nach Kriterien wie z. B. Zuständigkeit für bestimmte Aufgabenarten gebildet. Bei einer klassischen Drei-Schichten-Architektur sind die Schichten etwa die

- Präsentationsschicht, die für die Benutzeroberfläche bzw. -schnittstelle zuständig ist,

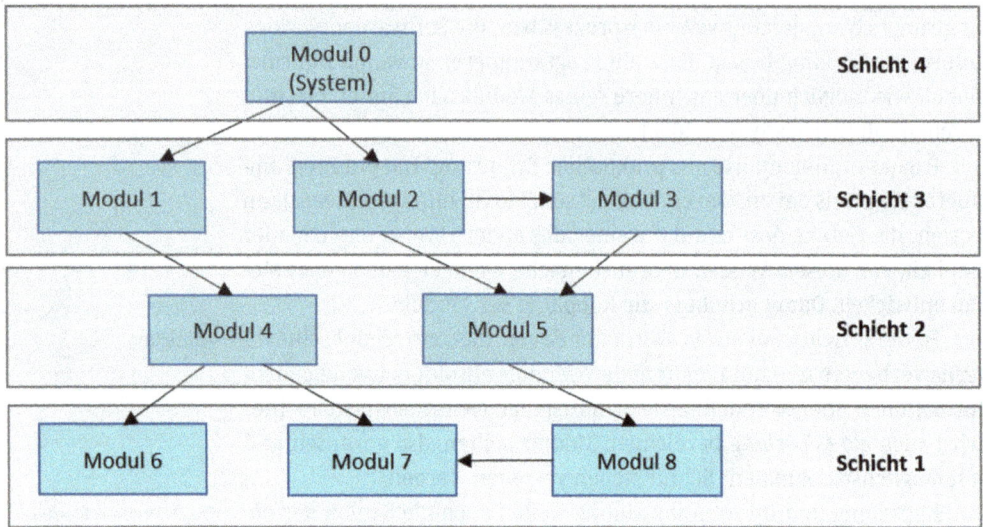

Abb. 6.6: Aggregation mit Schichten und Einzelkomponenten.

- Anwendungsschicht (auch Logikschicht genannt), welche die fachlichen Aufgaben löst, z. B. Materialplanung,
- Datenhaltungsschicht, welche die Daten des Systems verwaltet und die Datenbankzugriffe realisiert.

Da die Aufgaben einer Schicht durchaus sehr umfangreich sein können, werden sie im Einzelnen in mehreren oder auch sehr vielen Modulen gelöst, gegebenenfalls auch mithilfe einer Zerlegung in weitere Schichten.

Generalisierung/Spezia-lisierung

- *Generalisierung/Spezialisierung* steht für Beziehungstypen, mit denen die Beziehungen zwischen allgemeinen Sachverhalten und Spezialisierungen modelliert werden. Dieses Konzept wurde in den früheren Kapiteln bereits mehrfach verwendet.

Generalisierung/Spezialisierung trifft man nicht nur bei Entitytypen, Use Cases oder Datenklassen an, sondern auch bei den Klassen eines objektorientierten Softwaresystems, welche das *Verhalten* implementieren (d. h. Programmabläufe).

Die generelle Klasse kann einige Methoden enthalten, welche an die spezielleren Klassen „vererbt" und dort eventuell um weitere Methoden ergänzt werden. Dafür gibt es verschiedene softwaretechnische Konstrukte, die hier nicht im Einzelnen erläutert werden können (Vererbung, abstrakte Klassen, Generizität, Instanziierung u. a.).

Vererbung

- *Vererbung* ist ein Beziehungstyp, bei dem eine Klasse Eigenschaften und Methoden von einer anderen Klasse erbt. Dies bedeutet, dass die geerbten Eigenschaften und Methoden in der Klasse einfach verfügbar sind und dort nicht noch einmal spezifiziert und implementiert zu werden brauchen.

Generalisierung/Spezialisierung steht mit der Vererbung in enger Beziehung, da mit deren Hilfe die Spezialisierungen erzeugt werden. Umgekehrt ist anzumerken, dass Vererbung ein allgemeineres Konzept darstellt, das nicht nur bei Generalisierungs-/Spezialisierungsbeziehungen, sondern auch als Beziehung zwischen beliebigen anderen Arten von Klassen zur Anwendung kommt.

Objektorientierte Softwaresysteme bestehen teilweise aus vielstufigen *Vererbungshierarchien*. Bei in der Programmiersprache Java implementierten Softwaresystemen ist dies die Regel. Die Sprache selbst ist in der Weise aufgebaut, dass ihre Bestandteile mithilfe von jeweils ererbten Eigenschaften, Methoden und definierten Ausnahmen („Exceptions") spezifiziert sind. *(Vererbungshierarchien)*

Als Beispiel sei die Klasse *„NumberFormatException"* betrachtet. Diese Ausnahmesituation muss in einem Java-Programm behandelt werden, wenn das Format einer Zahl nicht den Regeln entspricht (z. B. Nachkommastellen bei einer Zahl, die als ganzzahlig definiert wurde). Sonst würde das Programm möglicherweise unkontrolliert abstürzen. *(Beispiel „NumberFormatException")*

Die Vererbungshierarchie besagt, dass die Exception „NumberFormatException" von der Klasse „IllegalArgumentException" abgeleitet ist (d. h. deren Merkmale erbt):

```
java.lang.Object
  ∟ java.lang.Throwable
      ∟ java.lang.Exception
          ∟ java.lang.RuntimeException
              ∟ java.lang.IllegalArgumentException
                  ∟ java.lang.NumberFormatException
```

„IllegalArgumentException" erbt von „RuntimeException" und diese wiederum von der allgemeineren Klasse „Exception". Die Klasse „Exception" erbt von der Klasse „Object" (über „Throwable", eine spezielle Ausprägung von „Object"). Diese ist der Wurzelknoten der gesamten Sprachspezifikation. Sie beinhaltet allgemeine Merkmale aller Bestandteile der Sprache und steht in jeder Vererbungshierarchie ganz oben.

Auch die Klasse *„ArrayIndexOutOfBoundsException"* erbt von „RuntimeException" und mittelbar von den darüber liegenden Klassen. Sie behandelt Fehler, die jeder Programmieranfänger gut kennt: Der Index eines Arrays ist über die obere oder untere Arraygrenze hinausgelaufen. *(Beispiel „ArrayIndexOutOfBoundsException")*

java.lang.Object
     └ java.lang.Throwable
         └ java.lang.Exception
             └ java.lang.RuntimeException
                  └ java.lang.IndexOutOfBoundsException
                      └ java.lang.ArrayIndexOutOfBoundsException

Die beiden Vererbungshierarchien sind in Abbildung 6.7 skizziert. Bis zur Ebene „RuntimeException" sind sie oben identisch. Die jeweils von den drei Pünktchen kommenden Pfeile deuten an, dass noch weitere Vererbungspfade existieren. Zum Beispiel gibt es noch sehr viel mehr Runtime Exceptions als nur „IllegalArgumentException" und „IndexOutOfBoundsException".

Eine Anmerkung zur Notation: „java.lang" ist der Name des Pakets, in dem die grundlegenden Klassen der Programmiersprache Java definiert sind. Hinter dem Punkt von „java.lang" steht dann jeweils der Name der Klasse (z. B. „Object").

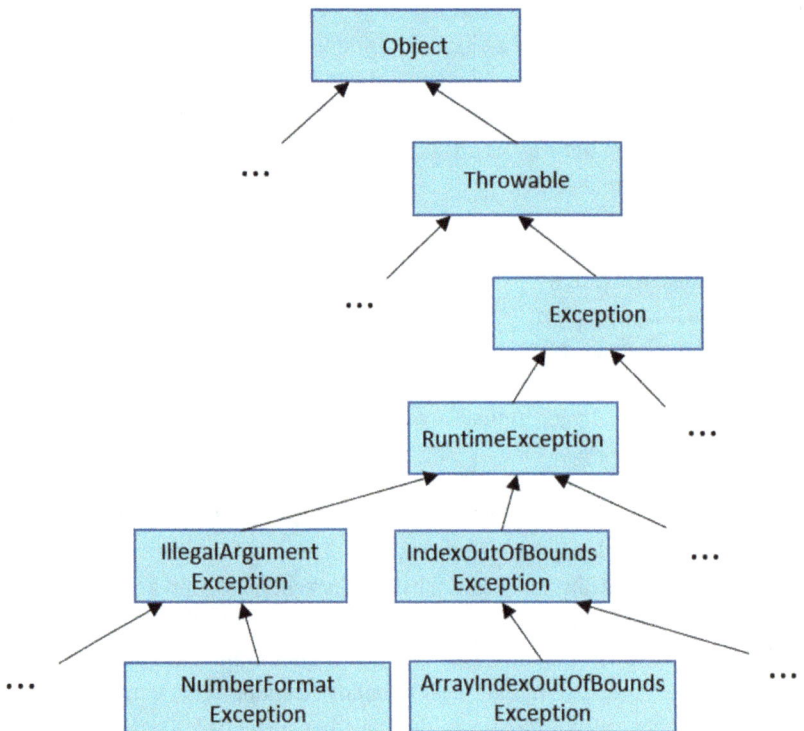

Abb. 6.7: Vererbungshierarchien zu den Klassen „NumberFormatException" und „ArrayIndexOutOfBoundsException".

6.2 Zusammenhänge zwischen Geschäftsprozess- und Funktionsmodellierung

Wenn man sowohl Geschäftsprozesse als auch Funktionen modelliert, stellt sich natürlich die Frage, wie die beiden Konzepte zusammenpassen und womit man ggf. beginnt. Geschäftsprozesse bilden dynamische Abläufe ab, während Funktionshierarchien statische Systemstrukturen beschreiben.

Steht wie häufig die Geschäftsprozessmodellierung am Anfang, dann ist die Frage zu beantworten, wie die Geschäftsprozessschritte in Funktionen eines Softwaresystems überführt werden können. Beginnt man umgekehrt mit der Funktionsmodellierung, dann stellt sich die Frage, wie auf der Basis der modellierten Funktionen der Ablauf eines Geschäftsprozesses bzw. der Geschäftsprozessschritte gesteuert werden kann.

Beide Wege sind möglich. In jedem Fall muss die Geschäftsprozessmodellierung soweit verfeinert werden, dass die Detailschritte des Geschäftsprozessmodells den elementaren Funktionen des Funktionsmodells entsprechen. Das heißt, der Geschäftsprozess legt fest, in welcher Reihenfolge und unter welchen Bedingungen die Elementarfunktionen ausgeführt werden.

Einstieg Geschäftsprozess- oder Funktionsmodellierung?

6.2.1 Ausgangspunkt Funktionsmodell

Ein sehr anschauliches Beispiel hat Key Pousttchi am Fall eines Geschäftsprozesses am Flughafen Frankfurt in einer Serie von Videos vorgestellt [Pousttchi 2013]. In dem Prozess geht es um das Einchecken eines Passagiers am Schalter und die Abfertigung seines Gepäcks bis zum Verladen im Flugzeug.

Beispiel: Flughafen Frankfurt [Pousttchi 2013]

In dem Fallbeispiel heißt der Prozess „Outbound Flight". Modelliert werden nachfolgend zuerst die *Funktionen*. Die Hauptfunktionsbereiche sind „Passagier einchecken", „Gepäck annehmen" und „Gepäck verladen". Diese werden jeweils in Unterfunktionen zerlegt (vgl. auch Abbildung 6.8), und zwar:

Funktionsmodell

- *Passagier einchecken* in: „Ausweis kontrollieren", „Flugticket kontrollieren" und „Bordkarte ausstellen"
- *Gepäck annehmen* in: „Gepäck wiegen", „Gebühr erheben" (bei Übergewicht), „Gepäck registrieren" und „Gepäck in Behälter legen"
- *Gepäck verladen* in: „Sicherheitskontrolle durchführen", „Abflugzeit erfassen", „Gepäck einlagern", „Gepäck in Container laden" und „Container transportieren"

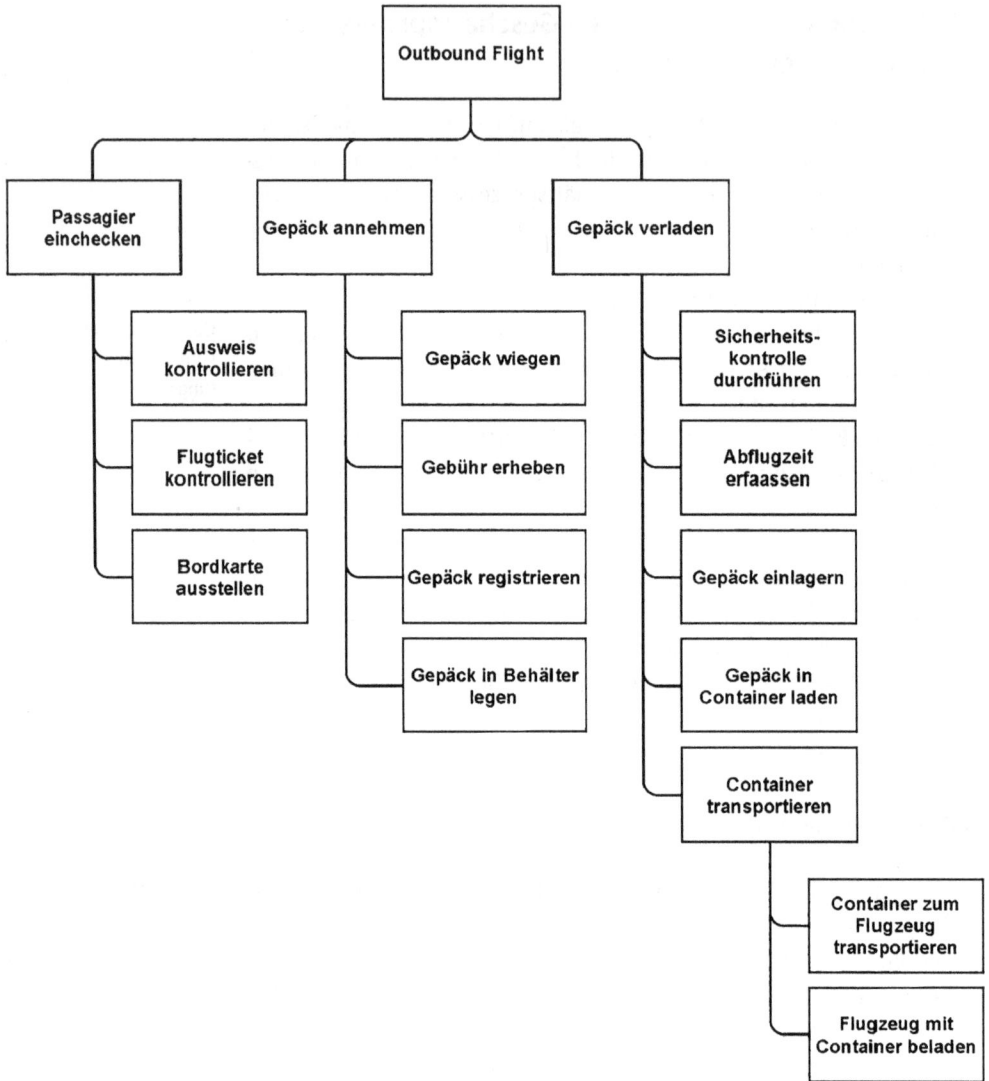

Abb. 6.8: Funktionsmodell „Outbound Flight" [Pousttchi 2013] (mit ARIS Express [ARIS 2023] erstellt).

Die meisten dieser Unterfunktionen sind Elementarfunktionen. Nur „Container transportieren" ist ein Funktionsbereich, der weiter verfeinert wird:

- *Container transportieren* in: „Container zum Flugzeug transportieren" und „Flugzeug mit Container beladen"

Das *Geschäftsprozessmodell* kann nun unter Rückgriff auf die Elementarfunktionen des Funktionsmodells aufgestellt werden. Anders als im Funktionsmodell werden die Funktionen nicht einfach nur aufgelistet, sondern in einer Ablaufreihenfolge angeordnet. Dies erfolgt mithilfe einer Ereignisgesteuerten Prozesskette, bei der logische Bedingungen zu unterschiedlichen Abläufen führen können.

Geschäftsprozessmodell

Der Geschäftsprozess „Outbound Flight" beginnt mit dem Ereignis, dass ein „Passagier zum Check-in am Schalter" erscheint. Daraufhin müssen zwei Aktivitäten erfolgen, sowohl „Flugticket kontrollieren" als auch die Identität des Passagiers überprüfen („Ausweis kontrollieren").

Wenn die „Kontrolle erfolgreich" verlief, kann die Aktivität „Bordkarte ausstellen" erfolgen. Diese führt zu dem Zustand, dass der „Passagier eingecheckt" und der Teilprozess beendet ist. War die „Kontrolle nicht erfolgreich", endet der Teilprozess damit, dass ein anderer Prozess angestoßen wird (Prozesswegweiser „Abwicklung Dokumentenservice"). Die Exklusives-Oder-Verknüpfung wird von dem benutzten Werkzeug (bflow Toolbox [https://www.bflow.org]) in Form eines kleinen Kreises mit innenliegendem Kreuz dargestellt.

Teilprozess „Passagier einchecken"

Abbildung 6.9 zeigt den Teilprozess „Passagier einchecken". Da dieser später in den Prozess „Outbound Flight" integriert werden soll, muss er am Anfang und am Ende mit jeweils einem Prozesswegweiser versehen werden. Im Prozess „Outbound Flight" (Abbildung 6.10) wird dann das EPK-Konstrukt „Verfeinerung" benutzt, um den Teilprozess „Passagier einchecken" anzusteuern (ausgefüllter Punkt an der oberen Kante des Rechtecks).

Konstrukt „Verfeinerung"

Die weiteren Schritte des Prozesses „Outbound Flight", der in Abbildung 6.10 dargestellt ist, sind weitgehend selbsterklärend. Wenn beim Wiegen des Gepäcks das Gewichtslimit überschritten wird, muss der Passagier nachzahlen. Anschließend wird das Gepäck registriert, vom Transportband in einen Behälter gelegt, und es durchläuft eine Sicherheitskontrolle. Diese findet in einem weiteren, ausgelagerten Teilprozess statt, auf dessen Beschreibung hier verzichtet wird.

In Abhängigkeit von der Abflugzeit wird der Flugsteig und damit die Entnahmestelle für das Gepäck schon bekannt sein oder nicht. Im letzteren Fall wird das Gepäck in einem Frühgepäckspeicher solange zwischengelagert, bis die Entnahmestelle feststeht. Das Gepäck wird in einen Container geladen, und der Container wird zum Flugzeug transportiert und eingeladen.

Endereignis des Prozesses: „Container ist ins Flugzeug geladen"

Der Ablauf um das Beladen und Transportieren der Container herum ist in Abbildung 6.10 etwas verkürzt dargestellt. Der Containertrans-

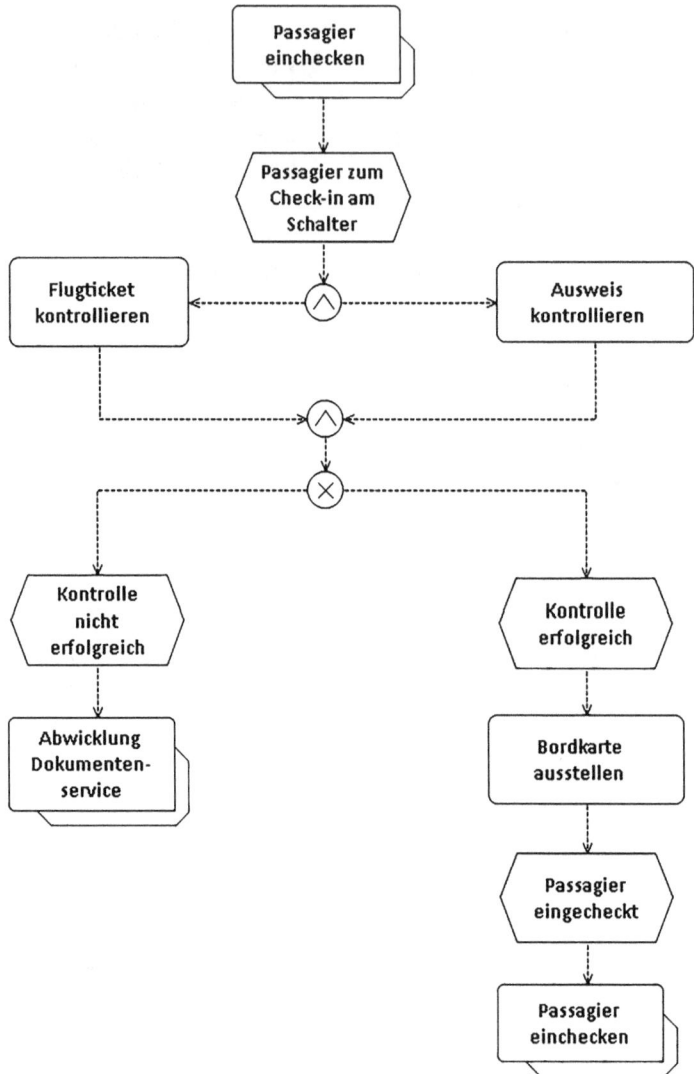

Abb. 6.9: Teilprozess „Passagier einchecken" [Pousttchi 2013] (mit bflow Toolbox erstellt [https://www.bflow.org]).

port hängt in der praktischen Anwendung nicht nur von dem einen modellierten Gepäckstück ab, sondern zum Beispiel auch von Gepäckstücken anderer Passagiere, vom Ladezustand („voll", „halbleer") und von der Information, ob noch weitere Gepäckstücke zu erwarten sind.

Der beispielhafte Prozess „Outbound Flight" verdeutlicht die Zusammenhänge zwischen den Prozessschritten des Geschäftsprozessmodells und den Funktionen des Funktionsmodells sehr anschaulich.

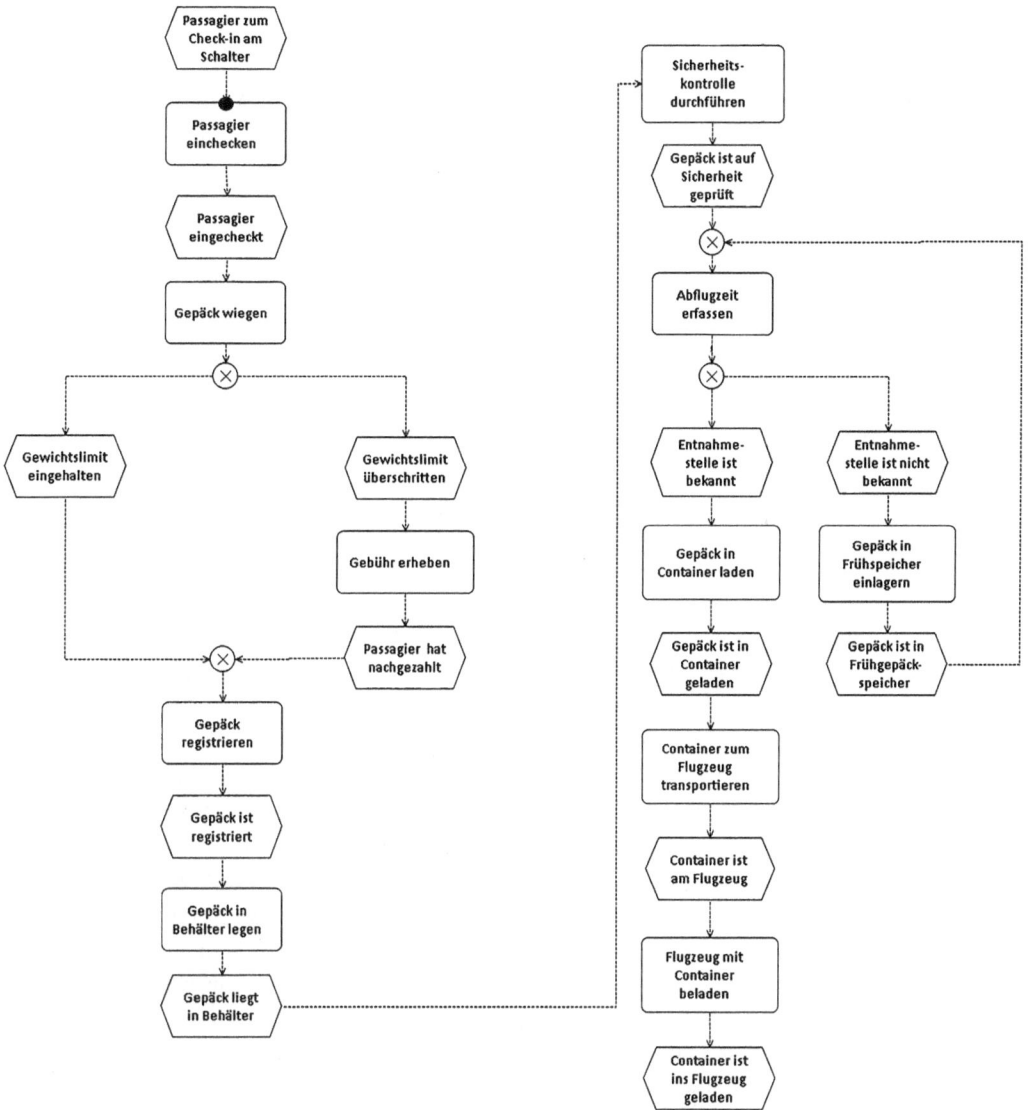

Abb. 6.10: Geschäftsprozess „Outbound Flight" [Pousttchi 2013] (mit bflow Toolbox erstellt [https://www.bflow.org]).

Die Korrespondenz zwischen Prozessschritten und Funktionen ist nicht zuletzt deshalb direkt erkennbar, weil die Elementarfunktionen des Funktionsmodells und die Prozessschritte des Geschäftsprozessmodells auf der gleichen Abstraktionsebene liegen. Da die Elementarfunktionen schon bekannt waren, mussten sie im Prozessmodell nur noch in eine logische Reihenfolge gebracht werden.

Korrespondenz Prozessschritte und Funktionen

6.2.2 Ausgangspunkt Geschäftsprozessmodell

Start Geschäftsprozess-modellierung

Wenn man, wie es sehr häufig der Fall ist, beim Modellieren mit den *Geschäftsprozessen* beginnt, dann ist der Übergang zum Funktionsmodell, das als Grundlage für den Softwareentwurf benötigt wird, nicht eindeutig vorgezeichnet. Wie die ablauforientierte Prozessstruktur in eine statische Modulstruktur gebracht wird, bleibt weitgehend der Kreativität der Softwareentwickler oder -architekten überlassen. Methodische Ansätze hierzu werden nachfolgend kurz skizziert.

Exkurs: „Vom Geschäftsprozess zum Anwendungssystem"

Offene Fragen

Wie gelangt man vom Geschäftsprozessmodell zum Funktionsmodell? Kann man die Prozessschritte als Module übernehmen? Oder soll man sie erst in Workflows verfeinern und dann deren Einzelschritte als Elementarfunktionen abbilden? Oder soll man das Prozessmodell ignorieren und die Use Cases als Ausgangspunkt für die Entwicklung einer Systemstruktur zugrunde legen? Oder ...?

„ARIS – Vom Geschäftsprozess zum Anwendungssystem"

Ein Buch des Vaters von ARIS, August-Wilhelm Scheer, trägt den Untertitel: „Vom Geschäftsprozess zum Anwendungssystem" [Scheer 1998]. Die Erwartung, darin eine operationale Antwort auf die Eingangsfrage zu finden, wird allerdings enttäuscht. Das Buch hilft nicht mit einer direkt umsetzbaren Methodik weiter, sondern erläutert die Struktur des ARIS-Hauses auf einer sehr allgemeinen Ebene. Insbesondere wird auf die Zweckmäßigkeit einer Zerlegung in die ARIS-Sichten und Beschreibungsebenen eingegangen. Diese steht zwar außer Frage, ist aber weit von einer operativen Anleitung zur Vorgehensweise entfernt.

Ausgangspunkt UML-Diagramme

Auch in der UML-Welt wird die Frage, wie man vom Geschäftsprozessmodell zum Funktionsmodell gelangt, nicht direkt thematisiert. Geschäftsprozesse werden in UML nicht in einem speziellen Diagrammtyp, sondern mittels der allgemein verfügbaren Verhaltensdiagramme modelliert, insbesondere mithilfe von Aktivitäts- und Sequenzdiagrammen. Wie die operative Überführung des Geschäftsprozesses in ein Funktionsmodell (bzw. eine Systemstruktur) aussieht, bleibt jedoch offen.

Klassenmodell

Eine Antwort führt eher über das *Klassenmodell*. Dieses zentrale Konstrukt von UML beschreibt ohnehin eine statische Struktur. Insofern ist die Systemstruktur im Sinne eines Funktionsmodells durch das Klassenmodell bereits vorgezeichnet. Die Problematik verlagert sich somit auf die Frage, wie man die Klassen des Klassenmodells findet. In Abschnitt 5.1.3 wurde dies kurz unter dem Stichwort „konzeptuelle Klassen" angesprochen.

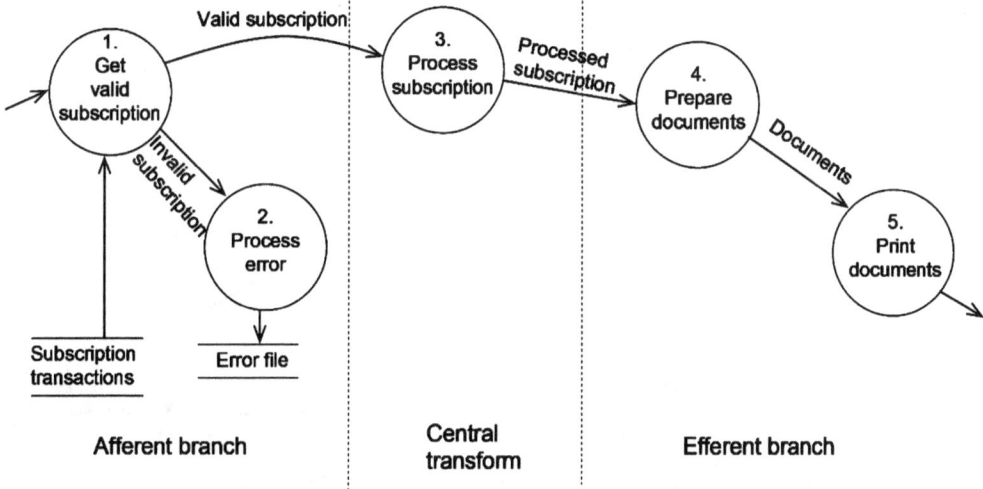

Abb. 6.11: Datenflussdiagramm für den Geschäftsprozess „Zeitungsabonnements"
[Kurbel 2008, S. 335].

Als historische Anmerkung seien die Modellierungsansätze *Struc-*   Structured Analysis (SA)
tured Analysis (SA) von Tom DeMarco [DeMarco 1978] und Varianten
davon erwähnt. Letztere wurden von anderen bekannten Autoren entwickelt und ebenfalls erfolgreich vermarktet. SA und seine Varianten
dienen zur Modellierung betrieblicher Informationssysteme, wobei den
Ausgangspunkt sog. Datenflussdiagramme bilden.

Ein *Datenflussdiagramm* (Data Flow Diagram – DFD) beschreibt den   Datenflussdiagramm
Ablauf eines Geschäftsprozesses mithilfe der Datenflüsse zwischen den
Prozessschritten (oder Teilprozessschritten). Zentrale Elemente der grafischen Modellierung sind Kreise oder Ovale (Prozessschritte), Pfeile (Datenflüsse) und Balken (Datenspeicher, z. B. Dateien, Datenbanken). Abbildung 6.11 zeigt dies am Beispiel eines Prozesses, der die Verarbeitung von
Zeitungsabonnements beschreibt [Kurbel 2008, S. 335 ff.].

Datenflussdiagramme werden über mehrere Ebenen hinweg verfeinert. Das auf alleroberster Ebene (Level 0) erstellte Kontextdiagramm
wird auf der Ebene 1 (Level 1) in ein DFD wie in Abbildung 6.11 überführt. Auf den nächsten Ebenen werden die Prozessschritte des Ebene-1-
Diagramms weiter zerlegt etc.

Abbildung 6.12 als Beispiel zeigt die Verfeinerung des Schritts „Process subscription" (Abonnement verarbeiten). „Subscribers" ist ein Datenspeicher. Er steht nur deshalb drei Mal in dem Diagramm, damit sich
kreuzende Linien vermieden werden.

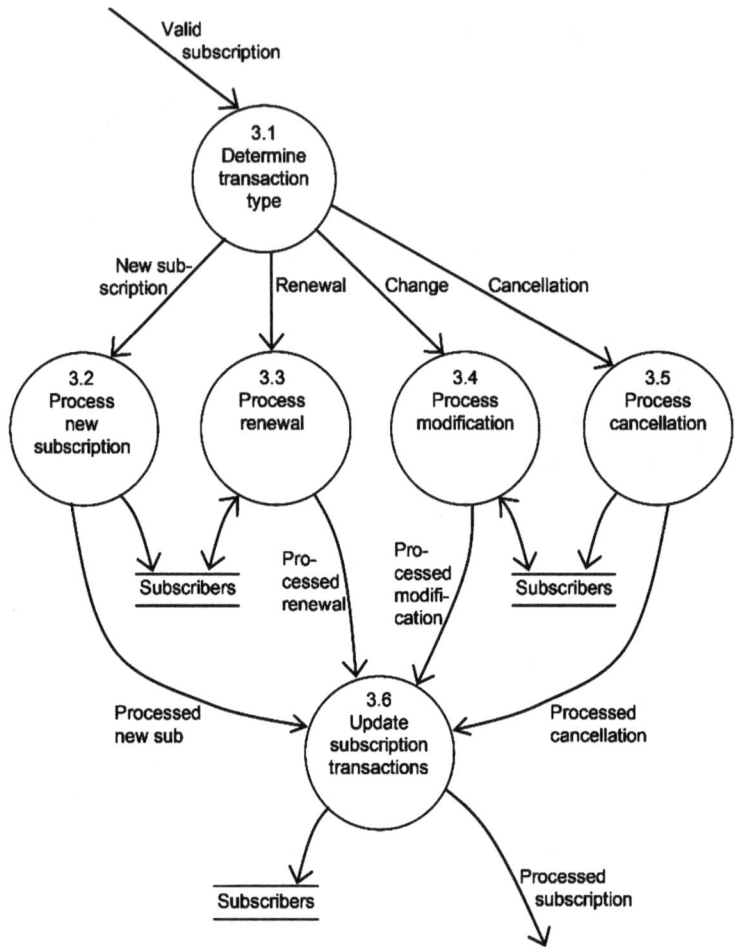

Abb. 6.12: DFD zur Verfeinerung des Prozessschritts „Process subscription" (Abonnement verarbeiten) [Kurbel 2008, S. 337].

Structured Design/Composite Design (SD/CD)

Mit *Structured Design/Composite Design* (besser unter der Abkürzung *SD/CD* bekannt) entwickelten Larry Constantine und Edward Yourdon eine Methodik, die tatsächlich zu einer statischen Struktur des Softwaresystems führt [Yourdon, Constantine 1979]. Aufbauend auf Datenflussdiagrammen wurden zwei Ansätze vorgeschlagen: Transformationsanalyse (Transform Analysis) und Transaktionsanalyse (Transaction Analysis).

Transformationsanalyse

Bei der *Transformationsanalyse* ist das EVA-Prinzip („Eingabe – Verarbeitung – Ausgabe") die Leitlinie. Das Ebene-1-Diagramm wird daraufhin untersucht, welche Prozessschritte die

- Entgegennahme und Aufbereitung der Eingabedaten („Afferent Branch")
- Transformation, d. h. die eigentliche Verarbeitungslogik („Central Transform")
- Aufbereitung und Ausgabe der Ergebnisdaten („Efferent Branch")

beinhalten. Das Ergebnis ist in Abbildung 6.11 an der Beschriftung unten zu sehen.

Die Struktur des Softwaresystems, dargestellt in einem *Struktur-diagramm (Structure Chart)*, ergibt sich dann auf der obersten Ebene schematisch als Dreiteilung. Abbildung 6.13 veranschaulicht dies am Beispiel des Zeitungsabonnementsystems. „Subscription system" ist hier das Transformationsmodul (Central Transform).

Strukturdiagramm
(Structure Chart)

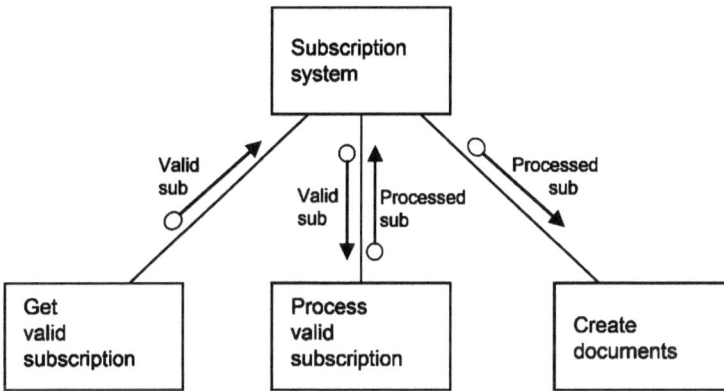

Abb. 6.13: Strukturdiagramm [Kurbel 2008, S. 336].

Die Pfeile deuten die Richtung der Datenflüsse an. Zum Beispiel geht ein gültiges Abonnement („Valid sub") als Input an das Modul „Process valid subscription". Das verarbeitete Abonnement („Processed sub") ist Output des Moduls.

Das Strukturdiagramm wird verfeinert, indem die drei Kernmodule top-down in weitere Module zerlegt werden etc. Dieser Vorgang heißt *Factoring*. Es handelt sich dabei um die übliche Vorgehensweise zur funktionalen Zerlegung von Modulen.

Factoring

Als Transaktion wird bei SD/CD eine Aktion bezeichnet, die durch einen Datenwert ausgelöst wird (z. B. durch eine Benutzereingabe). Bei der *Transaktionsanalyse* wird ein Modul konstruiert, welches eine von mehreren Verarbeitungsarten auswählt und anstößt. Dieses Modul heißt

Transaktionsanalyse

Transaktionszentrum (Transaction Center); die ausgewählte Verarbeitungsform wird in einem der *Transaktionsmodule* (Transaction Modules) umgesetzt.

Tranksaktionszentrum Abbildung 6.14 zeigt ein *Tranksaktionszentrum*. Im Strukturdiagramm wird es durch eine ausgefüllte Raute gekennzeichnet. Das Modul heißt „Process transaction" (Transaktion verarbeiten); es stellt eine Verfeinerung des Moduls „Process valid transaction" aus Abbildung 6.13 dar, wie man auch in Abbildung 6.15 sieht. In dem Transaktionszentrum wird eines der Module für die sich gegenseitig ausschließenden Transaktionsarten neues Abonnement, Abonnementerneuerung, -änderung oder -stornierung aufgerufen.

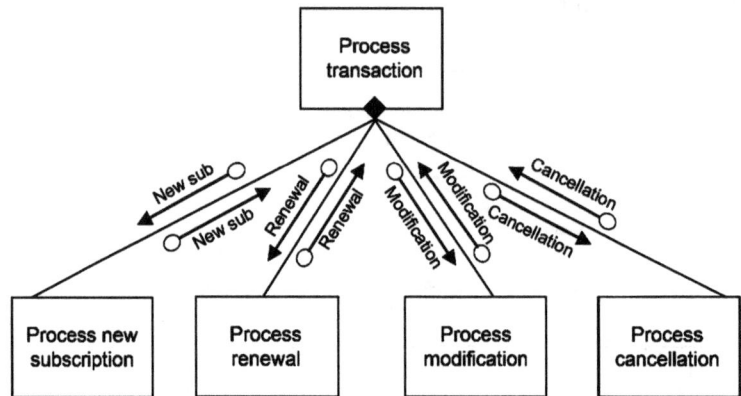

Abb. 6.14: Beispiel eines Transaktionszentrums [Kurbel 2008, S. 338].

Sowohl
Transformations- als
auch
Transaktionsanalyse

Bei der Modellierung eines betrieblichen Informationssystems werden meist beide Ansätze verfolgt, sowohl Transformations- als auch Transaktionsanalyse. Die Grobstruktur des Systems ergibt sich als Strukturdiagramm aus der Transformationsanalyse, und unter den Verfeinerungen trifft man dann auch ein oder mehrere Transaktionszentren an.

Abbildung 6.15 zeigt das Strukturdiagramm für das Zeitungsabonnementsystem, über mehrere Ebenen verfeinert. Eine der Verfeinerungen ist das Modul „Process transaction" (in der Mitte des Bilds), welches das Transaktionszentrum aus Abbildung 6.14 beinhaltet.

Abschließend sei angemerkt, dass hier nur die grundsätzliche Vorgehensweise beim Structured Design/Composite Design skizziert wurde. Das Verfahren ist in der praktischen Anwendung wesentlich detaillierter. Beispielsweise können mehrere Transformationsmodule existieren, und die Verfeinerungen können durch Konstrukte zur Ablaufsteuerung

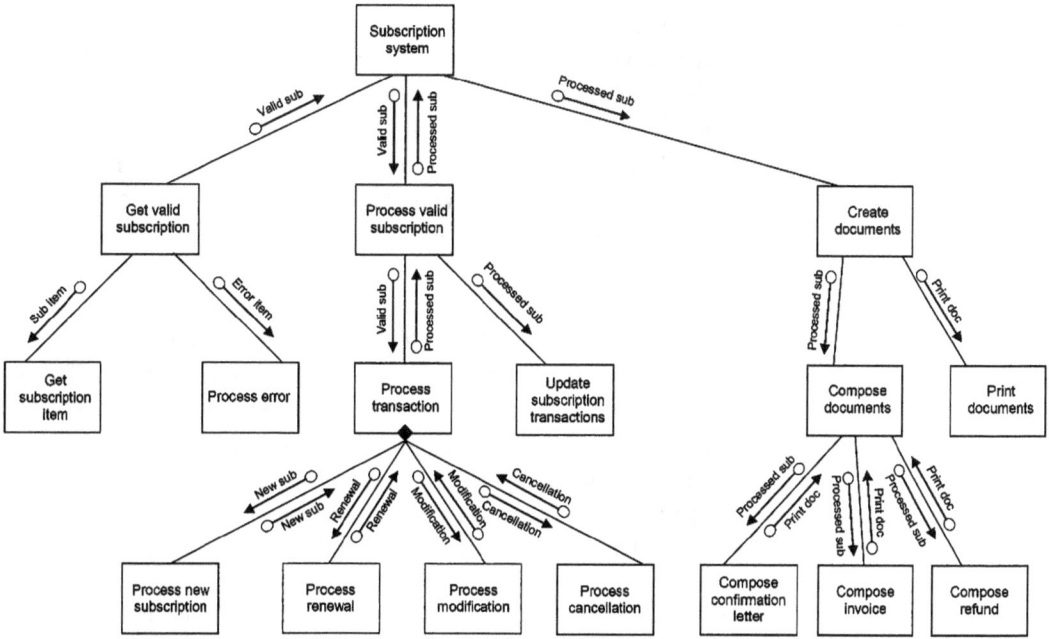

Abb. 6.15: Verfeinertes Strukturdiagramm für das Zeitungsabonnementsystem [Kurbel 2008, S. 339].

präzisiert werden (z. B. wiederholte oder bedingte Ausführung eines Moduls). Des Weiteren wird der Entwurf auf Basis der Kriterien für Modulkopplung und Modulfestigkeit (vgl. Abschnitt 6.1.2) überprüft und ggf. überarbeitet.

SD/CD wurde hier skizziert, weil dieser Ansatz im Gegensatz zu den heute verbreiteten tatsächlich eine *Methodik* bot, aus einem Prozessmodell eine statische Softwaresystemstruktur (d. h. ein Funktionsmodell) abzuleiten. Seine Anwendung ist aber auf „klassische Datenverarbeitung" nach dem EVA-Prinzip beschränkt. Mit dem Aufkommen der Objektorientierung ging die Verbreitung von SD/CD zurück. Heute wird SD/CD in der ursprünglichen Form nicht mehr praktiziert.

SD/CD: Vom Prozessmodell zum Funktionsmodell!

6.3 Projektstrukturplanung

Funktionshierarchien werden nicht nur für die Strukturierung eines Informationssystems, sondern auch für die Strukturierung des *Entwicklungsprozesses* verwendet. Im Entwicklungsprozess fallen zahlreiche Aufgaben und Unteraufgaben an, die unterschiedlichen Bereichen zuzurechnen sind.

Strukturierung des Entwicklungsprozesses

Entwicklungsvorhaben
als „Projekte"

Entwicklungsvorhaben werden in der Regel in Form von *Projekten* durchgeführt. Diese Feststellung gilt für jedes nichttriviale Entwicklungsvorhaben, nicht nur für die Informationssystementwicklung, die in diesem Buch im Vordergrund steht. Auch Vorhaben anderer Art werden als Projekte realisiert, z. B. der Bau einer Brücke, die Einführung eines Autobahn-Mautsystems oder die Planung einer Werbekampagne. Je nach Verfeinerungsgrad können bei der Planung eines Projekts Hunderte oder Tausende von Aufgaben bzw. Unteraufgaben zu berücksichtigen sein.

Projektmanagement

Modelle, Methoden und Vorgehensweisen für die Planung, Durchführung und Kontrolle von Projekten werden in dem Fachgebiet *Projektmanagement* zusammengefasst. Zur Unterstützung der vielfältigen Aufgabenbereiche des Projektmanagements existiert eine größere Zahl von Softwarewerkzeugen (sog. Projektmanagementsysteme).

Bevor es überhaupt zu einem Projekt kommt, sind verschiedene Teilaufgaben zu bewältigen. Ein verkürzter, idealtypischer Ablauf der Vorbereitungsphasen könnte etwa so aussehen:

↳ Herbeiführen eines Einvernehmens unter den Stakeholdern über Ziele, „Vision" und Finanzierung des Projekts

  ↳ Erstellen des *Projektauftrags*, d. h. einer schriftlichen Dokumentation dieser Sachverhalte als Referenz für die weiteren Schritte

    ↳ Erstellen des *Lastenhefts*; dieses beschreibt, *was* das System leisten soll, aus Sicht des Auftraggebers

      ↳ Erstellen des *Pflichtenhefts*; dieses beschreibt, *wie* bzw. in welchem Umfang die Vorgaben des Lastenhefts umgesetzt werden sollen, aus Sicht des Auftragnehmers

        ↳ Erstellen der *Anforderungsdefinition*, welche die sich aus dem Pflichtenheft ergebenden Einzelanforderungen festlegt

Nach diesen sehr umfangreichen Vorarbeiten kann die Planung des Projekts erfolgen. Wenn man sich vor Augen hält, dass das Projektvolumen bei kleineren Informationssystemen fünfstellige, bei größeren sechs- oder siebenstellige Euro-Beträge (und mehr) umfassen kann, wird deutlich, dass die Teilaspekte eines Projekts sehr sorgfältig geplant werden müssen.

Projektplanung

Abbildung 6.16 zeigt die Teilbereiche der Projektplanung im Überblick. Neben der Projektstruktur sind, auf die einzelnen Teilaufgaben be-

Abb. 6.16: Teilpläne bei der Projektplanung [Bea et al. 2020, S. 151].

zogen, der jeweilige Arbeitsaufwand, der Ablauf der Teilaufgaben, Start- und Endtermine, die erforderlichen Ressourcen und die Kosten zu planen. Die Pfeile bringen zum Ausdruck, dass sich die Teilpläne gegenseitig beeinflussen.

Im Kontext der Funktionsmodellierung ist die Projektstrukturplanung der interessierende Planungsbereich. Im *Projektstrukturplan (PSP)* wird das Gesamtprojekt – im Sinne des zu erreichenden Projektziels – in Aufgabenbereiche, Aufgaben und Teilaufgaben zerlegt. {Projektstrukturplan (PSP)}

Im (fach-) öffentlichen Bewusstsein werden mit „Projektplanung" häufig Netzpläne und Balkendiagramme (Gantt-Diagramme) assoziiert, im Hinblick auf Abbildung 6.16 also die Ablauf- und Terminplanung. Der wichtigste Teilbereich ist indessen die Projektstrukturplanung, die gleichzeitig den Einstieg in die Projektplanung darstellt.

Der Projektstrukturplan soll eine Übersicht über das gesamte Projekt und die einzelnen Aufgaben bieten. Er dient als Grundlage für alle weiteren Pläne und wird auch „Plan der Pläne" genannt [Bea et al. 2020, S. 153]. {Übersicht über das Gesamtprojekt: „Plan der Pläne"}

Zur Untergliederung eines Projektstrukturplans können unterschiedliche Kriterien herangezogen werden. Bea und Koautoren nennen für ein Beispielprojekt – Entwicklung einer neuen Fotokamera – als mögliche Zerlegungskriterien auf der obersten Stufe [Bea et al. 2020, S. 153 ff.]:

- Objektorientierte Zerlegung: Gehäuse, Software, Elektronik, Optik {Kriterien für die PSP-Gliederung}

- Verrichtungsorientierte Zerlegung: Konstruktion Mechanik, Entwicklung Software/Elektronik, Fertigung, Marketing/Vertrieb
- Phasenorientierte (ablauforientierte) Zerlegung: Planung, Entwicklung, Realisierung, Abnahme

Die Kriterien können auch kombiniert werden. Beispielsweise ist es denkbar, dass Stufe 1 nach Objekten und die tieferen Stufen nach Verrichtungen gegliedert werden.

Für Projekte zur Entwicklung *betrieblicher Informationssysteme* kommt häufig eine Gliederung nach *Projektphasen* zur Anwendung (sofern das Entwicklungsvorhaben einem Phasenmodell folgt). Abbildung 6.19 zeigt weiter unten einen solchen Projektstrukturplan.

Zuvor sollen noch zwei wichtige Fragen diskutiert werden: 1) Wie weit geht die Zerlegung und 2) womit fängt man an?

Die Antwort auf die erste Frage lautet: Die Aufgabenbereiche, Aufgaben und Teilaufgaben werden so lange weiter zerlegt, bis man bei *Arbeitspaketen* angelangt ist. Das heißt, die Blätter des Funktionsbaums sind Arbeitspakete, wie Abbildung 6.17 schematisch skizziert.

Arbeitspakete
    Ein *Arbeitspaket* stellt eine in sich geschlossene Aufgabenstellung dar, die von einer Person oder Gruppe selbstständig bearbeitet werden kann, ein definiertes Ergebnis hat sowie „nicht zu klein und nicht zu groß" ist. Manche Arbeitspakete ergeben sich unmittelbar aus typischen Teilaufgaben in den Projektphasen (z. B. „Interviews mit dem Personal der Einkaufsabteilung", „Performancetest in der Zielkonfiguration"), bei

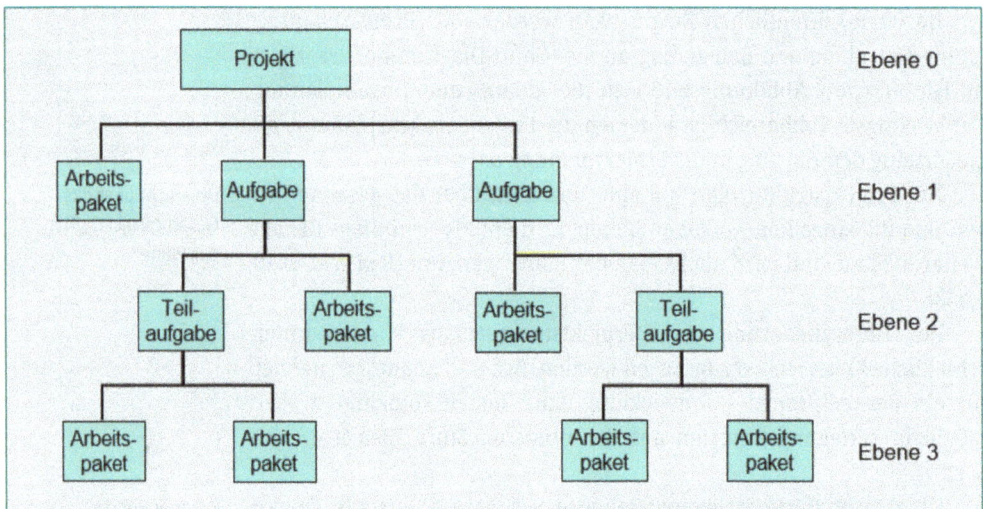

Abb. 6.17: Projektstrukturplan mit Arbeitspaketen [Schelle, Linssen 2018, S. 130].

anderen können Richtgrößen zur Dimensionierung herangezogen werden (z. B. „geplante Kosten des Arbeitspakets liegen zwischen 1 % und 5 % der Gesamtprojektkosten" [Schelle, Linssen 2018, S. 140]).

Die Beantwortung der zweiten Frage hängt davon ab, auf welchen Vorarbeiten man bei der Projektstrukturplanung aufsetzen kann. Wenn, wie oben idealtypisch skizziert, eine ausgearbeitete Anforderungsdefinition vorliegt, kann diese natürlich als Ausgangspunkt dazu dienen, die Teilaufgaben und Arbeitspakete zu identifizieren.

Anforderungsdefinition als Ausgangspunkt

Das heißt, sofern es beim Requirements Engineering gelingt, die Anforderungen analog zur Projektstrukturplanung in eine Hierarchie zu bringen, dann lässt sich der Projektstrukturbaum unmittelbar aus dem Anforderungsbaum ableiten.

Abbildung 6.18 zeigt die Zusammenhänge. Ausgehend von den Projektzielen werden Anforderungen formuliert, die ggf. über mehrere Ebenen hinweg verfeinert werden. Die Teilanforderungen der untersten Ebene stellen den Input für die weitere Projektstrukturplanung dar. Sie werden in diesem Rahmen weiter zerlegt. Die Anforderungshierarchie (englisch RBS – „Requirements Breakdown Structure") bildet somit einen Teil des Projektstrukturbaums (englisch WBS – „Work Breakdown Structure").

RBS: Input für WBS

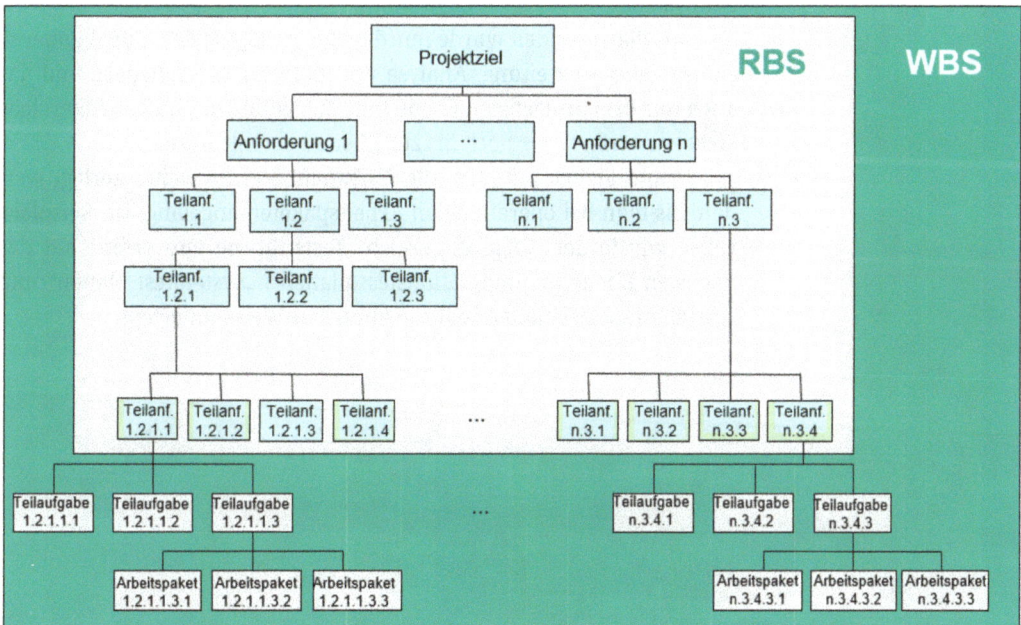

Abb. 6.18: Anforderungs- und Projektstrukturplan: RBS – WBS (in Anlehnung an [Wysocki 2019, S. 206 ff.]).

Wohlstrukturierte
Anforderungshierarchie
fehlt oft

Einschränkend muss darauf hingewiesen werden, dass bei IS-Entwicklungsprojekten die Projektplanung häufig nicht auf eine wohlstrukturierte Anforderungshierarchie zurückgreifen kann. Dies ist insbesondere der Fall, wenn die Einzelanforderungen noch nicht definitiv bekannt sind und auf dem Wege des Prototypings erst ermittelt werden. Bei agilen Entwicklungsmethodiken treten ähnliche Schwierigkeiten auf.

Wenn die Anforderungen nicht klar benannt sind, ist es schwierig oder unmöglich, vorab einen detaillierten Projektstrukturplan aufzustellen. Selbst bei gut definierten Anforderungen kann der Fall auftreten, dass die Vorstellungen über deren Umsetzung noch zu ungenau sind. Auch in diesem Fall lässt sich zu Beginn des Projekts kein detaillierter Projektstrukturplan erzeugen, sondern allenfalls ein mit Unsicherheiten behafteter grober Plan.

Phasenorientierter PSP
für IS-Entwicklung

Zum Abschluss dieses Abschnitts wird in Abbildung 6.19 ein nach dem Kriterium „Phasenorientierung" gegliederter Projektstrukturplan für die Entwicklung eines betrieblichen Informationssystems ansatzweise wiedergegeben. Dabei ist unterstellt, dass die Entwicklung des Systems gut überblickt wird und deshalb nach einem klassischen Vorgehensmodell (Softwarelebenszyklusmodell) erfolgen kann. Die Phasen sind Projektvorbereitung, Analyse, Entwurf, Implementierung und Installation des Systems.

Aus Platzgründen wurde nur die oberste Ebene der Aufgabenbereiche Projektvorbereitung, Analyse und Entwurf untergliedert, und das auch nur bis zur nächsten Ebene (mit Ausnahme des Aufgabenbereichs „Test entwerfen", der noch bis zur Ebene 3 zerlegt wurde).

Grundsätzlich müssten alle Aufgabenbereiche weiter zerlegt werden, bis man bei operationalen Arbeitspaketen angelangt ist. Beispielsweise würde der Aufgabenbereich „Teststrategie entwerfen" auf der nächsten Ebene in „Integrationstest planen", „Systemtest planen" und „Installationstest planen" oder in ähnlicher Weise unterteilt.

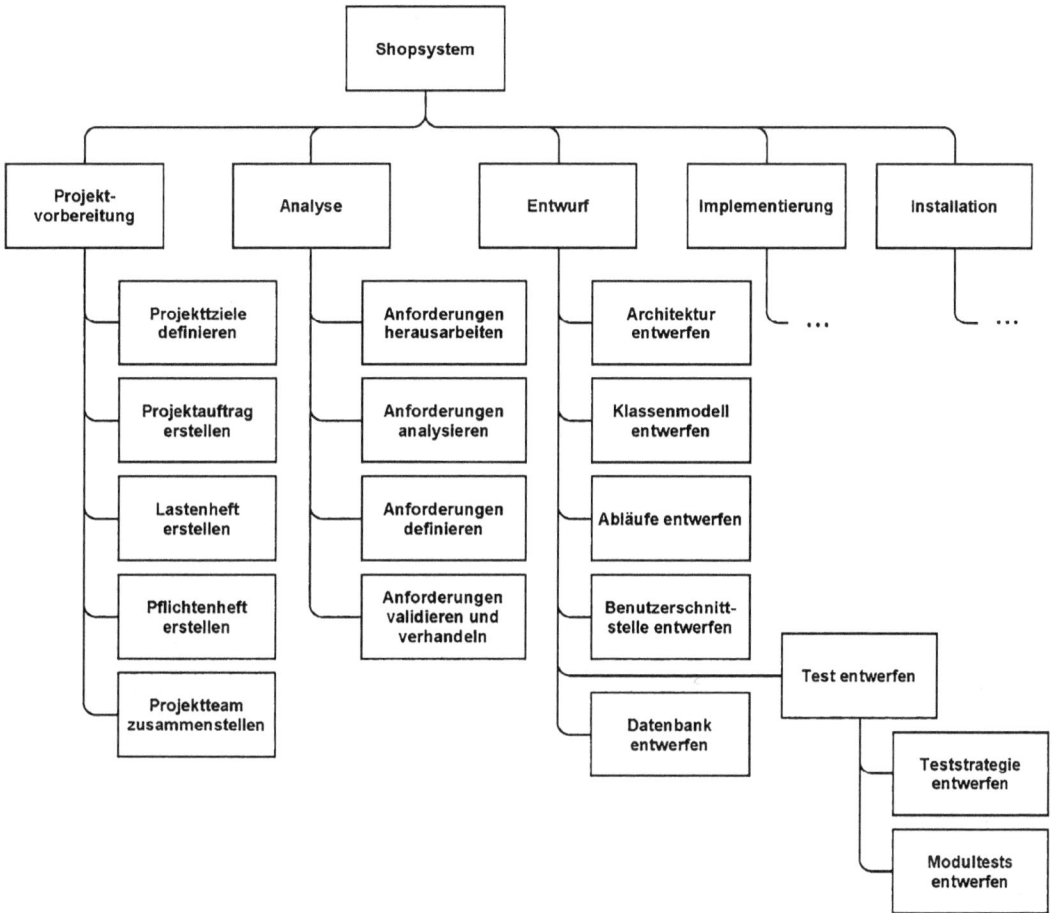

Abb. 6.19: Projektstrukturplan für ein konventionelles Entwicklungsprojekt mit Phasen-modell (mit ARIS Express [ARIS 2023] erstellt).

7 Organisationsmodellierung

Organisationsmodellierung bedeutet Gestaltung und Dokumentation der Organisation eines Unternehmens oder eines anderen Systems.

Der Begriff „Organisation" ist vielschichtig. Er wird in der Organisationslehre aus den verschiedensten Blickwinkeln diskutiert. Dementsprechend unterschiedlich sind auch die Definitionen. Wir bleiben hier bei einer konventionellen Begriffsbestimmung, derzufolge die Aufbauorganisation und die Ablauforganisation unterschieden werden.

7.1 Grundlagen

7.1.1 Organisationseinheiten und Organisationsstrukturen

Aufbauorganisation

Die *Aufbauorganisation* beschreibt die (statische) Zusammensetzung eines Unternehmens (oder eines anderen Systems) aus Organisationseinheiten und deren Beziehungen zueinander, d. h. die Organisationsstruktur. „Organisationseinheit" ist ein generischer Begriff, der beliebige Gruppierungen (Abteilungen, Unterabteilungen, Gruppen, Stellen u. a.) einschließt. Eine Organisationseinheit kann somit z. B. aus Stellen, aber auch aus anderen Organisationseinheiten bestehen.

Beziehungen zwischen Organisationseinheiten

Auch die *Beziehungen* zwischen Organisationseinheiten können unterschiedlicher Art sein. Primär werden sie genutzt, um Über- und Unterordnung darzustellen, aber auch andere Arten von Beziehungen treten bei der Organisationsmodellierung auf. Beispiele für Beziehungsarten sind:

- „ist untergeordnet" (bzw. „ist übergeordnet"), z. B. „Abteilung Logistik ist der Geschäftsführung untergeordnet"
- „berichtet an", z. B. „Leiter IT berichtet an CIO"
- „leitet", z. B. „Leiter Verkauf leitet Abteilung Verkauf"
- „gehört zu", z. B. „Einkäufer Notebooks gehört zu Einkäufergruppe Elektronik"
- „ist besetzt von", z. B. „Stelle Sekretärin ist besetzt von Chantal Becker"

Organisationsstruktur

Der primäre Zweck der Aufbauorganisation besteht darin, die Erreichung der Unternehmensziele bestmöglich zu unterstützen. Dazu muss eine adäquate Organisationsstruktur gefunden, definiert und dokumentiert werden. Häufig ergibt sich dabei eine hierarchische Darstellung in Form eines Baums, ähnlich wie die im vorigen Kapitel behandelte Funktionshierarchie.

https://doi.org/10.1515/9783111063843-007

Die grafische Darstellung einer Organisationsstruktur wird als *Organigramm* bezeichnet. Für Organigramme gibt es verschiedene Darstellungsformen. Auch die in diesem Buch verwendeten Werkzeuge zur Organisationsmodellierung unterscheiden sich etwas bzgl. der verfügbaren Symbole.

Organigramm

In der Organisationslehre regelt die *Ablauforganisation*, wie der Name schon ausdrückt, die Abläufe des Unternehmens. Genauer gesagt betrifft dies die auszuführenden Tätigkeiten und ihre Abfolgen, die Bereitstellung der jeweils benötigten Materialien, Informationen und Kapazitäten sowie die Distribution der erstellten Sachleistungen und Informationen.

Ablauforganisation

Die Kurzbeschreibung lässt starke Ähnlichkeiten zu bereits erörterten ablauforientierten Ansätzen aus der Wirtschaftsinformatik erkennen, insb. zur Geschäftsprozess- und Workflowmodellierung. Da wir diese bereits ausführlich behandelt haben, konzentriert sich das siebte Kapitel auf die Aufbauorganisation.

Die *Gestaltung der Aufbauorganisation* ist eine Aufgabe, die zur Organisationslehre gehört. Man könnte sie zwar auch der Modellierung des betrieblichen Informationssystems im weitesten Sinne (und damit der Wirtschaftsinformatik) zurechnen, aber dieser Sichtweise wird hier nicht gefolgt.

Gestaltung der Aufbauorganisation gehört in die Organisationslehre

Für die *Modellierung* betrieblicher Informationssysteme *im engeren Sinne* ist die Aufbauorganisation vorgegeben. In diesem Kontext besteht die Aufgabe darin, die Organisationsstruktur digital so abzubilden, dass sie mit anderen digitalen Modellen in Beziehung gesetzt werden kann.

Beispielsweise gehört zu einem vollständigen und operationalen Prozessmodell auch die Angabe, welche Organisationseinheit für eine Aktivität des Prozesses jeweils zuständig ist. Dazu muss erstens die Organisationsstruktur überhaupt modelliert sein, und zweitens müssen die modellierten Organisationseinheiten für das Prozessmodell verfügbar sein.

Prozessmodell benötigt Organisationsstruktur

Ohne auf mögliche Organisationsstrukturen vertieft eingehen zu wollen, sollen vier *Grundformen* kurz erläutert werden:

Organisationsformen

1) Linienorganisation – nur Über-/Unterordnungsbeziehungen zwischen Organisationseinheiten (Weisungsbefugnis), i. d. R. in Form eines Baums
2) Stab-Linien-Organisation – Linienorganisation wie 1), aber manche Organisationseinheiten haben keine Weisungsbefugnis (sog. „Stabsstellen" oder „Stabsabteilungen")
3) Matrixorganisation – Organisationseinheiten sind nicht hierarchisch, sondern in Matrixform angeordnet und haben somit zwei (oder mehr) Unterstellungsverhältnisse (z. B. Sparte vs. Funktion)

4) Projektorganisation – Organisationseinheiten sind wie bei einer Matrixorganisation in einem zweidimensionalen Raum angeordnet, der durch die Zugehörigkeit zu betrieblichen Funktionen und zu Projekten aufgespannt wird.

Linienorganisation   Abbildung 7.1 zeigt an einem Beispiel einen Ausschnitt einer *Linienorganisation*. Aus Platzgründen wurden nicht alle Organisationseinheiten weiter zerlegt. Das verwendete Modellierungswerkzeug (ARIS Express) hat seine eigene Darstellungsform für Organisationseinheiten, nämlich Rechtecke mit speziellen Icons für unterschiedliche Arten von Organisationseinheiten.

Allgemeine Organisationseinheiten sind solche, die auch andere Organisationseinheiten enthalten können. Sie werden durch ein Icon mit drei Personen links oben gekennzeichnet. Demgegenüber weisen „Rollen" nur eine Person als Icon auf. Eine Rolle ist eine abstrakte Beschrei-

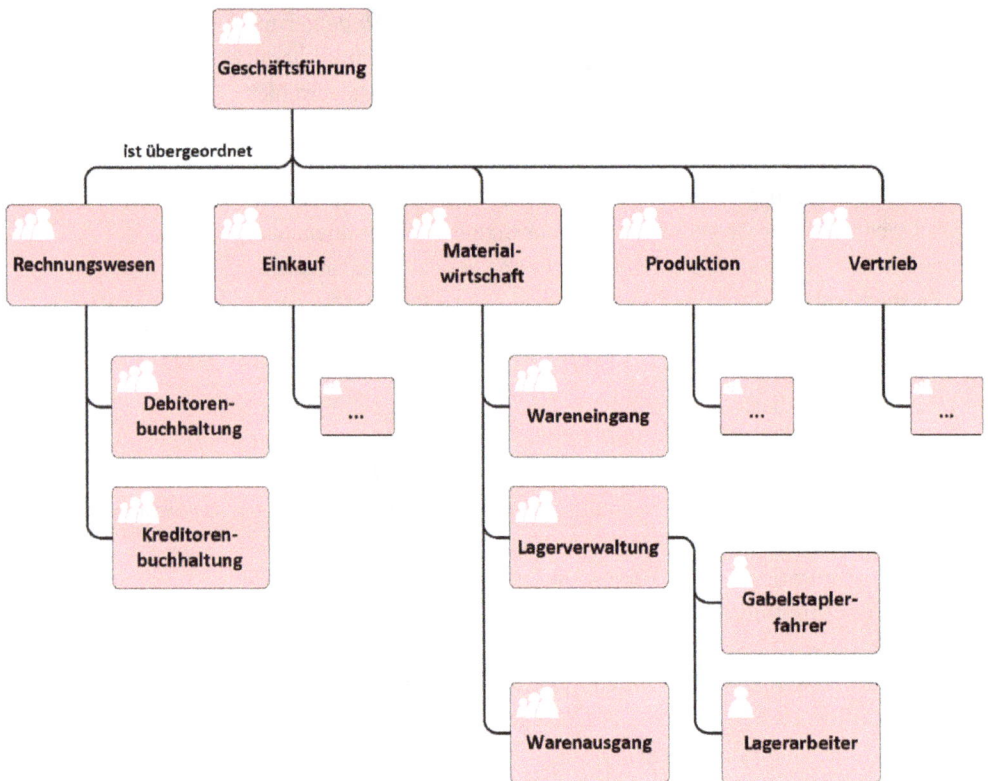

Abb. 7.1: Organigramm mit Linienorganisation (mit ARIS Express modelliert [ARIS 2023]).

bung eines Aufgabengebiets (z. B. Finanzbuchhalter, Abteilungsleiter). In Abbildung 7.1 gibt es zwei Rollen: Gabelstaplerfahrer und Lagerarbeiter.

In Abbildung 7.2 wird eine *Stab-Linien-Organisation* am Beispiel skizziert. Es ist im Prinzip eine Linienorganisation mit Weisungsbefugnis wie in der vorigen Abbildung, aber es gibt auch zwei Stabsabteilungen und eine Stabsstelle. Stab-Linien-Organisation

Die Stabsabteilung „Informationstechnologie (IT)" ist direkt der Geschäftsführung zugeordnet. Sie kann keine Weisungen an die anderen Organisationseinheiten erteilen (dies muss die Geschäftsführung tun). Die „Marktforschung" ist in ähnlicher Weise dem Vertrieb zugeordnet, und „Internet of Things (IoT)" ist eine Stabsabteilung bei der Produktion.

Eine Matrixorganisation ist in Abbildung 7.3 dargestellt. Die Organisationseinheiten im mittleren Teil sind einerseits nach dem Kriterium „betriebliche Funktion", andererseits nach dem Kriterium Zugehörigkeit zu einer „Sparte" gebildet. Matrixorganisation

Der *Vorteil* einer Matrixorganisation ist darin zu sehen, dass die funktionale Arbeit von den Linieninstanzen überwacht wird. Die Mitar-

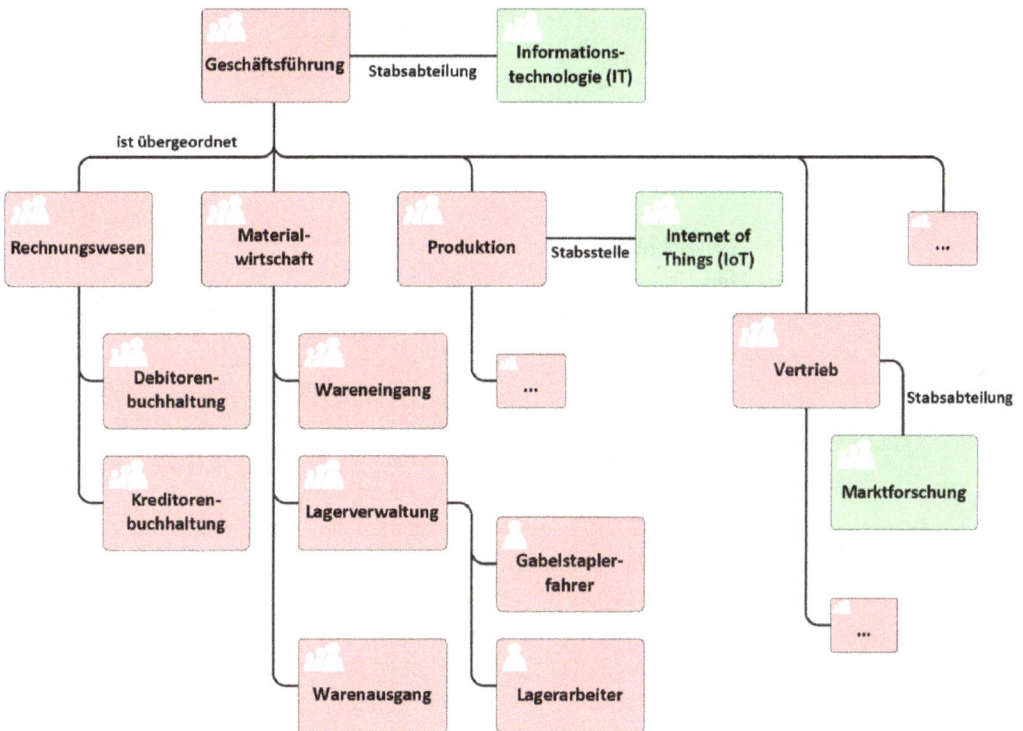

Abb. 7.2: Organigramm mit Stab-Linien-Organisation (mit ARIS Express modelliert [ARIS 2023]).

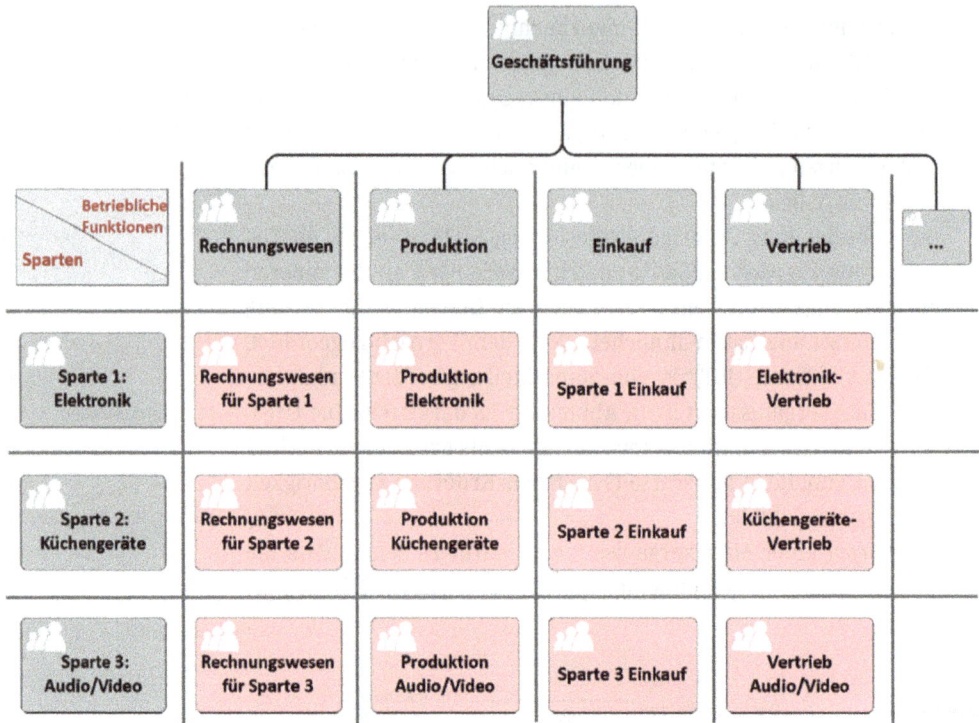

Abb. 7.3: Organigramm mit Matrixorganisation (mit ARIS Express modelliert [ARIS 2023]).

beiter bleiben innerhalb der Linienorganisation und in ihrem gewohnten Umfeld. Die Spartenleiter können andererseits auf möglichst gute Ergebnisse für ihre jeweilige Sparte achten. Die Verantwortung wird somit aufgeteilt [Bea et al. 2020, S. 95].

Der *Nachteil* einer Matrixorganisation ist allerdings, dass die Mitarbeiter zwei Vorgesetzte haben (Doppelunterstellung). Dies birgt Konfliktpotentiale in sich. Es besteht die Gefahr, dass bei Problemen der „schwarze Peter" weitergereicht wird [Bea et al. 2020, S. 95].

Projektorganisation
Der Begriff *Projektorganisation* hat zwei Bedeutungen. Zum einen ist damit die Aufbauorganisation eines Unternehmens gemeint, welches Projekte durchführt und diesen Sachverhalt in seiner Organisationsstruktur verankert. Zum anderen bezieht er sich darauf, wie ein bestimmtes Projekt personell ausgestattet wird, wer wem über-/untergeordnet ist und/oder wer mit wem im Team zusammenarbeitet.

Im Kontext dieses Buchs – Modellierung betrieblicher Informationssysteme – ist primär der erste Aspekt von Interesse (der zweite wäre in einem Buch zum Thema Projektmanagement näher zu beleuchten).

Zur organisatorischen Verankerung des Projektwesens in einer Unternehmensorganisation existieren verschiedene Möglichkeiten. Diese basieren überwiegend auf dem Konzept einer Matrixorganisation wie in Abbildung 7.3, mit dem Unterschied, dass die Zeilen nicht nach Sparten, sondern nach Projekten organisiert werden: Projekt A, Projekt B etc.

Bei einer Matrixorganisation für das Projektwesen stellt sich die Frage, wer „das Sagen" hat bzw. wie die Projektarbeiten koordiniert werden. In den früheren Auflagen des PMBOK, eines vom PMI (Project Management Institute) herausgegebenen internationalen Standards für Projektmanagement, wurden mehrere Ausprägungen beschrieben, die in Abbildung 7.4 zusammengestellt sind [PMI 2008, S. 27 ff.].

Bei einer sog. *schwachen Matrixorganisation* (links unten) kommt der Projektmanager aus einem der beteiligten Funktionsbereiche. Die Projektmitarbeiter verbleiben in ihren Funktionsbereichen und erhalten ihre Weisungen grundsätzlich von ihren Fachvorgesetzten. Der Projektmanager koordiniert nur mit Unterstützung von Mitarbeitern aus den anderen Fachbereichen.

Matrixorganisation als Basis

Schwache Matrixorganisation

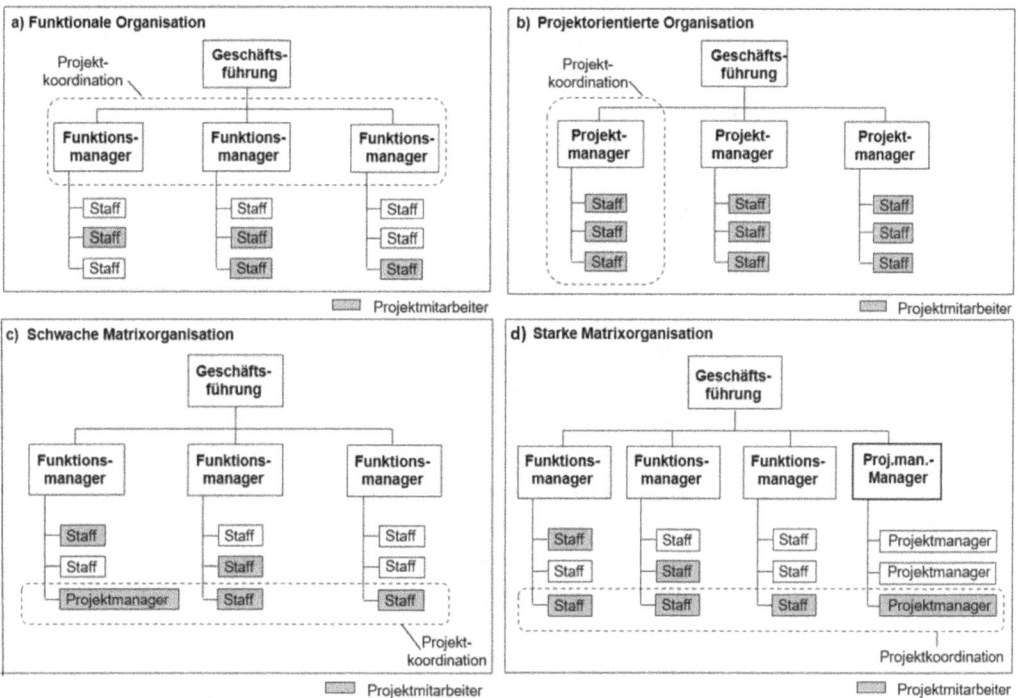

Abb. 7.4: Verschiedene Formen der Projektorganisation (in Anlehnung an [PMI 2008, S. 27 ff.]).

Starke
Matrixorganisation

Eine *starke Matrixorganisation* (rechts unten) zeichnet sich gegenüber der schwachen dadurch aus, dass der Projektmanager „von außen" kommt, etwa aus einer dedizierten Projektmanagerabteilung. Er hat eine stärkere Stellung als bei einer schwachen Matrixorganisation, insbesondere bzgl. Anweisungsbefugnis und Budgetverantwortung.

Projektorientiertes
Unternehmen

Das *projektorientierte Unternehmen* steht am Ende des Spektrums (rechts oben). Es ist dadurch gekennzeichnet, dass das ganze Unternehmen nach Projekten (und nicht nach Funktionen) gegliedert ist. Das heißt, die Projekte haben im Prinzip ihre eigene Organisationsstruktur, in der dann auch die funktionalen Aufgaben abgedeckt werden. Diese werden, auf die Projekterfordernisse angepasst, auf Unterorganisationseinheiten bzw. Mitarbeiter des Projekts verteilt.

7.1.2 Zweckgebundene Organisationsstrukturen

Bisher wurde von „der" Organisationsstruktur eines Unternehmens gesprochen und damit unterstellt, dass es nur eine Organisationsstruktur gibt, nämlich die Aufbauorganisation des Unternehmens im Sinne von Abteilungen, Unterabteilungen, Sparten, Personen u. a.

Koexistenz mehrerer
Organisationsstrukturen

Dies mag auf den ersten Blick selbstverständlich erscheinen. Bei näherer Betrachtung zeigt sich aber, dass unterschiedliche Sichtweisen auf die Struktur eines Unternehmens nebeneinander existieren. Diese hängen vom Verwendungszweck ab. Für Geschäftsprozesse im Vertrieb sind offenkundig andere Organisationseinheiten und eine andere Untergliederung des Unternehmens relevant als im Rechnungswesen oder der Personalwirtschaft.

Im Vertrieb sind die maßgeblichen Organisationseinheiten z. B. Verkaufsorganisationen, Verkaufsniederlassungen und Verkäufer, während in der Personalwirtschaft hauptsächlich Standorte, Personalbereiche (d. h. Bereiche mit gleichen Tarif- oder Abeitszeitregelungen) und Abrechnungskreise (gleiche Lohn- und Gehaltsabrechungsperioden) eine Rolle spielen.

Betriebliche Informationssysteme, die Geschäftsprozesse unterstützen sollen, müssen also berücksichtigen, dass nicht in allen Geschäftsprozessen die gleichen Akteure tätig werden. Oder anders ausgedrückt: Die Organisationsstruktur, die in einem spezifischen Geschäftsprozess vorausgesetzt wird, ist eine andere als die, die bei einem anderen Geschäftsprozess erwartet wird.

Beispiel: SAP S/4HANA

Als Beispiel sei das ERP-System *SAP S/4HANA* genannt, in dem für unterschiedliche Verwendungszwecke mehrere Organisationsstrukturen definiert werden müssen. Die wichtigsten sind die Organisationsstrukturen für:

- Rechnungswesen (aufgeteilt in zwei Unterstrukturen)
- Materialwirtschaft und Produktion
- Vertrieb
- Personalwirtschaft (aufgeteilt in drei Unterstrukturen)

Abbildung 7.5 verdeutlicht die Unterschiede zwischen den Organisationsstrukturen anhand von zwei kleinen Beispielen, der Organisationsstruktur für das externe Rechnungswesen (Finanzwesen) und der Organisationsstruktur für das interne Rechnungswesen (Controlling).

Im linken oberen Teil der Abbildung ist ein Ausschnitt der Organisationsstruktur für das *externe Rechnungswesen* skizziert [Wagner

Organisationsstruktur Finanzwesen

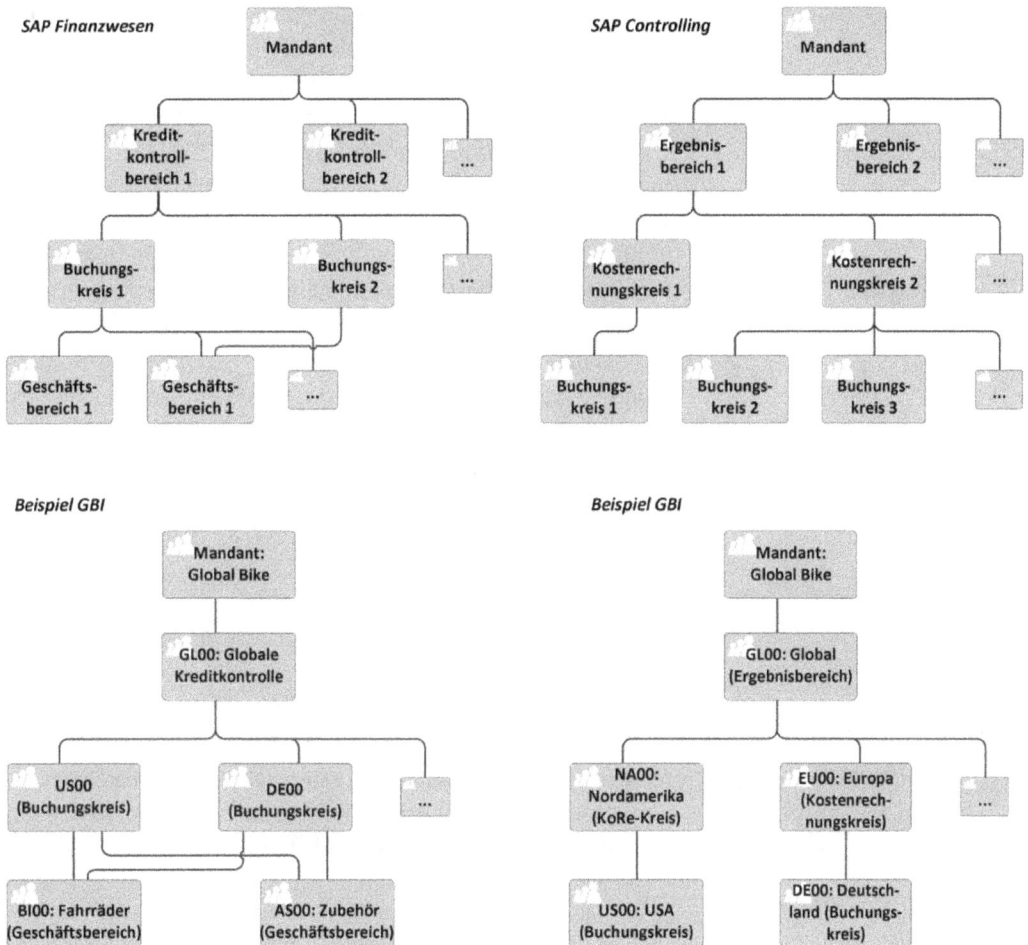

Abb. 7.5: Organisationsstrukturen für SAP S/4HANA Rechnungswesen (mit ARIS Express modelliert [ARIS 2023]).

et al. 2022a]. Die Bedeutung der Begriffe ist wie folgt:

Mandant · *Mandant* ist die Bezeichnung für die oberste Organisationseinheit in jeder der Organisationsstrukturen. Laut Definition von SAP handelt es sich dabei um eine „in sich handelsrechtlich, organisatorisch und datentechnisch abgeschlossene Einheit innerhalb eines SAP-Systems" [https://help.sap.com]. Vereinfacht könnte man auch sagen, der Mandant steht für das betrachtete Unternehmen (wobei unter den Begriff „Unternehmen" die ganze Spanne vom Einzelunternehmen bis zum Konzern fällt).

Kreditkontrollbereich · Ein *Kreditkontrollbereich* ist eine (große) Organisationseinheit, für die Vorgaben für die Kreditgewährung gemacht und überwacht werden.

Buchungskreis · *Buchungskreis* steht für diejenige Organisationseinheit, für die nach den jeweiligen gesetzlichen Regelungen eine Bilanz und Gewinn-und-Verlust-Rechnung (GuV) aufzustellen sind (z. B. Muttergesellschaft im Inland, Tochtergesellschaft im Ausland).

Geschäftsbereich · Ein *Geschäftsbereich* ist eine Organisationseinheit, für welche die Verantwortlichkeit separat ausgewiesen und ggf. durch eine eigene Bilanz und GuV für interne Zwecke dokumentiert werden soll.

Organisationsstruktur Controlling Im rechten oberen Teil der Abbildung 7.5 ist die Organisationsstruktur für das *interne Rechnungswesen* (Controlling) ausschnittsweise wiedergegeben [Boldau et al. 2022].

Ergebnisbereich · *Ergebnisbereich* steht für den Teil des Unternehmens, für den das Betriebsergebnis ermittelt wird. Im einfachsten Fall hat ein Unternehmen einen Ergebnisbereich.

Kostenrechnungskreis · Ein *Kostenrechnungskreis* ist eine (große) Organisationseinheit, für die eine vollständige Kostenrechnung, die Basis für die Ergebnisrechnung, durchgeführt werden kann. Im einfachsten Fall hat ein Unternehmen einen Kostenrechnungskreis und einen Buchungskreis. Ist es jedoch auch im Ausland tätig, werden automatisch ein oder mehrere Buchungskreise notwendig, auch wenn es bei einer einheitlichen Kosten- und Ergebnisrechnung bleibt.

Beispiel: Global Bike Group (GBI) In der unteren Hälfte der Abbildung 7.5 sind Beispiele für die beiden Organisationsstrukturen skizziert [Boldau et al. 2022, Wagner et al. 2022a]. Ihnen liegt das Modellunternehmen *Global Bike International (GBI)* zugrunde, das weltweit für die Ausbildung in ERP-Systemen von SAP genutzt wird. Es hat Standorte in USA (Dallas, Miami, San Diego), Deutschland (Heidelberg, Hamburg) und einigen anderen Ländern. GBI produziert Premiumfahrräder und vertreibt diese weltweit, ebenso wie passendes Zubehör. Es gibt zwei Geschäftsbereiche: Fahrräder und Zubehör.

Das Betriebsergebnis wird global ermittelt, und auch die Kredit-kontrolle erfolgt weltweit einheitlich. Aufgrund der unterschiedlichen Rechtsvorschriften müssen jedoch mehrere Buchungskreise geführt werden, für USA, für Deutschland und für einige andere Länder. Der Buchungskreis US00 ist dem Kostenrechnungskreis NA00 (Nordameri-ka) zugeordnet, der Buchungskreis DE00 dem Kostenrechnungskreis EU00 (Europa). Das heißt, für die europäischen Länder wird die gleiche Kostenrechnung durchgeführt.

Völlig andere Organisationsstrukturen benötigt man in anderen Un-ternehmensbereichen. Zur Verdeutlichung dieser Aussage wird als Bei-spiel in Abbildung 7.6 die Organisationsstruktur für den *Vertriebsbereich* skizziert [Wagner et al. 2022b]. Hier spielt neben den bereits bekannten Organisationseinheiten Mandant und Buchungskreis vor allem die *Ver-kaufsorganisation* eine Rolle.

Organisationsstruktur Vertrieb

Diese trägt die rechtliche Verantwortung für den Verkauf von be-stimmten Produkten oder Dienstleistungen (einschließlich der Haftungs-

Verkaufsorganisation – Verkaufsbüro – Verkäufergruppe – Verkäufer

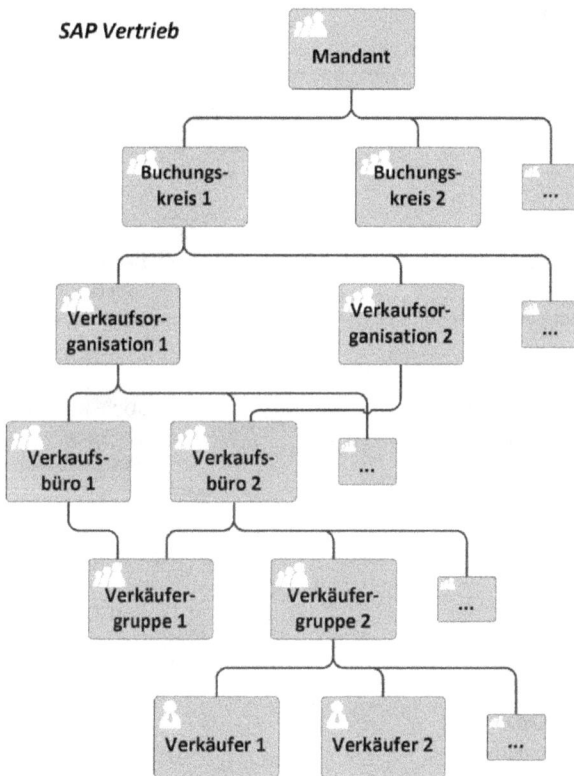

Abb. 7.6: Organisationsstruktur für SAP S/4HANA Vertrieb (mit ARIS Express modelliert [ARIS 2023]).

fragen). Verkaufsorganisationen betreiben sog. *Verkaufsbüros*, die aus *Verkäufergruppen* bestehen und grundsätzlich für mehrere Verkaufsorganisationen arbeiten können.

Als Beispiel wird in Abbildung 7.7 die Organisationsstruktur für den Vertrieb der Global Bike Group wiedergegeben [Wagner et al. 2022b]. In den USA gibt es zwei Verkaufsorganisationen (US West und US Ost) mit Verkaufsbüros in Dallas, San Diego und Miami. In Deutschland sind es ebenfalls zwei (DE Nord und DE Süd), mit Verkaufsbüros in Hamburg und Heidelberg.

Die Beispiele in den obigen Abbildungen zeigen, dass es nicht „die" Organisationsstruktur eines Unternehmens gibt, sondern dass mehrere Organisationsstrukturen nebeneinander existieren können. Für die Modellierung der Geschäftsprozesse ist im einen Fall diese, im anderen Fall jene Organisationsstruktur relevant.

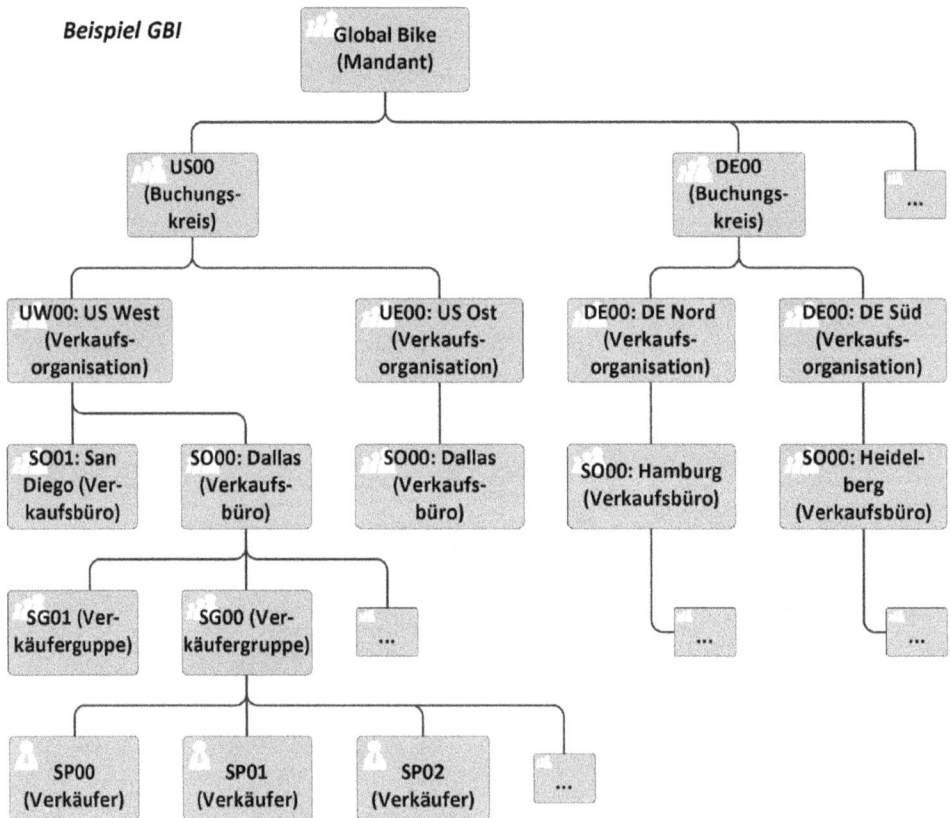

Abb. 7.7: Organisationsstruktur für den Vertrieb von GBI (mit ARIS Express modelliert [ARIS 2023]).

7.1.3 Darstellungsformen

Für die Darstellung von Organigrammen gibt es unterschiedliche Möglichkeiten. In Lehrbüchern zur Organisationstheorie bzw. Organisationslehre sind grafische Darstellungsformen üblich, bei denen die Organisationseinheiten durch Rechtecke und ihre Beziehungen zueinander durch Linien notiert werden.

Modellierungswerkzeuge (wie das gerade benutzte ARIS Express) haben teilweise ihre eigene Darstellungsform. So waren in den vorstehenden Abbildungen Rechtecke mit runden Ecken und speziellen Icons zu sehen, die das Werkzeug ohne Zutun des Benutzers standardmäßig verwendet.

Im Kontext der Geschäftsprozessmodellierung mit *Ereignisgesteuerten Prozessketten* (EPKs) wurde ursprünglich eine andere Notation eingeführt, die ebenfalls sehr verbreitet ist [Scheer 1997, S. 29 f.]. Dabei werden Organisationseinheiten als Ovale mit einem senkrechten Strich repräsentiert. Im Organigramm sind die Ovale mit Linien (Kanten) verbunden, die für Weisungsbefugnis stehen.

Zur Veranschaulichung soll das bereits früher verwendete Beispiel „Gepäckabfertigung am Flughafen Frankfurt" (vgl. Abschnitt 6.2) herangezogen werden. Das Organigramm des Flughafenbetreibers ist in Abbildung 7.8 in reduzierter Form wiedergegeben.

Die Organisationseinheiten, die in dem in Abschnitt 6.2 modellierten Geschäftsprozess „Outbound Flight" tätig werden, sind insbesondere der Passagierservice, der Ladeservice und die Verladung. Diese gehören zu den Abteilungen „Rampen- und Passierservice" bzw. „Gepäckservice", die wiederum Teile der Organisationseinheit „Bodenverkehrsdienste" darstellen. Letztere gehört zum Ressort „Ground Handling", welches wie die drei anderen Ressorts „Personal", „Operations" sowie „Controlling und Finanzen" direkt der Geschäftsführung untergeordnet ist.

„GSV" (Gepäcksystemverbund) ist ein Informationssystem und als solches mit einem anderen Symbol gekennzeichnet. IT-gestützte Systeme werden in erweiterten EPKs durch Rechtecke mit jeweils drei senkrechten Linien auf der linken und rechten Seite repräsentiert.

Die Zerlegung der Organisationseinheiten geht hier nur über vier Ebenen. In einem operativen Modell könnte sie sich über weitere Ebenen fortsetzen, da alle Blätter des Baums in Abbildung 7.8 noch relativ große Einheiten darstellen. Beispielsweise besteht die Organisationseinheit „Passagierservice" aus „Schalterpersonal", „Supervisor" und „Kundenservice", die Organisationseinheit „Verladung" aus „Fahrpersonal" und „Ladepersonal" etc. Aus Platzgründen wurde auf die weitere Verfeinerung verzichtet.

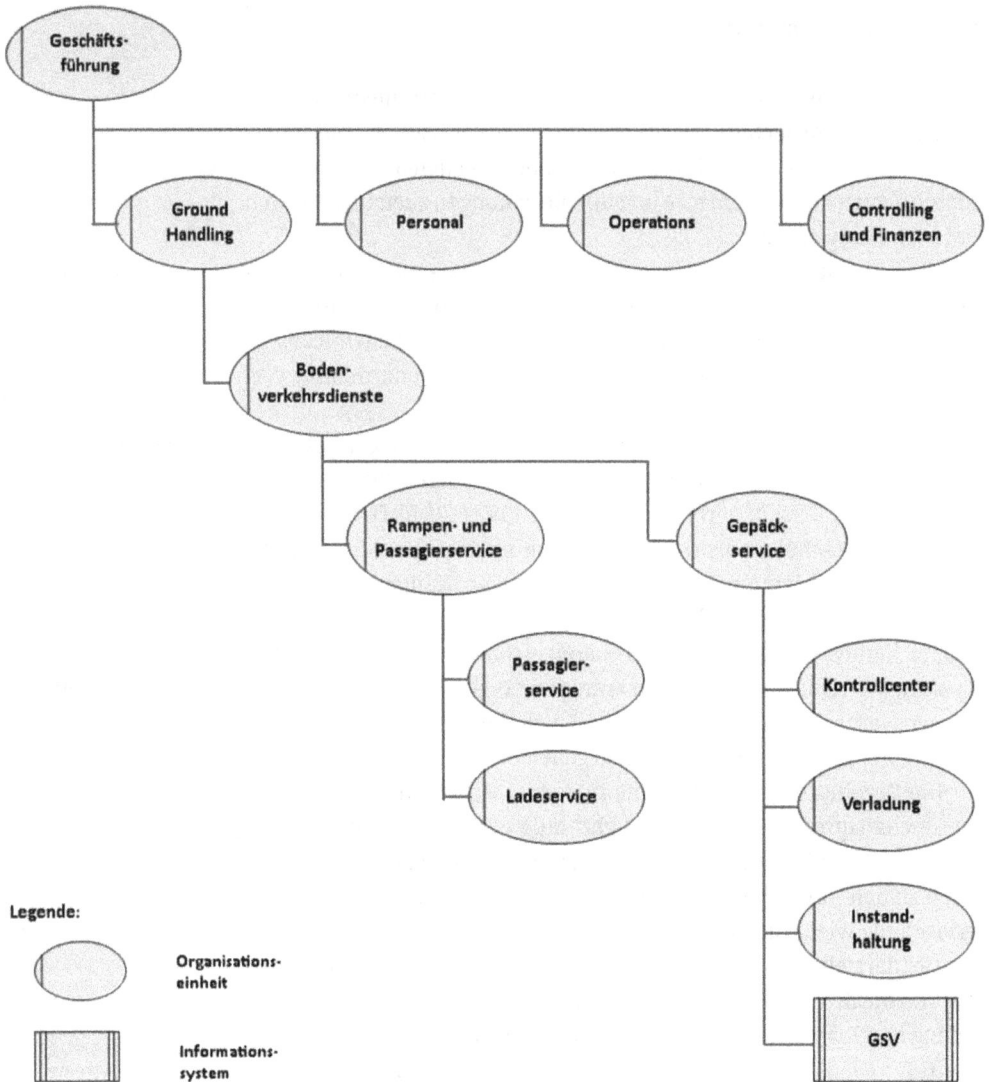

Abb. 7.8: Organigramm des Flughafens Frankfurt [Pousttchi 2013] (mit bflow Toolbox erstellt [https://www.bflow.org]).

7.2 Zuordnung von Organisationseinheiten zu Geschäftsprozessen

7.2.1 Erweiterte Ereignisgesteuerte Prozesskette

Geschäftsprozesse finden überwiegend in Organisationen statt und werden von den dort tätigen Personen ausgeführt (soweit sie nicht automatisiert sind). Die Personen eines Unternehmens oder anderen Betriebs nehmen Rollen war und sind i. d. R. Organisationseinheiten zugeordnet.

Die Zusammenhänge zwischen Geschäftsprozessen und den sie ausführenden Personen kann man auf einer abstrakten oder einen konkreten Ebene beschreiben. Wenn beispielsweise „Sonja Müller" in der Abteilung Produktionssteuerung für den Prozessschritt „Auftragsfreigabe" zuständig ist, dann könnte dieser modelliert werden als:

a) Konkret: „Frau Sonja Müller" ist für „Auftragsfreigabe" zuständig.

b) Abstrakt: „Abteilung Produktionssteuerung" ist für „Auftragsfreigabe" zuständig.

Abstrakte und konkrete Beschreibung

Für die Dokumentation des Istzustands, z. B. im Rahmen der Anforderungsanalyse, kann a) relevant sein. Bei der *Modellierung* von Geschäftsprozessen wählt man i. d. R. die abstrakte Form b), da das Geschäftsprozessmodell allgemeingültig und nicht an konkrete Personen gebunden sein sollte. Wenn Sonja Müller das Unternehmen verlässt, muss der Geschäftsprozess trotzdem weiter funktionieren.

Um die Verbindung von Organisationseinheiten und Geschäftsprozessen zu illustrieren, wird nochmals der Geschäftsprozess „Outbound Flight" am Flughafen Frankfurt (vgl. Abschnitt 6.2) herangezogen. In diesen sind einige der Organisationseinheiten involviert, die im vorigen Abschnitt modelliert wurden.

Beispiel: Geschäftsprozess „Outbound Flight"

Insbesondere müssen der Passagierservice, der Ladeservice, die Verladung und das Informationssystem GSV tätig werden. Zusätzlich ist die Bundespolizei eingebunden, die für die Sicherheitskontrolle verantwortlich ist. Die Zuordnung der Organisationseinheiten zu den einzelnen Schritten des Geschäftsprozesses ist wie folgt:

Organisationseinheit	Prozessschritt
Passagierservice	– Passagier einchecken – Gepäck wiegen – Gepäck registrieren
Ladeservice	– Gepäck in Behälter legen
Bundespolizei	– Sicherheitskontrolle durchführen
Verladung	– Gepäck in Container laden – Container zum Flugzeug transportieren – Flugzeug mit Container beladen
GSV	– Abflugzeit erfassen – Gepäck in Frühspeicher laden

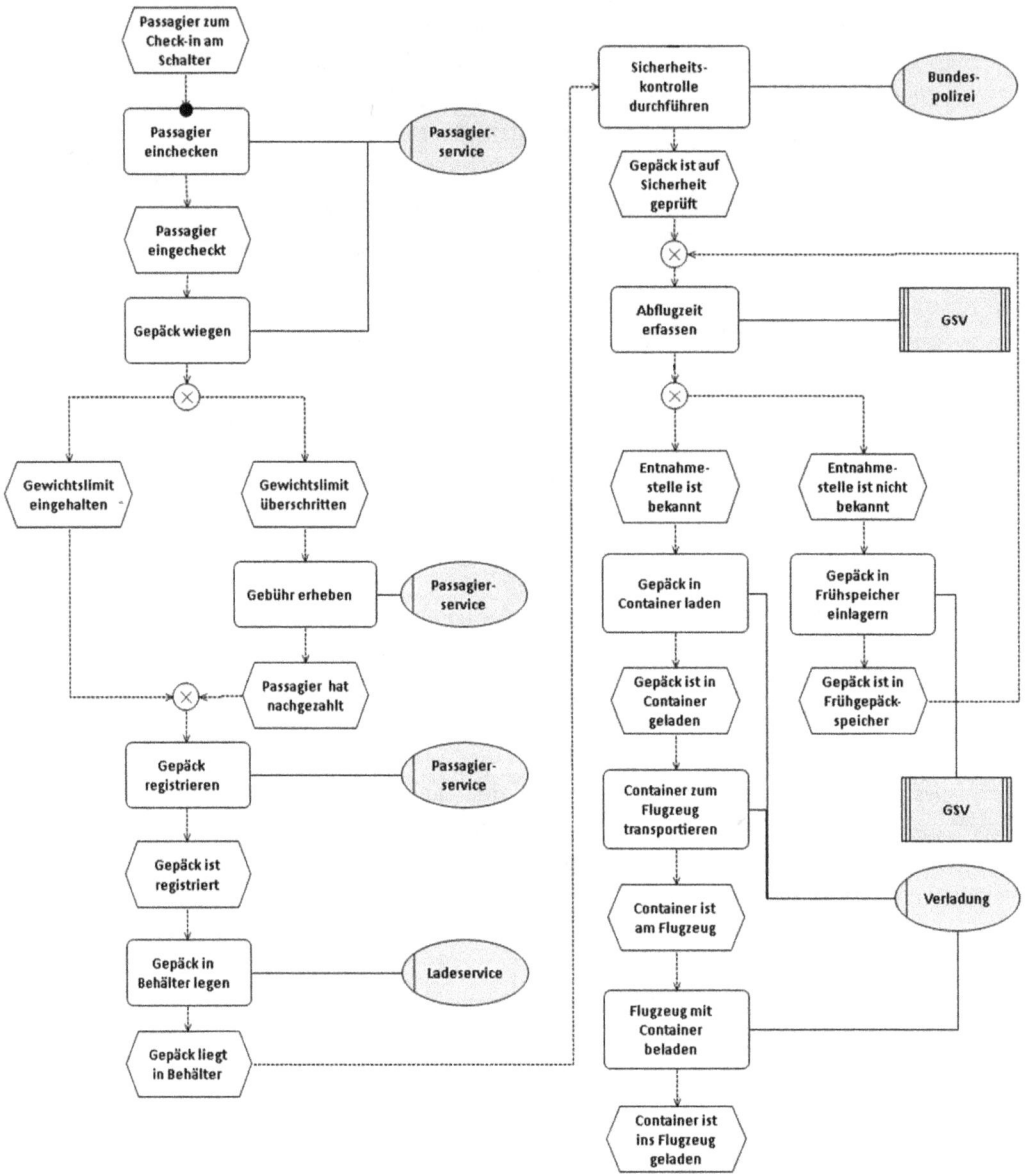

Abb. 7.9: Um Organisationseinheiten erweiterte EPK „Outbound Flight" [Pousttchi 2013] (mit bflow Toolbox erstellt [https://www.bflow.org]).

In Abbildung 7.9 sieht man, wie die Organisationseinheiten mit den jeweils betroffenen Prozessschritten in der erweiterten Ereignisgesteuerten Prozesskette verbunden wurden.

7.2.2 Pools und Lanes in BPMN

Auch in BPMN lässt sich die Zuordnung von Organisationseinheiten zu Geschäftsprozessschritten modellieren, allerdings nicht so unmittelbar wie in einer Ereignisgesteuerten Prozesskette. Da es in BPMN keine Symbole für Organisationseinheiten gibt, die man mit Aktivitäten direkt verbinden könnte, muss man sich eines anderen Konstrukts bedienen, der Swimlanes („Schwimmbahnen").

Präziser ausgedrückt handelt es sich um die Modellierungskonstrukte *Pool* und *Lane*, die bereits in Abschnitt 4.1.2 eingeführt wurden (im Fachjargon spricht man gern von Swimlanes). Bei der Modellierung fängt man nun zweckmäßigerweise nicht mit dem Prozessablauf, sondern mit der Organisationsstruktur an.

Da Pools und Lanes beliebig geschachtelt werden können, lässt sich theoretisch auch ein vielstufiges Organigramm abbilden. Praktisch stößt man jedoch schnell an Grenzen, da ein BPMN-Diagramm mit zahlreichen Organisationsbahnen schon relativ viel Raum für deren Darstellung benötigt. Für den eigentlichen Ablauf bleibt wenig Platz übrig.

Geschachtelte Pools und Lanes

Das praktische Problem illustriert Abbildung 7.10, in der die oben gezeigte Organisationsstruktur des Flughafens Frankfurt (vgl. Abbildung 7.8) mit Swimlanes teilweise abgebildet wurde.

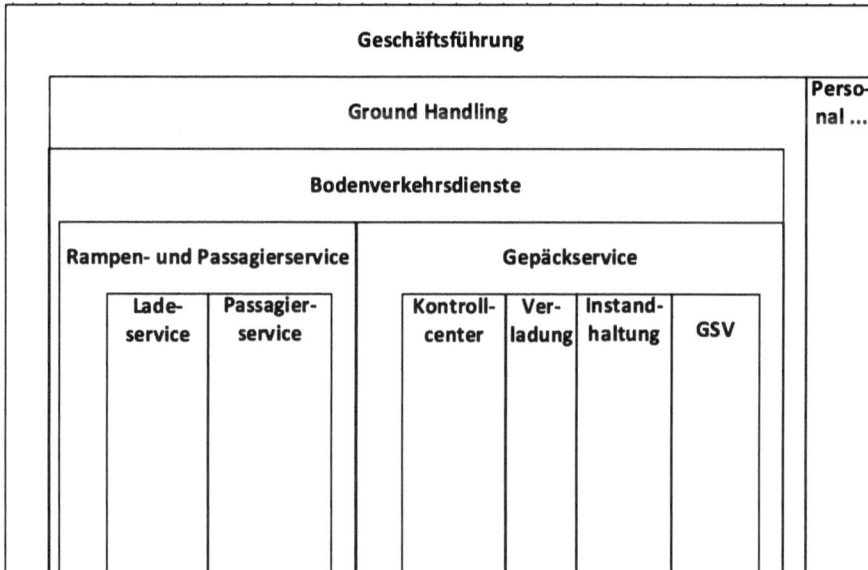

Abb. 7.10: Organisationsstruktur des Flughafens Frankfurt im BPMN-Diagramm (mit ARIS Express modelliert [ARIS 2023]).

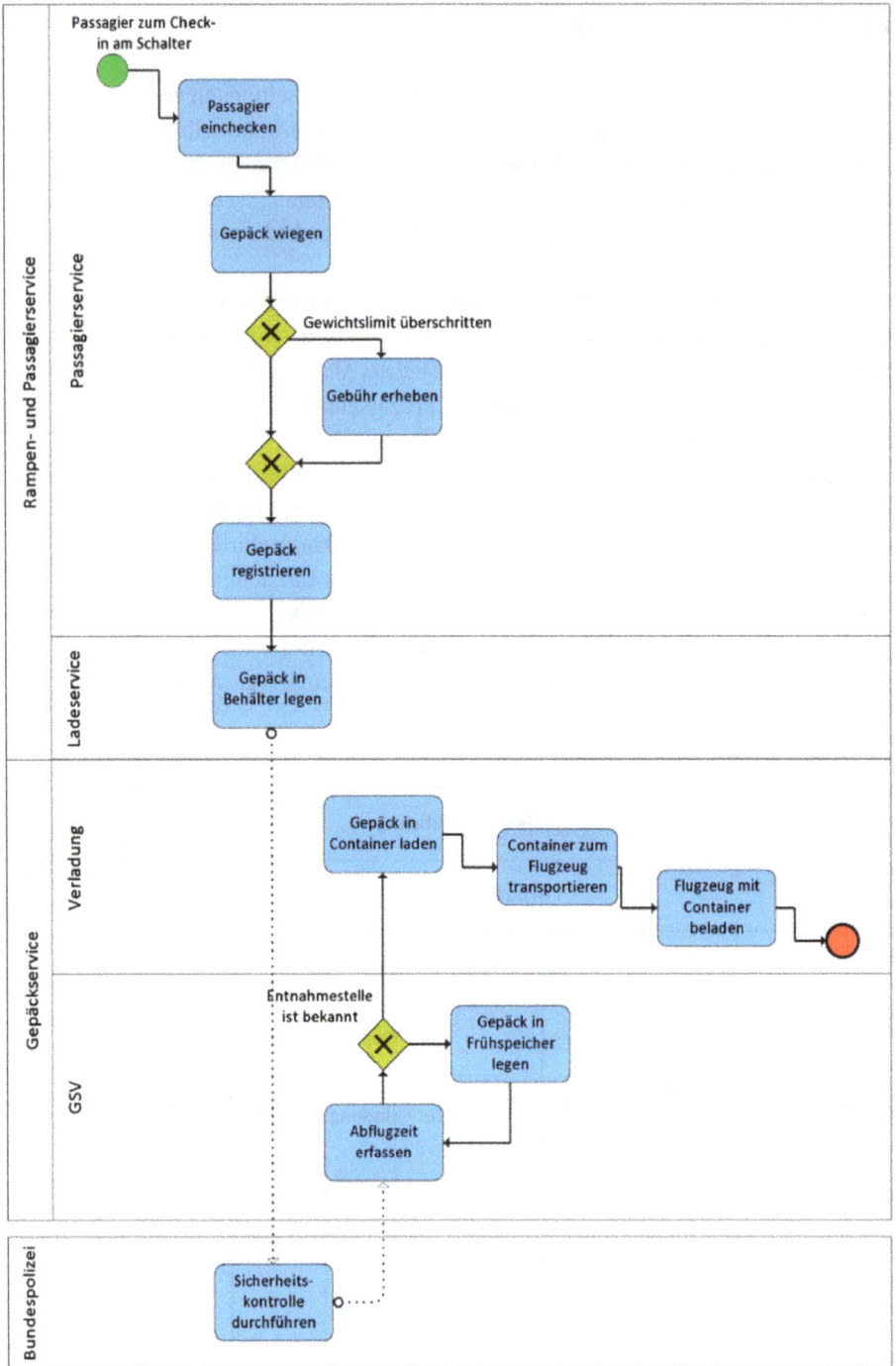

Abb. 7.11: BPMN-Diagramm mit Swimlanes zum Geschäftsprozess „Outbound Flight" (mit ARIS Express modelliert [ARIS 2023]).

Der Prozess „Outbound Flight", der im vorigen Abschnitt als erweiterte EPK dargestellt wurde (vgl. Abbildung 7.9), ist in Abbildung 7.11 nochmals modelliert – als BPMN-Diagramm und nach Swimlanes organisiert. Der Prozess beginnt in der Organisationseinheit Passagierservice (Symbol Startereignis) und endet in der Organisationseinheit Verladung (Symbol Endereignis). „Bundespolizei" ist ein eigener Pool (andere Organisation als Flughafen Frankfurt), mit dem durch Nachrichtenaustausch kommuniziert wird.

Prozess „Outbound Flight" mit Swimlanes

8 Strategische Modellierung

Neben den bisher behandelten Modellierungsgegenständen – Geschäftsprozesse, Daten, Funktionen und Organisation – gibt es weitere Bereiche, die genauer betrachtet werden müssen. Sie setzen gewissermaßen den langfristigen Rahmen für die anderen Modellierungsgegenstände. Wir fassen diese Bereiche unter dem Begriff „strategische Modellierung" zusammen. Es handelt sich um die Modellierung der Prozesslandschaft, der Systemlandschaft und der IT-Infrastruktur.

8.1 Modellierung der Prozesslandschaft

8.1.1 Identifizierung von Prozessen

An verschiedenen Stellen dieses Buchs wurden Geschäftsprozesse modelliert oder in Beziehung zu anderen Modelltypen gesetzt. Dabei wurde stets angenommen, dass die Geschäftsprozesse bekannt sind; das heißt, sie wurden irgendwann vorher einmal identifiziert und abgegrenzt.

Wo kommen die Geschäftsprozesse her?

Die noch zu klärenden Fragen sind somit: Wo kommen die Prozesse her, welche/wie viele Prozesse gibt es in einem Unternehmen überhaupt, und in welcher Beziehung stehen die verschiedenen Prozesse zueinander?

Nachdem die Prozesse einmal identifiziert wurden, lässt sich je nach Größe des Unternehmens und Differenzierungsgrad meist eine größere zweistellige oder eine dreistellige Zahl an Prozessen feststellen.

Identifizierung der Prozesse

Zur Identifizierung der Prozesse werden unterschiedliche Vorgehensweisen angewendet. Diese reichen von Vorgabe durch die Geschäftsleitung (bei KMUs) über Intuition, Richtlinien und Best Practices von Beratungsunternehmen bis hin zur Anwendung nationaler oder internationaler Standards.

In einem Kleinunternehmen wird die Geschäftsleitung einen guten Überblick haben, welche Prozesse für die Geschäftstätigkeit maßgeblich sind. In einem größeren Unternehmen ist dieses Wissen dagegen eher verteilt (Ressort-, Sparten-, Abteilungsleiter u. a.). Je größer das Unternehmen, um so empfehlenswerter ist es, sich an Best Practices und Standards zu orientieren. Diese können vermeiden helfen, dass relevante Prozesse übersehen werden.

Internationale Standards für das Prozessmanagement sind die Norm ISO 9001 und das APQC Process Classification Framework (PCF).

DIN EN ISO 9001

ISO 9001 ist ein Standard für Qualitätsmanagement der International Organization for Standardization (ISO). Er wurde in Deutschland

https://doi.org/10.1515/9783111063843-008

durch das Deutsche Institut für Normung (DIN) als nationale Norm *DIN EN ISO 9001* in Kraft gesetzt. In dieser Norm, die europaweit gültig ist („EN"), werden neben allgemeinen Grundlagen und Prinzipien für das Qualitätsmanagement auch typische Prozesse für eine Prozesslandschaft aufgeführt. Dazu gehören (zitiert nach [Fleig 2022]):

- Analyse der Kundenbedürfnisse und Kundenanforderungen
- Analyse und Übertragung neuer gesetzlicher Regelungen und behördlicher Anforderungen
- Ermittlung der Kundenzufriedenheit
- Analyse der Kundenbeschwerden und Reklamationen
- Konzeption von Produkten und Dienstleistungen
- Spezifikation der Funktionen und Merkmale von Produkten und Dienstleistungen
- Einbeziehung von Kunden in die Entwicklung von Produkten und Dienstleistungen
- Durchführung von Produkttests und Markttests
- Entwicklung der Produkte und Dienstleistungen für Produktion und Serienfertigung
- Dokumentation der Produkt- und Dienstleistungsspezifikation
- Zusammenarbeit mit Lieferanten
- Wareneingangsprüfung
- Vorbereitung und Schaffung der notwendigen Ressourcen und Rahmenbedingungen
- Fertigung, Herstellung, Montage, Produktion, Transport, Lagerung von Produkten sowie Vorbereitung und Erbringung von Dienstleistungen
- Prüfung und Messung der Qualität im Herstellprozess sowie bei der Erbringung von Dienstleistungen
- Dokumentation des Herstellprozesses und der Qualitätsprüfungen
- Bearbeitung von Fehlern, Mängeln und nichtkonformen Produkten und Dienstleistungen (Nachbearbeitung, Aussortierung, Sonderfreigabe)
- Prüfung von Messverfahren, Messmitteln, Messeinrichtungen
- Information, Schulung und Training für die Mitarbeiter
- Wartung und Instandsetzung von Ressourcen (Maschinen, Anlagen, IT-Systeme, Gebäude, Einrichtungen)
- Produktbeobachtungen nach Inverkehrbringen
- After-Sales-Services für Kunden
- Rücknahme, Entsorgung oder Recycling von Produkten
- Dokumentation von Prozessen und qualitätsrelevanten Abläufen, Informationen und Sachverhalten
- Bearbeitung von Änderungen oder Verbesserungen bei Prozessen

In der Praxis muss nicht jede Prozesslandkarte genau diese Prozesse enthalten. Vielmehr soll die Liste als Richtlinie dienen und im Unternehmenskontext angepasst werden.

APQC PCF

APQC (American Productivity & Quality Center) ist eine gemeinnützige Organisation in den USA, die hauptsächlich auf den Gebieten Prozess-, Performance- und Wissensmanagement tätig ist. Sie hat eine nach Wirtschaftszweigen differenzierte Taxonomie für Geschäftsprozesse erstellt, die heute weltweit verbreitet ist, das *APQC Process Classification Framework (PCF)*.

Die branchenübergreifende Fassung („Cross-Industry PCF") enthält mehr als 1.000 Prozesse [APQC 2018]. Wie bei der DIN EN ISO 9001 handelt es sich um Empfehlungen, die ein Unternehmen heranziehen und verändern kann.

Das Handling wird dadurch erleichtert, dass Softwarewerkzeuge zum digitalisierten Umgang mit dem Framework auf dem Markt verfügbar sind. Beispielsweise bietet SAP das Werkzeug Signavio Process Manager für das Prozessmanagement an [https://www.signavio.com/de/]. Dieses ist in der Lage, die APQC-Taxonomie zu importieren und weiterzuverarbeiten.

8.1.2 Prozesslandkarten

Prozesslandschaft, Prozesslandkarte

Die Gesamtmenge aller Prozesse eines Unternehmens wird *Prozesslandschaft* genannt. In einer visuellen Übersicht angeordnet wird die Prozesslandschaft meist als *Prozesslandkarte* bezeichnet. Häufig werden die beiden Begriffe auch synonym verwendet.

Da die Prozesse eines Unternehmens von ihrer Bedeutung und Ausrichtung her unterschiedlich sind, ist es üblich, die Prozesslandkarte nach Prozesstypen zu strukturieren. Meist wird eine Einteilung in drei Kategorien vorgenommen, sodass die Prozesslandkarte drei Ebenen aufweist.

Wertschöpfende Prozesse

Die am häufigsten verwendete Unterscheidung erfolgt danach, ob die Prozesse unmittelbar zur Wertschöpfung beitragen oder nicht. Die unmittelbar wertschöpfenden Prozesse werden auch Leistungs- oder Kernprozesse genannt. Bei den anderen Prozessen wird nach unterstützenden Prozessen und Managementprozessen unterschieden.

Kernprozesse

* *Kernprozesse* (Leistungsprozesse) dienen dazu, das operative Geschäft mit Blick auf die Kundenanforderungen abzuwickeln. Die bisher in diesem Buch beispielhaft modellierten Prozesse waren überwiegend Kernprozesse (z. B. Auftragsabwicklung, Passagierabfertigung).

- *Unterstützungsprozesse* (Supportprozesse) sind insofern wichtig für die Leistungserbringung, als sie diese erst ermöglichen und unterstützen. Eine direkte Wertschöpfung findet nicht statt. Beispiele sind Buchhaltungs-, Personal- und IT-Prozesse.
- *Managementprozesse* (Führungsprozesse, Steuerungsprozesse) dienen der Unternehmensplanung, -steuerung und -kontrolle. Sie setzen den Rahmen für die Kernprozesse. Beispiele sind Strategieplanung, Zielemanagement, Controlling und Budgetplanung.

Die Darstellungsformen für Prozesslandkarten unterscheiden sich. Häufig werden, wie in Abbildung 8.1, die Managementprozesse oben, die Unterstützungsprozesse unten und die Kernprozesse im mittleren Teil hintereinander (oder untereinander) angesiedelt.

Eine andere Darstellungsform sieht man in Abbildung 8.2. Hier sind die Prozesskategorien in den drei Blöcken Managementprozesse, Kernprozesse und Unterstützungsprozesse zusammengefasst. Angesichts der großen Zahl an Prozessen wäre es offensichtlich nicht möglich, alle Prozesse einer Kategorie nebeneinander wie in Abbildung 8.1 anzuordnen. Der Lesbarkeit halber wurde in der Abbildung ein Block (Managementprozesse) vergrößert und herausgehoben. (Im Original ist seine Größe so, dass die drei Blöcke zusammen ein Rechteck formen.)

Die Prozesslandkarte wurde der Dokumentation des Modellierungswerkzeugs Adonis:CE (Adonis Community Edition) der BOC Group entnommen. Sie repräsentiert dort die Prozesse des Modellunternehmens *ADOmoney Bank* [BOC 2023a, BOC 2023b].

Die Prozesse der Prozesslandkarte sind dadurch charakterisiert, dass sie grundsätzlich einen *Input* und einen *Output* haben. Die Begriffe Input und Output sind hier nicht im Sinne der Datenverarbeitung, sondern ganz allgemein zu verstehen. Bei einem Prozess wie Produkt-

Marginalien:
Unterstützungsprozesse

Managementprozesse

Darstellungsformen

Modellunternehmen ADOmoney Bank [BOC 2023a, BOC 2023b]

Input und Output

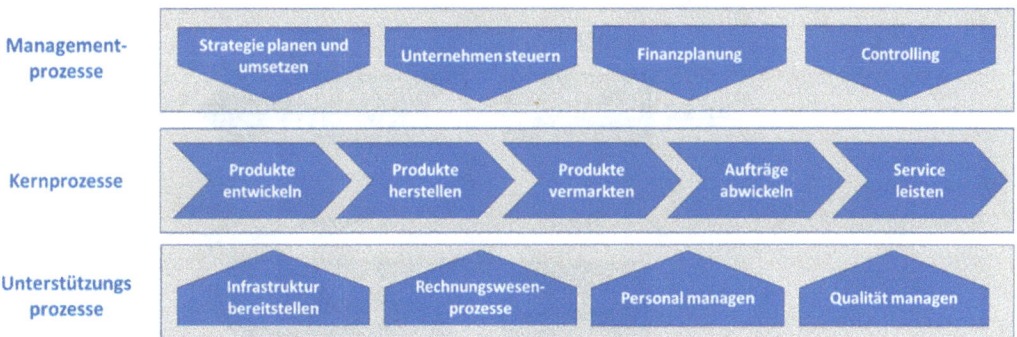

Abb. 8.1: Prozesslandkarte (Beispiel).

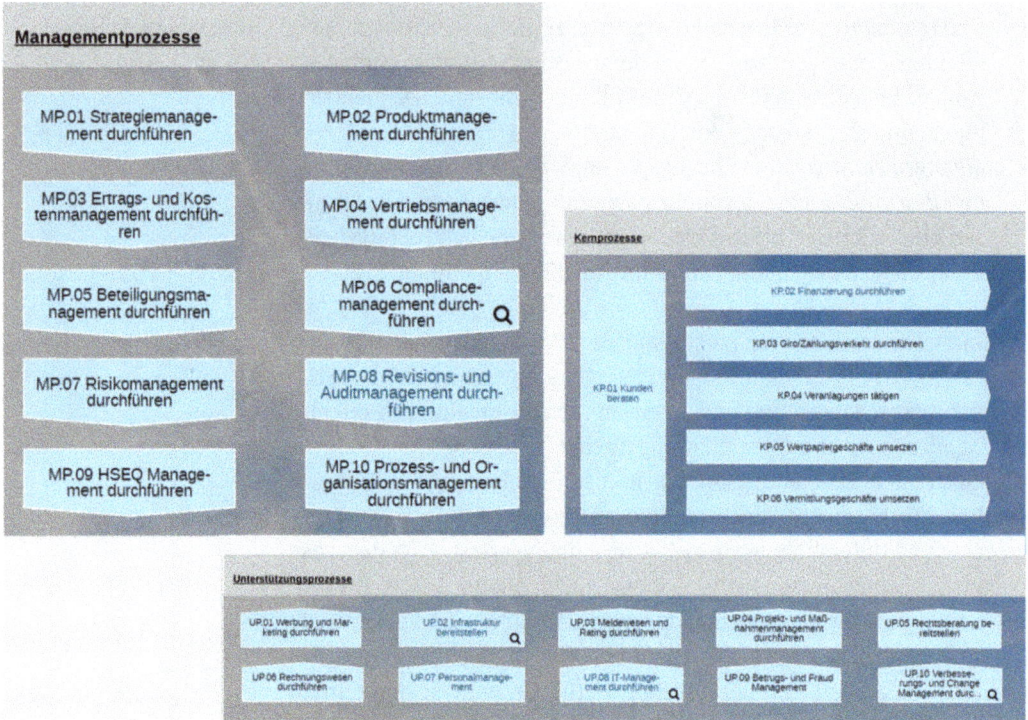

Abb. 8.2: Prozesslandkarte ADOmoney Bank [BOC 2023b].

entwicklung kann beispielsweise eine Produktidee den Input und der Prototyp eines neuen Produkts den Output darstellen. Teil a) der Abbildung 8.3 zeigt diesen Fall.

Inputs und Outputs können nicht nur bei Prozessen auf einer hohen Abstraktionsebene (wie in der Prozesslandkarte), sondern auch bei detaillierteren Teilprozessen angegeben werden. Teil b) der Abbildung

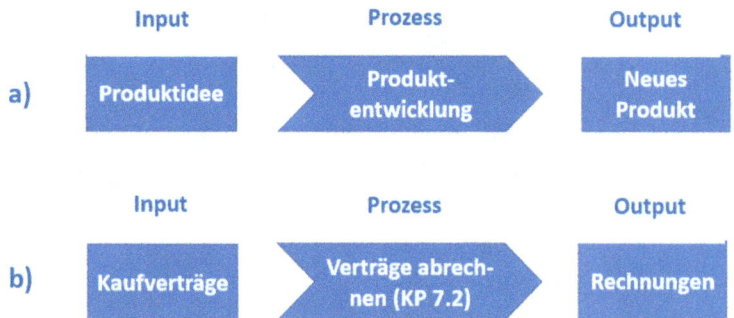

Abb. 8.3: Prozesse mit Input und Output.

zeigt einen Teilprozess, der bei der Verfeinerung einer Prozesslandkarte zum Vertrieb von Versicherungsprodukten aus einem der Kernprozesse abgeleitet wurde (KP = Kernprozess).

Prozesslandkarten dienen dem Gesamtüberblick. Für die konkrete Prozessmodellierung müssen sie in detailliertere Prozesse aufgespalten werden. Bei einer Top-down-Vorgehensweise würden für die verschiedenen Kern-, Management- und Unterstützungsprozesse so lange Verfeinerungen erzeugt (Teilprozesse), bis schließlich alle Prozessschritte durch Elementarfunktionen repräsentiert sind.

Verfeinerung der Prozesslandkarte

Abbildung 8.4 verdeutlicht diese Vorgehensweise schematisch. Kernprozess Nr. 3 aus der Prozesslandkarte wird zunächst auf Ebene 1 in vier Teilprozesse (3.1 bis 3.4) aufgespalten. Dann wird Kernprozess 3.2 weiter zerlegt (in drei Prozesse 3.21 bis 3.2.3), später Prozess 3.2.2 etc.

Zur Veranschaulichung soll auf die Prozesslandkarte der *ADOmoney Bank* (vgl. Abbildung 8.2) zurückgegriffen werden. In Abbildung 8.5 wird der Managementprozess „MP.08 Revisions- und Auditmanagement durchführen" näher betrachtet. (Die gestrichelten roten Pfeile stehen gewissermaßen für einen „Doppelklick" auf das Prozesssymbol, durch den die Verfeinerung der nächsttieferen Stufe aufgerufen wird.)

Beispiel: ADOmoney Bank

Die Verfeinerung auf Ebene 1 ergibt drei Teilprozesse: „MP.08.01 Externe Prüfung und Revision", „MP.08.02 Interne Prüfung, Audit und Re-

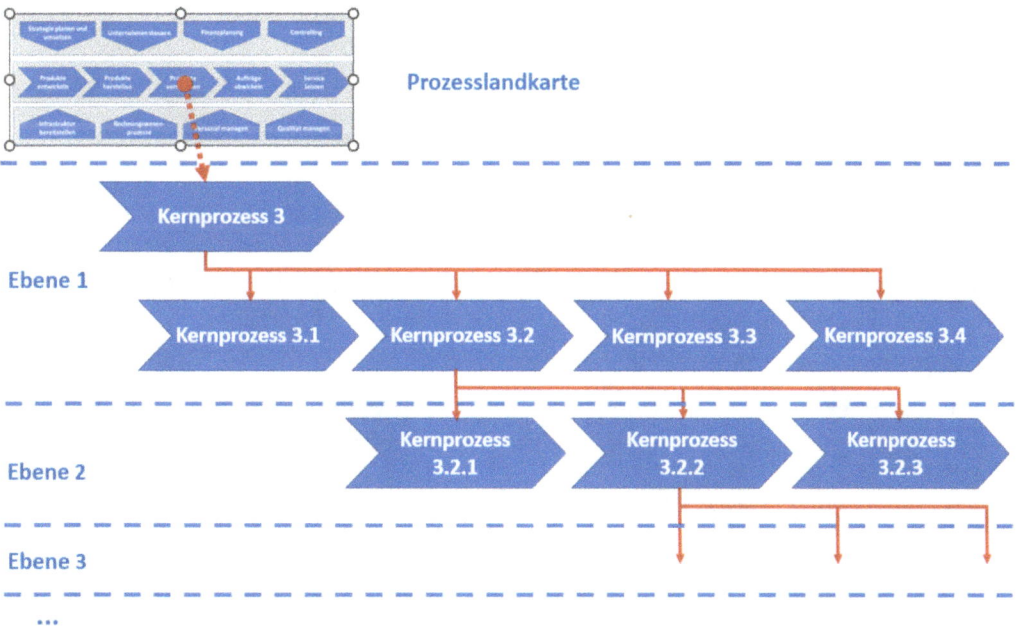

Abb. 8.4: Verfeinerung von Prozesslandkarten.

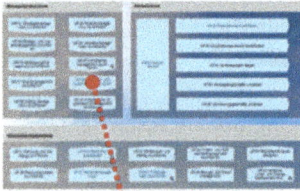

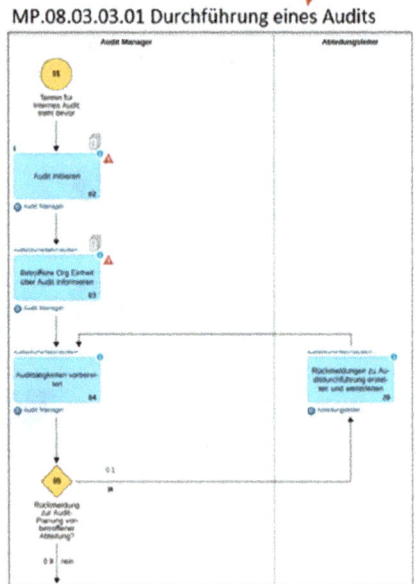

Abb. 8.5: Verfeinerung der Prozesslandkarte „ADOmoney Bank" [BOC 2023b].

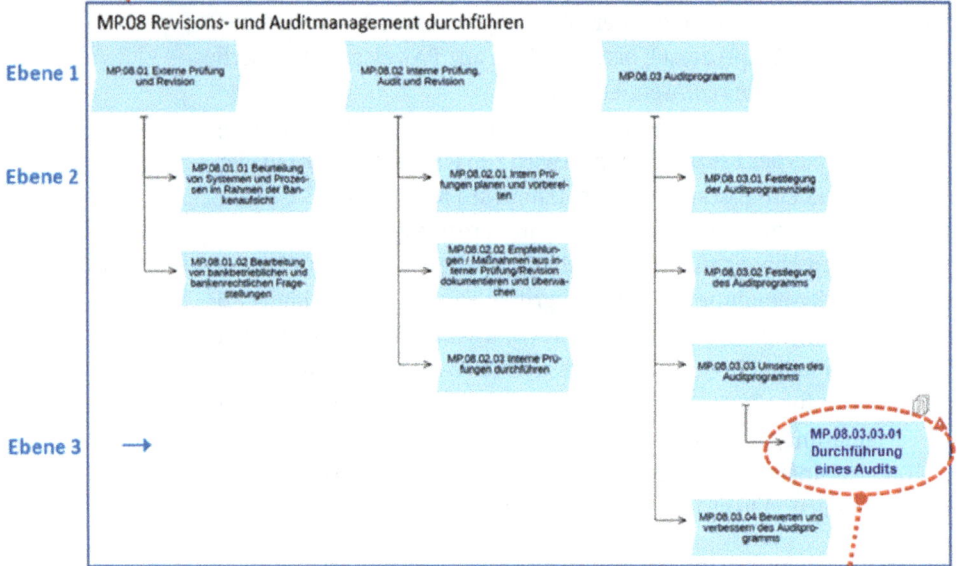

vision" sowie „MP.08.03 Auditprogramm". Der Letztere wird auf Ebene 2 weiter aufgespalten in vier Teilprozesse, MP.08.03.01 bis MP.08.03.04.

Für einen der Prozesse, „MP.08.03.03 Umsetzen des Auditprogramms", ist schließlich noch eine Verfeinerung auf Ebene 3 angegeben. Diese erfolgt durch den eingekringelten Teilprozess „MP.08.03.03.01 Durchführung eines Audits" rechts unten in der Abbildung.

Den Ablauf des letzteren Prozesses in Form eines BPMN-Diagramms sieht man ausschnittsweise im unteren Teil der Abbildung 8.5. Das BPMN-Diagramm ist in Swimlanes gegliedert. Im vollständigen Diagramm sind vier Swimlanes enthalten, von denen in dem abgebildeten Ausschnitt jedoch nur zwei zu sehen sind („Audit Manager" und „Abteilungsleiter"). *[Verfeinerungen]*

Manche Aktivitätssymbole sind mit Annotationen versehen, gekennzeichnet durch Ausrufezeichen in einem roten Dreieck. Darin stehen Kurzinformationen über die Aktivität, Hinweise, Zuständigkeiten u. a.

8.2 Modellierung der Anwendungslandschaft

Als *Anwendungslandschaft* (oder Anwendungssystemlandschaft, engl. Application Landscape) wird die „Gesamtheit der betrieblichen Anwendungssysteme und das Geflecht der Verbindungen zwischen den Anwendungssystemen in einem Unternehmen" bezeichnet [Buckl, Schweda 2023]. *[Anwendungslandschaft]*

Dass man von einer „Landschaft" spricht, liegt daran, dass in einem Unternehmen eine Vielzahl von Anwendungssystemen existiert. In einem kleineren oder mittleren Unternehmen ist dies typischerweise eine zwei- oder dreistellige Zahl, in einem Großunternehmen können es auch Tausende von Anwendungssystemen sein.

Die „Landschaft" ist meist historisch gewachsen und selten systematisch geplant. Somit stehen sehr große Systeme (wie ein ERP-System), kleinere Systeme sowie Speziallösungen häufig „flach" und unstrukturiert nebeneinander. Daraus resultieren zahlreiche Herausforderungen (z. B. Daten- und Funktionsredundanz, Schnittstellenprobleme), die jedoch nicht Gegenstand dieses Buchs sind und nicht weiter vertieft werden.

Wenn ein Unternehmen seine Anwendungssystemlandschaft systematisch zu strukturieren plant, dann führt der Weg meist über die Entwicklung einer *Anwendungsarchitektur*, die in die Unternehmensarchitektur integriert wird [Krallmann et al. 2013, S. 31 ff., Krcmar 1990]. Dazu gibt es zahlreiche Architekturmodelle und Vorgehensweisen. Interessier- *[Anwendungsarchitektur, Unternehmensarchitektur]* te Leser und Leserinnen werden auf die einschlägige Literatur verwiesen.

Am Anfang des Verbesserungsprozesses steht in jedem Fall die Aufgabe, die existierende Anwendungssystemlandschaft zu erfassen und zu dokumentieren. Die Erhebung des Istzustands ist bei Hunderten von Systemen eine nicht zu unterschätzende Aufgabe, da zu jedem System zahlreiche funktionale und technische Merkmale zu erfassen sind. Die gewünschte Ziellandschaft, als Ergebnis des Verbesserungsprozesses, muss ebenfalls dokumentiert werden.

Zur Dokumentation der Anwendungslandschaft kann man sich, neben Formularen und anderer schriftlicher Aufzeichnungen, grafischer Hilfsmittel und Werkzeuge bedienen. Ein kleines Beispiel, das mit ARIS Express modelliert wurde, ist in Abbildung 8.6 wiedergegeben. Das Beispiel dokumentiert die Anwendungslandschaft des fiktiven Unternehmens *myShop*. Die sieben Anwendungssysteme sind den drei Domänen Kunden, Materialwesen und Rechnungswesen zugeordnet.

Das Beispiel macht klar, dass sich auf diese Weise nur eine begrenzte Zahl von Anwendungssystemen darstellen lässt. Die Darstellungsform ist also nur für kleine Landschaften geeignet oder – auf einer gröberen Ebene – als Überblick über ganze Bereiche von Anwendungssystemen

Abb. 8.6: Beispielhaftes Modell einer Anwendungslandschaft (mit ARIS Express modelliert [ARIS 2023]).

(„Domänen" in der ARIS-Terminologie). Statt einzelner Anwendungssysteme würden im letzteren Fall in Domänen dann Unterdomänen eingefügt.

Wie man sieht, unterstützt das Konzept der Domänen im Wesentlichen „Enthält-" oder „Besteht aus"-Beziehungen. Domänen sind somit ein Konstrukt zur Gruppierung von Anwendungssystemen und/oder (Unter-) Domänen. Durch Schachtelung lassen sich zwar mehrstufige Strukturen modellieren, aber die Grenzen der Unterstützung sind schnell erreicht.

Domänen dienen zur Gruppierung

Dies tritt bei dem Versuch, Anwendungslandschaften aus der Praxis mit Hunderten oder Tausenden von Systemen darzustellen, offen zutage. Existierende Visualisierungswerkzeuge sind zwar in der Lage, eine vorhandene Anwendungslandschaft automatisiert zu erfassen und grafisch darzustellen, aber das Ergebnis ist in den meisten Fällen alles andere als übersichtlich.

Abbildung 8.7 mag die Problemlage verdeutlichen. Vereinfacht kann man die Knoten in den einzelnen Grafiken als Anwendungssysteme und die Kanten als Verbindungen unterschiedlicher Art betrachten. Ohne auf die in der Abbildung zusammengefassten Visualisierungsansätze näher eingehen zu wollen, gibt die Abbildung doch einen Eindruck von der Komplexität typischer Anwendungslandschaften.

Visualisierungswerkzeuge

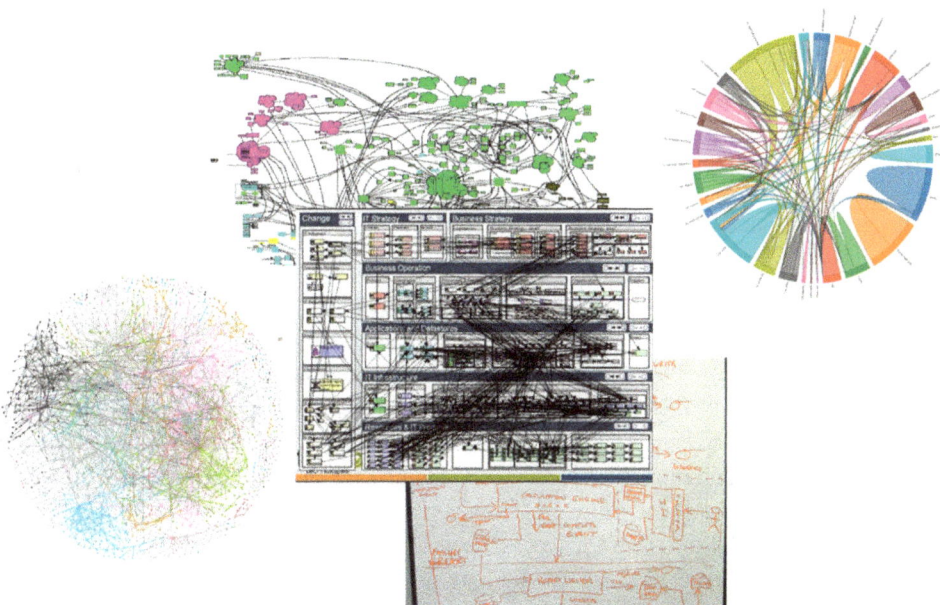

Abb. 8.7: Visualisierung von praktischen Anwendungslandschaften [Crawshaw 2021].

Die Bilder stammen von einem Anbieter fortgeschrittener Visualisierungswerkzeuge (Aplas.com), der auf methodische Ansätze zur systematischen Aufbereitung komplexer Umgebungen fokussiert ist. Mit der Abbildung wird die Notwendigkeit solcher Ansätze motiviert [Crawshaw 2021].

Die Abbildung lässt deutlich erkennen, was ARIS Express und anderen Modellierungswerkzeugen, die nur das Domänenkonzept unterstützen, fehlt. Die komplexen Beziehungen zwischen den zahlreichen Anwendungssystemen und/oder (Unter-) Domänen, z. B. Abhängigkeiten, Datenflüsse, Integrations-/Schnittstellentypen u. a., können mit reinen Gruppierungskonstrukten nicht ausgedrückt werden.

8.2.1 Softwarekartographie

Kartographie

Die Softwarekartographie ist ein Fachgebiet, das die Erkenntnisse der (allgemeinen) Kartographie auf Softwarelandschaften anwendet. Die Kartographie beschäftigt sich mit der Konzeption, Erstellung und Analyse von Karten für geographische Sachverhalte (z. B. die Erde, die Erdoberfläche oder Ausschnitte davon). Eine *Karte* ist eine symbolisierte Abbildung einer Landschaft oder allgemein einer geographischen Realität. Zur Herstellung von Karten werden bestimmte kartographische Modelle und Methoden verwendet.

In der *Softwarekartographie* versucht man analog, Karten von Softwarelandschaften zu erstellen. Da das Fachgebiet in der Wirtschaftsinformatik entstanden ist, liegt der Fokus auf Anwendungssystemlandschaften (Anwendungslandschaften).

Ziele der
Softwarekartographie

In der betrieblichen Praxis werden Anwendungslandschaften meist von „... Personen mit sehr unterschiedlichen Interessen und Erfahrungshintergrund konzipiert, erstellt, modifiziert, betrieben, genutzt und finanziert" [Matthes 2008, S. 527]. Das Ziel der Softwarekartographie ist aus dieser Perspektive, die Kommunikation zwischen den unterschiedlichen Personengruppen „... durch zielgruppenspezifische verständliche graphische Visualisierungen zu unterstützen" [ebd.].

Dies soll in einer Sprache bzw. auf einer Kommunikationsebene erfolgen, die Mitarbeiter und Mitarbeiterinnen aus den betrieblichen Funktionsbereichen, IT-Personal, Manager und ggf. externe Stakeholder gleichermaßen verstehen. Aufgrund der globalen Sichtweise sollen Softwarekarten weiterhin geeignet sein, langfristige und strategische Management-Betrachtungen zu erleichtern [ebd.].

Softwarekarte

Eine *Softwarekarte* ist ein grafisches Modell zur Dokumentation der Architektur einer Anwendungslandschaft oder von Ausschnitten davon.

Sie setzt sich aus einem Kartengrund und den auf dem Kartengrund aufbauenden Schichten zusammen. Die Schichten visualisieren verschiedene Merkmale der Anwendungslandschaft [Wittenburg 2007, S. 5].

Der *Kartengrund* ist die Basis, auf der die in der Karte darzustellenden Elemente verortet werden. Bei einer geographischen Karte hat der Kartengrund meist eine topologische Form (z. B. Berge, Täler, Flüsse, Seen). Ein Flughafen oder eine Straße wird dann an einer bestimmten Stelle der Topologie eingezeichnet.

Kartengrund

Bei einer *Softwarekarte* sind die zu verortenden Elemente je nach Modellierungszweck Anwendungssysteme, SOA-Komponenten (Komponenten einer serviceorientierten Architektur), Dienste (Services), Datenspeicher o. a. Es stellt sich die Frage, was hier als Kartengrund dienen kann.

Matthes und Wittenburg unterscheiden vier Formen von Karten [Matthes 2008, S. 529 ff., Wittenburg 2007, S. 77 ff.]:

Cluster-Karte: Der Kartengrund wird in thematische Cluster unterteilt. Jedes Cluster steht für eine logische Domäne. Domänen können z. B. auf der Basis von Funktionsbereichen, Organisationseinheiten oder Standorten gebildet werden. Die in Abbildung 8.6 modellierte Anwendungslandschaft kann in diesem Sinne als Beispiel einer einfachen Cluster-Karte mit den Clustern „Kunden", „Materialwesen" und „Rechnungswesen" angesehen werden.

Cluster-Karte

Eine Cluster-Karte aus einem Versicherungskonzern präsentierte André Wittenburg in seiner Dissertation [Wittenburg 2007, S. 58]. Abbildung 8.8 zeigt die Anwendungslandschaft einer Regionalgesellschaft des Konzerns. Die Karte ist in sechs Cluster mit insgesamt ca. 150 Anwendungssystemen gegliedert.

Prozessunterstützungskarte: Die Prozessunterstützungskarte ist eine Form der *kartesischen Karte*. Dies bedeutet, dass in dem zweidimensionalen Raum die Achsen eine bestimmte Bedeutung haben. Die X-Achse ist bei einer Prozessunterstützungskarte nach Geschäftsprozessen gegliedert, während die Y-Achse je nach Verwendungszweck z. B. Organisationseinheiten, Standorte oder Aufgabentypen unterscheiden kann.

Prozessunterstützungskarte

Das Beispiel in Abbildung 8.9 gibt eine Prozessunterstützungskarte wieder. In dem zugrunde liegenden Praxisfall wurde eine Einteilung in administrative, dispositive und operative Systeme vorgenommen. Die Systeme im unteren Bereich (wie das Finanz-, Controlling- und Personalwirtschaftssystem) sind prozessübergreifend.

Zeitintervallkarte

Zeitintervallkarte: Eine Zeitintervallkarte ist ebenfalls eine Form der kartesischen Karte. Hier wird die X-Achse nach dem Kriterium Zeit gegliedert (z. B. nach Monaten). Diese Form der Softwarekarte ist zweck-

Abb. 8.8: Beispiel einer Cluster-Karte [Wittenburg 2007, S. 58].

mäßig, wenn man die langfristige strategische Anwendungssystempla-
nung oder die Versionsplanung über mehrere Jahre hinweg darstellen
möchte.

Grafiklayout-Karte   *Grafiklayout-Karte*: Bei dieser Form der Softwarekarte gibt es
anders als bei den vorigen Formen kein Untergliederungskriterium, sondern die darzustellenden Elemente werden freihändig platziert (ähnlich
wie die Entitytypen in einem Entity-Relation-Diagramm). Eine solche
Karte eignet sich gut dafür, Verbindungen und Abhängigkeiten zwischen
den Anwendungssystemen (bzw. den dargestellten Elementen) zu visualisieren. Sehr wichtig ist dabei, dass die Bedeutung der Kanten oder
Pfeile angegeben wird.

Abbildung 8.10 zeigt ein kleines Beispiel, das noch sehr übersichtlich
ist. Der Nachteil von Grafiklayout-Karten liegt aber offenkundig darin,
dass mit zunehmender Knotenanzahl die Übersichtlichkeit schnell verloren geht, vgl. dazu Abbildung 8.7.

Abhängigkeiten
dokumentieren   Ein wichtiges Anliegen bei der Modellierung von Anwendungslandschaften besteht darin, nicht nur die Anwendungssysteme zu erfassen,
sondern auch ihre wechselseitigen Abhängigkeiten zu dokumentieren.
Dies ist z. B. Voraussetzung, um die Auswirkungen von Änderungen in
der Anwendungslandschaft auf andere Systeme verfolgen oder plane-
risch berücksichtigen zu können (Beispiel: Umstieg auf ein anderes Datenbanksystem).

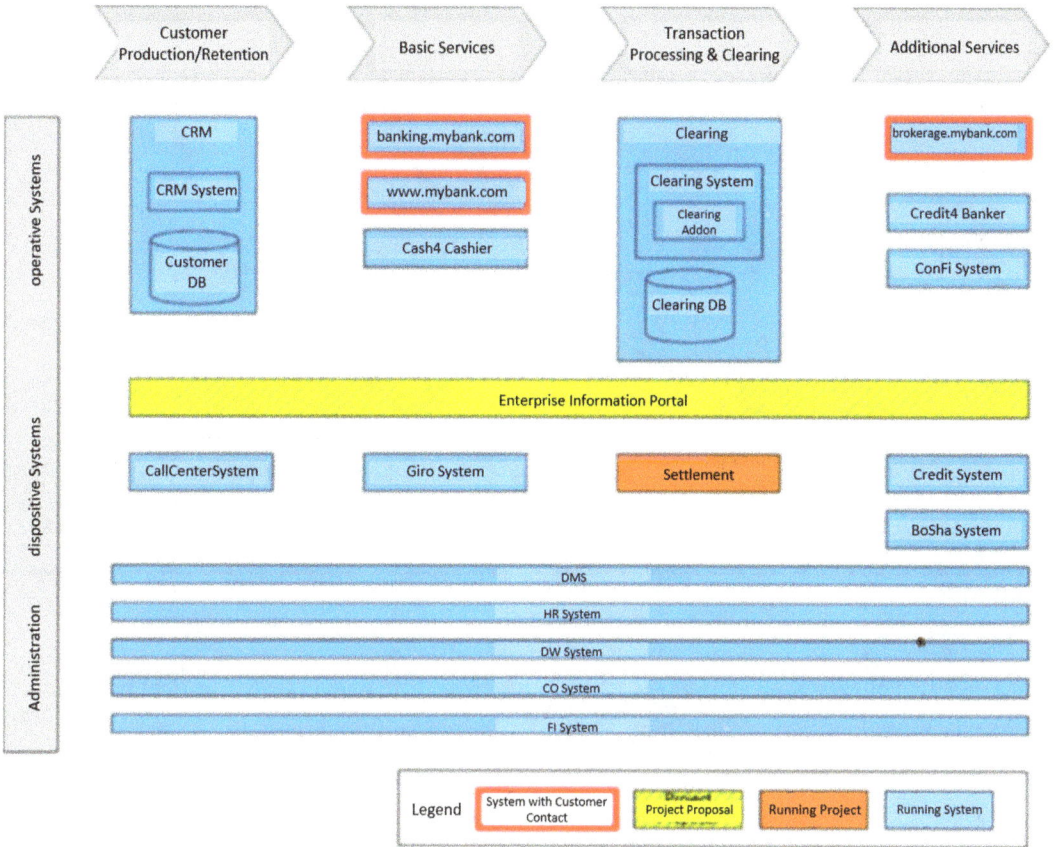

Abb. 8.9: Beispiel einer Prozessunterstützungskarte [Matthes 2008, S. 531].

Grafiklayout-Karten sind dafür ein guter Ansatz, aber den Layout-möglichkeiten sind Grenzen gesetzt. Bei neun Systemen wie in Abbildung 8.10 ist die Grafiklayoutkarte noch übersichtlich, bei mehreren Hundert Systemen entsteht aber ein wirres Beziehungsnetz.

Bei umfangreichen Anwendungslandschaften werden ohnehin eher Cluster- und Prozessübersichtskarten genutzt. Bei diesen ist es jedoch nicht offensichtlich, wie die Beziehungen übersichtlich dargestellt werden können. In dem Ansatz von Matthes und Wittenburg werden zwei Möglichkeiten verfolgt:

1. Annotationen – Beziehungsmodellierung durch Minisymbole an jedem Anwendungssystem: Dazu sei die Clusterkarte in Abbildung 8.11 betrachtet, die im Hintergrund einen anderen Teil der Anwendungsland-schaft des oben schon erwähnten Versicherungskonzerns zeigt. Der Ausschnitt enthält 6 Domänen mit jeweils 1–4 Unterdomänen.

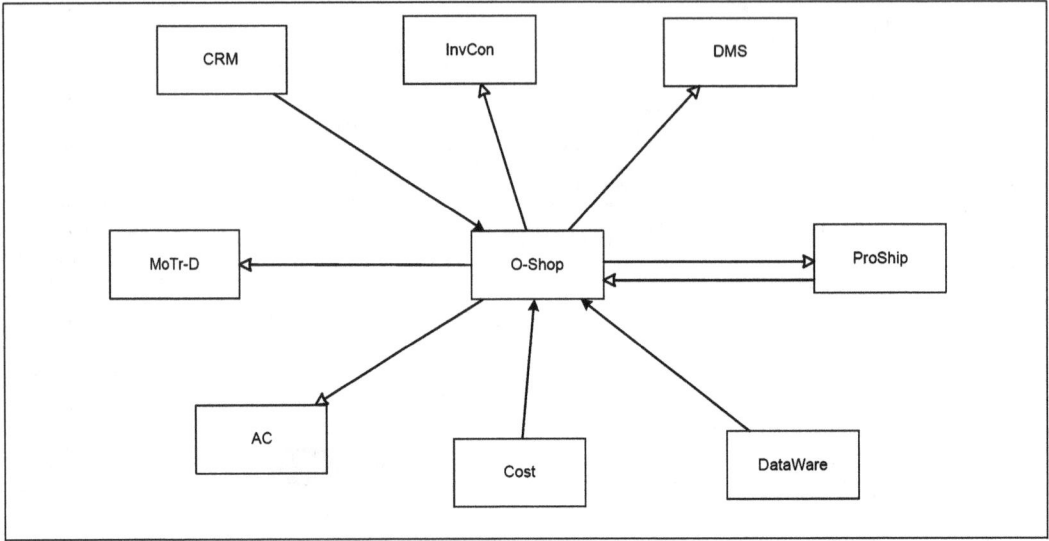

Legend

Map Symbols & Visual Variables	Visualization Rules

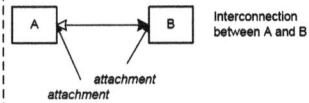

Map Symbols & Visual Variables

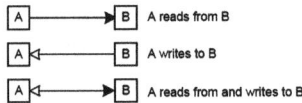

A — Business application system A

A ━▶ B — A reads from B

A ◀━ B — A writes to B

A ◀━▶ B — A reads from and writes to B

Visualization Rules

A ◀━▶ B — Interconnection between A and B

attachment
attachment

Abb. 8.10: Beispiel einer Grafiklayoutkarte [Wittenburg 2007, S. 74].

An jedem der größeren weißen Rechtecke (Anwendungssysteme) sind kleine weiße Annotationen mit Pfeilen zu erkennen. Die Annotationen geben an, wie die Anwendungssysteme über Datenbeziehungen miteinander verbunden sind.

Datenbeziehungen   In dem vergrößerten Ausschnitt aus der Unterdomäne Finanzwesen/Controlling (FI/CO) sieht man beispielsweise, dass in das Anwendungssystem AC (Accounting, Buchhaltung) Datenflüsse aus den Systemen O-Shop, Kostenrechnung (Cost), Geschäftsreisen (BusTrav) und den Point-of-Sales-Systemen in London, Hamburg und München (POS-HH, Pos-Lon, POS-Muc) eingehen.

Ergebnisdaten nach der Verarbeitung im System AC werden an die Anwendungssysteme Finanzplanung (FinPla) und Data Warehouse (DataWare) gegeben.

2. Schichten: In der Kartographie wird das Schichtenprinzip verwendet, um unterschiedliche Arten von Informationen in einer Karte zu repräsentieren. Wenn die Schichten nach Bedarf ein- oder ausgeblendet werden können, wird die Übersichtlichkeit signifikant verbessert. Bei ei-

Abb. 8.11: Verbindungen zwischen Anwendungssystemen in einer Cluster-Karte [Wittenburg 2007, S. 58].

ner Softwarekarte bedeutet das Schichtenprinzip, dass mehrere Schichten betrachtet werden: Kartengrund, Anwendungssysteme, Verbindungen zwischen Anwendungssystemen und ggf. weitere Schichten (vgl. Abbildung 8.12).

Die Verbindungen zwischen Anwendungssystemen können beispielsweise durch Pfeile wie in einer Grafiklayout-Karte dargestellt sein. Solange die Verbindungen nicht benötigt werden, bleibt die oft unübersichtliche Verbindungsschicht ausgeblendet. Bei Bedarf wird sie eingeblendet. Wenn man an einer bestimmten Beziehung oder Beziehungsart interessiert ist, dann könnte diese – bei einer digitalen Karte durch Anklicken o. ä. – hervorgehoben werden.

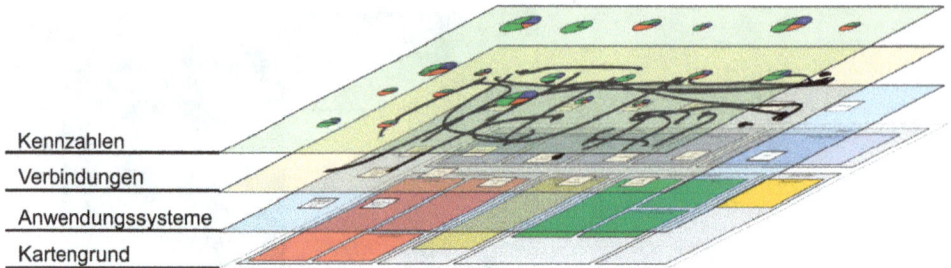

Kennzahlen

Verbindungen

Anwendungssysteme

Kartengrund

Abb. 8.12: Schichtenprinzip bei Softwarekarten [Wittenburg 2007, S. 83].

8.2.2 Integration der Anwendungslandschaft

Die Verortung der Anwendungssysteme in einer Softwarekarte löst zunächst nur das kartographische Problem, nämlich die Vielzahl an Anwendungssystemen überhaupt zu erfassen und systematisch grafisch darzustellen.

Zusammenarbeit der Anwendungssysteme

Die Anwendungssysteme stehen indessen nicht isoliert nebeneinander. Vielmehr müssen sie zusammenarbeiten, um die betrieblichen Aufgaben bestmöglich zu erledigen.

Mit der Erzeugung der Dokumentation ist noch nicht das Problem gelöst, zu beschreiben, wie die unterschiedlichen Systeme miteinander kommunizieren, sich gegenseitig informieren und zum Tätigwerden anstoßen. Dabei sind sowohl konzeptionelle als auch technische Fragen zu lösen.

Meistens wurden die Systeme einer existierenden Anwendungslandschaft aus einem bestimmten Anlass jeweils für sich entwickelt oder beschafft. Dabei stand der erkannte Bedarf für das System bzw. das aufgetretene und zu lösende Problem im Vordergrund. Nachdem das System installiert und in Betrieb gegangen war und der Anlass nicht mehr bestand, konnte man sich wieder dem Tagesgeschäft zuwenden.

Allerdings musste in vielen Fällen bereits bei der Entwicklung oder Inbetriebnahme des Systems berücksichtigt werden, dass das System auf Vorleistungen anderer Systeme angewiesen ist und die eigenen Leistungen von anderen Systemen in Anspruch genommen werden sollen. Mit zunehmender Zahl (isolierter) Anwendungssysteme wuchs somit der Druck, die verschiedenen Systeme zu integrieren oder zumindest eine kontrollierte Zusammenarbeit zu ermöglichen.

Enterprise Application Integration (EAI)

Das Problem der Integration von Anwendungssystemen wurde Anfang des Jahrtausends unter dem Begriff *Enterprise Application Integration (EAI)* diskutiert und umfassend erforscht. Dabei entstanden eine Reihe von konzeptionellen und technischen Lösungsansätzen. Da der Schwerpunkt dieses Buchs die Modellierung von Anwendungssystemen und nicht deren technische Implementierung ist, sollen die Ansätze im Folgenden nur ganz kurz skizziert werden.

a) *Datenintegration*: Dies bedeutet, dass die Datenmodelle, auf denen die verschiedenen Anwendungssysteme aufsetzen, vereinheitlicht werden. Das verwendete Datenbanksystem implementiert dann, vereinfacht gesprochen, dieses Datenmodell. Alle beteiligten Anwendungssysteme können mit der gleichen Datenbank arbeiten (zumindest auf der logischen Ebene, physisch kann die Datenbank beliebig verteilt sein).

Datenintegration

b) *Anwendungsintegration*: Man spricht von Anwendungsintegration, wenn ein Anwendungssystem Funktionen (oder Objekte bei objektorientierter Programmierung) eines anderen Anwendungssystems aufrufen kann. Dafür sind mehrere Vorgehensweisen möglich (s. u.).

Anwendungsintegration

c) *Prozessintegration*: Diese ist der Anwendungsintegration ähnlich, liegt aber auf einer höheren Betrachtungsebene (Geschäftsprozess- bzw. geschäftsprozessübergreifende Ebene). Prozessintegration bedeutet, dass ein Prozessschritt Aktivitäten eines anderen Geschäftsprozesses anstoßen kann. Wenn beispielsweise in einem Auftragsabwicklungsprozess wie in Abbildung 4.4 die Auslieferung der Kundenbestellung gebucht ist, wird automatisch ein Prozess im Rechnungswesen initiiert (Fakturierung).

Prozessintegration

Für die *Anwendungsintegration* wurden verschiedene Ansätze entwickelt, die unterschiedlich hohen Aufwand mit sich bringen (vgl. Abbildung 8.13).

1) *Punkt-zu-Punkt-Topologie*: Zwischen jeweils zwei Anwendungssystemen wird eine punktuelle Verbindung geschaffen. Dazu wird häufig ein sog. „Brücken-" oder „Schnittstellenprogramm" entwickelt, welches selektierte Daten aus dem einen Anwendungssystem in das For-

Punkt-zu-Punkt, Brückenprogramme

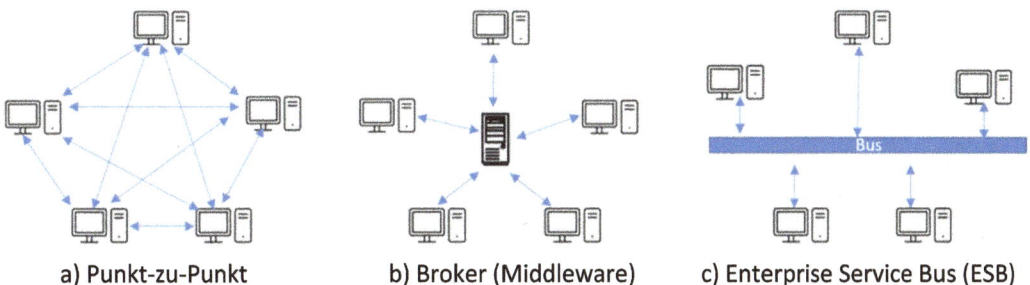

a) Punkt-zu-Punkt   b) Broker (Middleware)   c) Enterprise Service Bus (ESB)

Abb. 8.13: Konventionelle Ansätze für die Anwendungsintegration.

mat des anderen Anwendungssystems konvertiert und transferiert (oder bereitstellt), ebenso für die andere Richtung.

Bei kleinen Anwendungslandschaften ist dies eine gängige Lösung und die übliche Vorgehensweise. Mit zunehmender Zahl der Anwendungssysteme steigt allerdings der Aufwand exponentiell an. Wenn nur drei Systeme miteinander zu verbinden sind, ist die Zahl der Schnittstellen(programme) gleich sechs. Sind es 10 Systeme, dann wären – theoretisch – bereits 45 Schnittstellen zu bedienen, wenn auch praktisch nicht jedes System mit jedem anderen kommunizieren wird.

Broker (Middleware)

2) *Broker als Middleware („Hub-and-Spoke"-Topologie)*: Statt bilateraler Schnittstellen wird eine zentrale Instanz zwischen den Anwendungssystemen eingerichtet. Jedes beteiligte System kommuniziert nur mit der zentralen Instanz (Broker), welche die Anfragen (Nachrichten) umwandelt und weiterleitet.

Die Kommunikation kann asynchron erfolgen; d.h., das sendende und das empfangende System müssen nicht gleichzeitig laufen. Die Nachrichten werden in eine Warteschlange mit allen anderen Nachrichten zusammen eingestellt und dann abgearbeitet (Message Queuing). Ein weitverbreitetes Message-Queuing-System ist IBM MQ (immer noch auch unter dem ursprünglichen Namen *MQ Series* bekannt).

Enterprise Service Bus (ESB)

3) *Enterprise Service Bus (ESB)*: Die zentrale Instanz ist hier ein Bussystem. Ein Bus ist in der Informationstechnologie eine häufig verwendete Lösung, um eine Interaktion von verteilten Komponenten zu ermöglichen. Der ESB fährt, wie ein Bus im täglichen Leben, Haltestellen (= Anwendungssysteme) an, nimmt Fahrgäste (= Nachrichten) mit und lässt andere Fahrgäste (= Nachrichten) aussteigen. Je nach Bustopologie fährt er von der Start- zur Endstation und zurück oder im Kreis herum.

Serviceorientierte Architektur (SOA)

Der ESB-Ansatz ist mit dem Aufkommen *serviceorientierter Architekturen (SOA)* verbunden. Ein SOA-basiertes System besteht tendenziell aus kleineren Komponenten, die mit Schnittstellen versehen sind. Die Komponenten heißen Services (Dienste) oder Web Services, wenn sie über Internettechnologien angesteuert und aufgerufen werden.

Integration Platform-as-a-Service (IPaaS)

4) *Integration Platform-as-a-Service (iPaaS)*: Analog zu den anderen Cloud-Computing-Ansätzen (SaaS, PaaS, IaaS) wird bei iPaaS die Integrationsplattform als *Dienst* von einem iPaaS-Anbieter im Internet bereitgestellt. Während bei den vorstehenden EAI-Ansätzen konventionelle Anwendungssysteme (On-Premise-Systeme) im Mittelpunkt stehen, ist iPaaS auf die Integration von cloudbasierten

Systemen untereinander, aber auch von cloudbasierten Systemen mit On-Premise-Systemen gerichtet.

8.3 Modellierung der IT-Infrastruktur

Die *informationstechnische Infrastruktur (IT-Infrastruktur)* ist die Grundlage, auf der die Anwendungssysteme, die Anwendungslandschaft und zunehmend auch die gesamte Geschäftstätigkeit eines Unternehmens aufbauen.

Definition. IT-Infrastruktur bezeichnet die Gesamtheit der technologischen Ressourcen und Dienstleistungen, die zusammen die Plattform für die Anwendungslandschaft eines Unternehmens bilden. Im engeren Sinne gehören zur IT-Infrastruktur die Hardware, Software und Netzwerke. Im weiteren Sinne werden auch unterstützende Technologien und Dienstleistungen dazu gezählt, welche zum Aufbau und Betrieb der technischen Infrastruktur erforderlich sind [Laudon, Laudon 2022, S. 197].

Die Bedeutung der IT-Infrastruktur lässt sich daran ermessen, dass in Großunternehmen 25–50 % der IT-bezogenen Ausgaben in Investitionen in die Infrastruktur fließen, in Finanzinstituten sogar mehr als die Hälfte [ebd.]. Eine sorgfältige Planung der IT-Infrastruktur ist deshalb von herausragender Bedeutung. Wie bei anderen Sachverhalten kann eine systematische *Modellierung* wertvolle Hilfestellung bei der Planung, dem Betrieb und der Wartung der IT-Infrastruktur leisten.

Im Sprachgebrauch werden mit dem Begriff IT-Infrastruktur vorrangig die technologischen Komponenten angesprochen. Dazu zählen:

(1) Computerhardware: Im weiteren Sinne sind dies Desktop-Computer, Server, Laptops, Tablets, Smartphones, SPS-Rechner (SPS = speicherprogrammierbare Steuerung) in Produktion und Logistik, Industrieroboter u. v. a. Im Kontext der IT-Infrastruktur-Modellierung liegt der Fokus meist auf Serversystemen und den angeschlossenen Clientrechnern.

Mit zunehmender Konzentration von Rechnerleistung und Speicherkapazitäten in Großrechenzentren (z. B. Cloud Data Centers) ist die optimierte Anordnung einer großen Zahl von Servern in sog. *Server Racks* von hohem Interesse. Man spricht auch, etwas ungenau, von Rack-Servern oder von Blade-Servern (wobei Letztere ein spezielle, extra-dünne Form von Server-Einschüben bezeichnen).

Abbildung 8.14 zeigt eine Konfiguration mit ca. 140 Servern, die in sieben Server-Racks (Regalen) untergebracht sind. Dies ist nur ein Ausschnitt des Rechenzentrums. In einem typischen Rechenzentrum können

Definition
IT-Infrastruktur

Hardware

Server-Racks

Abb. 8.14: Server Racks in einem Rechenzentrum [Quelle: https://www.fatcow.com/data-center-photos].

Hunderte solcher Server-Racks stehen, häufig in Serverschränke einge-kleidet (nicht in diesem Bild).

Datenspeicher, RAID-Systeme

Bei den Datenspeichern ist zur Erhöhung der Datensicherheit eine Anordnung in flexibel veränderbaren, redundanten Speichersystemen, sog. *RAID-Systemen* („Redundant Array of Independent Disks") in den Mittelpunkt gerückt.

Speichersysteme werden heute in verschiedenen Formen miteinan-der vernetzt, z. B. als NAS („Network Attached Storage") oder SAN („Sto-rage Area Network"). Sie müssen also nicht in einen Großrechner oder Desktop-Computer eingebaut sein, sondern können wie andere Ressour-cen über ein Netzwerk angesteuert werden.

Abbildung 8.15 zeigt dies schematisch für eine NAS-Konfiguration. Die Client-Rechner greifen über ein lokales Netzwerk (LAN) mit Ethernet auf die NAS-Server zu. Diese steuern den Zugriff auf den eigentlichen Datenspeicher („network-attached storage"), der wie die Clients und die Server einen Knoten im Netzwerk darstellt.

Systemsoftware vs. Anwendungssoftware

(2) Software: Traditionell wird bei Software zwischen Systemsoft-ware (oder systemnaher Software) und Anwendungssoftware unter-

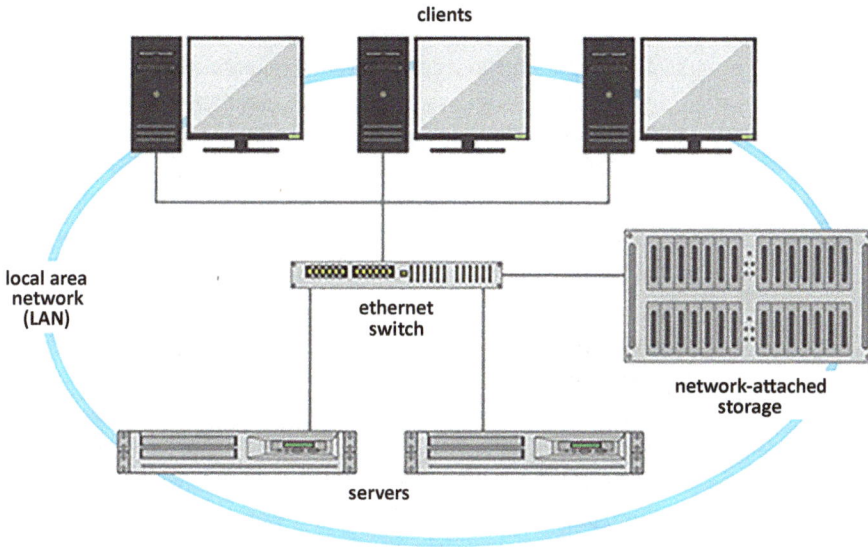

Abb. 8.15: NAS (Network-Attached Storage) [Bigelow et al. 2022].

schieden. Zur ersten Kategorie zählen unter anderem Betriebssysteme, Übersetzer, Middleware (wie z. B. der Enterprise Service Bus im vorigen Abschnitt) und Netzwerksoftware (s. u.). Anwendungssoftware umfasst im weiteren Sinne Software, die bestimmte betriebliche Aufgabengebiete unterstützt, z. B. Lagerverwaltung, Buchhaltungssoftware, Bestellsysteme etc.

Zur Software gehören auch die Softwarekomponenten von Servern. Beispiele sind ein Anwendungsserver (Applikationsserver) für ein ERP-System, ein Webserver oder ein Datenbankserver, der ein Datenbankmanagementsystem beherbergt.

Serversoftware

Der IT-Infrastruktur wird vereinfacht die *Systemsoftware* zugerechnet, nicht dagegen die Anwendungssoftware. Es gibt allerdings zahlreiche Grenzfälle bzw. Grauzonen. Ein unternehmensweit genutztes Datenbankmanagementsystem (DBMS), Content Management System (CMS) oder ein Webserver kann man je nach Standpunkt als infrastrukturrelevant oder einfach als Anwendungssoftware ansehen.

(3) Netzwerke: Da heute praktisch alle Komponenten der IT-Infrastruktur miteinander vernetzt sind, spielen Netzwerke eine herausragende Rolle. *Kabelgebundene* Netze reichen von Telefonienetzwerken über reine Computernetzwerke bis hin zu Hochleistungsglasfasernetzen. Bei *kabellosen* Netzen reicht das Spektrum von einfachen Funknetzen über mehrere weitere Generationen (3G, 4G, 5G) bis hin zu Satellitennetzen. Dementsprechend unterschiedlich sind die Netzwerktechnologien.

Kabelgebundene und kabellose Netze

Netzwerkhardware

Bei den Netzwerken sind Hardware- und Softwarekomponenten zu unterscheiden. Zur *Hardware* zählen einerseits die Komponenten aufseiten der Endgeräte (Netzwerkkarten, Kabelmodems, Splitter, Access Points, Antennen etc.), andererseits die Komponenten auf den Verbindungswegen (Router, Switches, Hubs, Kabel, Verstärker, Funkmasten, Sende- und Empfangseinrichtungen, Antennen etc.).

Netzwerksoftware

Netzwerksoftware ist für den Betrieb der Netze und den Transport der zu sendenden Objekte vom Sender zum Empfänger verantwortlich. In der Anfangszeit der Computernetze wurden diese Aufgaben durch spezielle Netzwerkbetriebssysteme erledigt. Ein bekanntes Netzwerkbetriebssystem war z. B. Novell Netware.

Heute ist die Netzfunktionalität weitgehend in die Betriebssysteme der Endgeräte und Server integriert und wird nicht mehr durch separate Systeme bereitgestellt. Beispiele für Betriebssysteme mit eingebauter Netzfunktionalität sind MS Windows (für Desktops und Laptops) sowie Windows Server und Linux (für Server).

Unterstützungstechnik

(4) Unterstützungstechnik: Neben der eigentlichen Computer- und Vernetzungstechnik spielen weitere Geräte und Einrichtungen eine Rolle, ohne die die Erstere nicht betrieben werden kann (oder sollte). Sie sichern insbesondere die Energieversorgung im Regel- und Notfall, Klimatisierung, Lüftung, Brandschutz sowie den Zugang zur Computer- und Vernetzungstechnik.

(5) Dienstleistungen: Einrichtung, Betrieb und Pflege der IT-Infrastruktur sind sehr umfangreiche Aufgaben, für die teilweise Spezialwissen erforderlich ist. Zu diesen Aufgaben gehören:

Schulung, Consulting u. a.

- Management der IT-Infrastruktur
- Ausbildung und Schulung des IT-Personals
- Consulting (Beratung durch externe Spezialisten)
- Beauftragung von Systemintegratoren

Systemintegratoren

Systemintegratoren sind spezialisierte Firmen, die auf Erfahrung mit schwierigen Vernetzungsproblemen, Integration heterogener Netzwerke bzw. Technologien und Integration komplexer Anwendungssysteme zurückgreifen können. Die Integration von Anwendungslandschaften (vgl. Abschnitt 8.2.2) und von Netzwerken gehen heute Hand in Hand, da auch Anwendungssysteme weitgehend auf Netzwerken basieren.

In Abbildung 8.16 wird zur Veranschaulichung eine mit ARIS Express modellierte IT-Infrastruktur wiedergegeben. Die Möglichkeiten des Werkzeugs sind hier begrenzt, aber immerhin bietet es im Gegensatz zu anderen Werkzeugen überhaupt die Möglichkeit, einfache Infrastrukturmodelle aufzustellen.

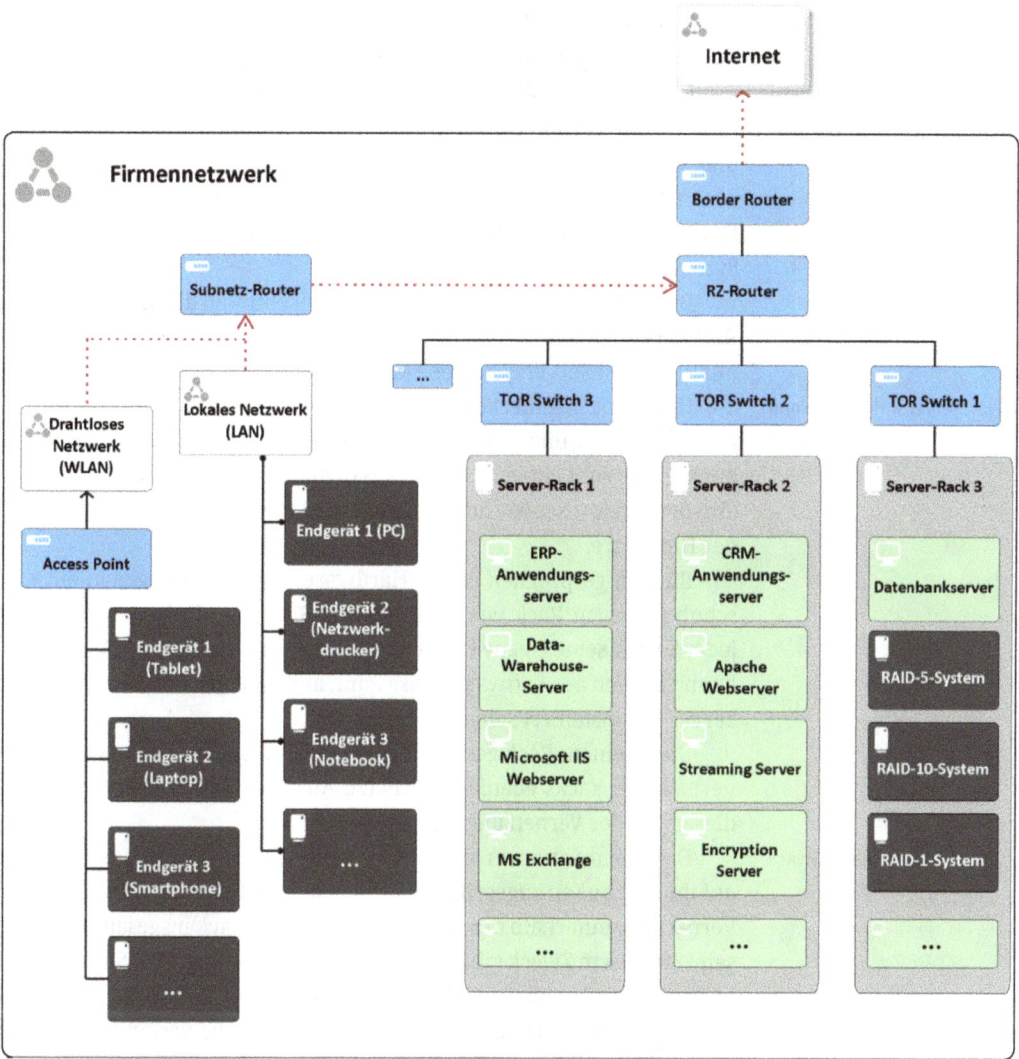

Abb. 8.16: Modell einer IT-Infrastruktur (Beispiel, mit ARIS Express [ARIS 2023] erstellt).

Dem Beispiel liegt ein hypothetisches Unternehmen zugrunde, das ein Rechenzentrum und mehrere lokale Netze betreibt. Im linken Teil sind zwei lokale Netze, ein drahtloses (WLAN) und ein kabelgebundenes (LAN), ausschnittsweise dargestellt.

Im WLAN erreichen die Endgeräte – Laptops, Tablets, Smartphones etc. – über einen Access Point den Zugang nach außen, im LAN sind die Endgeräte direkt mit dem Router des Subnetzes verbunden. Auf die Darstellung komplexerer Strukturen, in denen weitere Netzwerkkomponen-

Modell: Netze und Rechenzentrum

ten (wie Switches, Hubs, Repeater u. a.) zum Einsatz kämen, wird aus Platzgründen verzichtet.

Bedeutung der Symbole und Farben

Die unterschiedlichen Symbole und Farben haben folgende Bedeutung. Blaue Rechtecke stehen für Netzwerkkomponenten wie Router und Switches. Dunkelgraue Rechtecke mit weißer Beschriftung sind andere Hardwarekomponenten, insbes. Endgeräte und Plattenlaufwerke. RAID 1, RAID 5 und RAID 10 stellen unterschiedliche Varianten von RAID-Systemen dar.

Die hellgrau unterlegten Flächen repräsentieren die Server-Racks im Rechenzentrum. Aufgrund des beschränkten Platzes sind nur drei Racks mit typischen Serversystemen skizziert.

Server = Hardware und Software

Hellgrüne Rechtecke bezeichnen Server, wobei zu einem Server meist Hardware und Software gehören. Beispielsweise besteht ein Datenbankserver zum einen aus dem Datenbankmanagementsystem (DBMS), also der Software sowie aus dem Rechnersystem zur Datenverarbeitung, der Hardware.

Bildlich gesprochen ist die Hardware eines Servers genau ein Einschub in einem Rack wie in Abbildung 8.14. Allerdings benötigt nicht jeder Server seine eigene Hardware. Zum Beispiel besteht ein Webserver hauptsächlich aus Software. Diese kann auch auf der Hardware anderer Server mit installiert sein.

Die in einem Rack gestapelten Server und Speichersysteme sind innerhalb des Racks ebenfalls vernetzt. Aus Darstellungsgründen wurde dieser Teil der Vernetzung weggelassen.

„Top-of-Rack"-Switch

Damit ein Server in einem Rack seine Arbeit erledigen kann, muss auf ihn von außen zugegriffen werden können. Das heißt, zusätzlich zur Vernetzung innerhalb des Racks muss auch das Rack insgesamt vernetzt sein. Zu diesem Zweck gibt es für jedes Rack einen sog. *TOR Switch* („Top-of-Rack"-Switch), über den die vernetzten Server die Außenwelt erreichen. Der Weg führt über Router, die zum einen die Verbindung zu den unternehmensinternen Subnetzen herstellen und zum anderen den Zugang zum Internet gewährleisten.

Vier Netzwerke

In dem Infrastrukturmodell in Abbildung 8.16 sind vier Netzwerke enthalten: das Firmennetzwerk, das drahtlose Netz (WLAN) und das kabelgebundene Netz (LAN) als Subnetze innerhalb des Firmennetzwerks sowie das Internet. In ARIS Express werden die Verbindungen zwischen unterschiedlichen Netzwerken durch gepunktete Linien dargestellt.

Abschließend sei angemerkt, dass das Modell sehr stark vereinfacht ist. Zum einen liegt es auf einer hohen Abstraktionsebene, zum anderen zeigt es nur einen Ausschnitt der Infrastruktur.

Heterogene Netzwerke

Die Zahl der Endgeräte ist in einer realen Organisation erheblich höher. Wenn man an ein mittelständisches Unternehmen mit mehreren

Hundert Beschäftigten denkt, dann liegt die Zahl der Endgeräte nicht wesentlich darunter. Häufig sind die Endgeräte nicht in einem einheitlichen Netzwerk miteinander verbunden, sondern in verschiedenen Netzen. Diese können auf unterschiedlichen Vernetzungstechnologien basieren und sich über größere Entfernungen erstrecken. Es kommen Netzwerkskomponenten hinzu, welche die Entfernungen überbrücken und Subnetze verbinden.

Die Rechenzentrumsinfrastruktur in Abbildung 8.14 ist ebenfalls stark vereinfacht. Die Zahl der Server ist normalerweise wesentlich größer. In dem Bild waren es ca. 140, auf ein Rack bezogen ca. 20. Bei einer größeren Zahl von Racks, die etwa für ein Cloud-Rechenzentrum typisch ist, werden die Racks gruppiert, und es gibt es mehrere Ebenen von TOR Switches.

Stark vereinfachte RZ-Infrastruktur

Auch die einzelnen Servertypen können mehrfach auftreten. Zum Beispiel trifft man in einem Unternehmen häufig nicht nur ein Datenbanksystem an, sondern mehrere unterschiedliche, in Großunternehmen sogar sehr viele. Dementsprechend gibt es eine größere Zahl an Datenbankservern.

Schließlich ist darauf hinzuweisen, dass das Infrastrukturmodell in der Abbildung im Wesentlichen nur die Computer- und Netzwerk-Infrastruktur widerspiegelt. Wie Abbildung 8.17 in Erinnerung ruft, gehören zur IT-Infrastruktur aber auch:

- Sicherung der Energieversorgung, Absicherung gegen Stromausfall und Spannungsschwankungen mithilfe adäquater USV-Lösungen (USV = unterbrechungsfreie Stromversorgung)

Weitere Bestandteile der IT-Infrastruktur

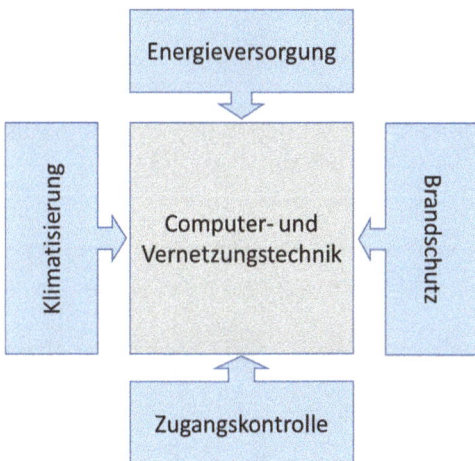

Abb. 8.17: Erweiterte Sicht auf die IT-Infrastruktur.

- Klimatisierung in dem Maße, wie es zur Sicherung der Betriebsbedingungen erforderlich ist (Kühlung, Heizung, Luftfeuchtigkeit, Lüftung)
- Brandschutzeinrichtungen zur Vorbeugung, Entdeckung und Unterdrückung von Bränden, differenziert nach Gebäude-, Raum- und Rackebene
- Zugangskontrolle mit unterschiedlichen Technologien (z. B. Schließlösungen, identitäts- und PIN-basierte Lösungen sowie biometrische Ansätze, Durchgangsbarrieren), ebenfalls differenziert nach Gebäude-, Raum- und Rackebene

Diese Komponenten der IT-Infrastruktur blieben in der Abbildung 8.16 unberücksichtigt, ebenso wie der gesamte Bereich der Dienstleistungen (Schulung, Consulting etc.), die für eine funktionierende IT-Infrastruktur unverzichtbar sind.

9 Weiterführende Themen

In diesem Kapitel werden zwei Themengebiete behandelt, die in engem Zusammenhang zu den bisher erläuterten Modellierungsansätzen stehen: 1) Was passiert mit dem Modell weiter, d. h., kann das Modell letztlich auch auf einem Computersystem ausgeführt werden? 2) Wie werden die verschiedenen Modelltypen so definiert, dass alle Modellbestandteile und ihr Zusammenwirken eindeutig festgelegt sind? Die erste Frage führt zu „ausführbaren" Modellen, die zweite zu Metamodellen.

9.1 „Ausführbare" Modelle

Die bisher behandelten Modelle und Modellierungsansätze sind im Wesentlichen Hilfsmittel zur Planung, Analyse und ggf. Verbesserung von Informationssystemen, die als Dokumente „auf Papier" vorliegen oder in digitaler Form elektronisch gespeichert sind.

Von der Planung hin zur Ausführung der Modelle ist es jedoch noch ein weiter Weg. „Ausführung" meint in diesem Sinne, dass ein Modell automatisch oder teilautomatisch in einem Computersystem realisiert und in der Geschäftstätigkeit benutzt wird. Insofern spricht man von einem „ausführbaren" Modell.

Für ein *Geschäftsprozessmodell* heißt das beispielsweise, dass erstens die Prozessschritte und Ereignisse letztlich in einem oder mehreren Computerprogrammen abgebildet sind. Zweitens bedeutet es, dass die den Prozessschritten entsprechenden Module, der Prozesslogik folgend, automatisch (oder teilautomatisch) aufgerufen werden, wenn der Prozess im Geschäftsbetrieb durchgeführt wird.

(Anmerkung: Der Begriff „Modul" soll an dieser Stelle als Oberbegriff für alle denkbaren, je nach Softwaretechnologie unterschiedlichen Formen von Softwarekomponenten verstanden werden, also z. B. Unterprogramme, Funktionen, Methoden, Objekte, Listen, Formulare, Fenster u. a.)

9.1.1 Geschäftsprozessmodelle

Voraussetzung für eine mehr oder weniger automatische Überführung eines Geschäftsprozessmodells in eine ablauffähige Form ist, dass das Modell formal oder zumindest weitestgehend eindeutig spezifiziert wurde.

https://doi.org/10.1515/9783111063843-009

Eindeutige
Spezifikation?

Bei den verbreiteten Modellierungsmethoden, die auch oben behandelt wurden, ist diese Voraussetzung nicht erfüllt. Am weitesten entfernt von einer eindeutigen Spezifikation sind Ereignisgesteuerte Prozessketten (EPKs), da ihre Symbolik zahlreiche Interpretationsspielräume offen lässt. Näher an der erforderlichen Eindeutigkeit sind Aktivitätsdiagramme in UML und BPMN-Diagramme.

BPEL

Standard der OASIS

Eine exakte Spezifikation eines Geschäftsprozesses erlaubt die in Abschnitt 4.1.2 bereits erwähnte *Business Process Execution Language (BPEL)*. Diese wurde von der OASIS (Organization for the Advancement of Structured Information Standards [https://www.oasis-open.org]) unter dem Namen *Web Services Business Process Execution Language (WSBPEL)* standardisiert. Meist schreibt man jedoch *WS-BPEL* oder nur *BPEL*.

Mehr formalisiert und
restriktiver als BPMN

Im WS-BPEL-Standard von 2007 wird die Modellierungssprache genau spezifiziert [OASIS 2007]. Oberflächlich betrachtet weist der Standard gewisse Ähnlichkeiten mit dem BPMN-Standard der OMG [OMG 2011] auf. Auch grafische Darstellungen der BPEL-Modelle sehen ähnlich wie BMPN-Modelle aus. BPEL ist jedoch stärker formalisiert und restriktiver als BPMN. Manche Ablaufkonstruktionen, die BPMN ermöglicht, sind in BPEL dagegen nicht erlaubt.

Kein Go-to

Abbildung 9.1 zeigt ein Beispiel dazu. Der in BPMN modellierte Ablauf (Artikel zur Veröffentlichung einreichen) lässt sich nicht direkt nach BPEL transformieren. Der Grund ist der, dass BPEL keine Go-To-Anweisung bereitstellt. Das Ablaufkonstrukt muss also anders modelliert werden, damit es in BPEL dargestellt werden kann. (Programmiertechnisch heißt das, dass eine While-Schleife statt der beiden Go-to-Anweisungen angelegt werden muss.)

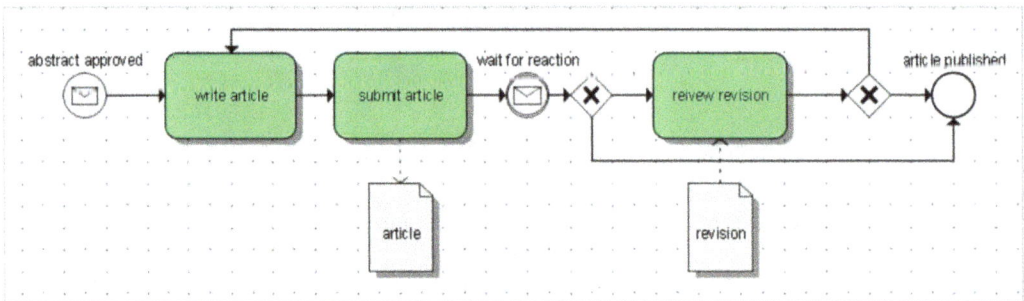

Abb. 9.1: Inkompatible Ablaufstruktur zwischen BPMN und BPEL [Dikmans 2008].

BPEL basiert auf XML (eXtensible Markup Language) und dem Konzept der Web Services. Ein BPEL-Dienst erzeugt die Spezifikation eines Prozesses im XML-Format. Dieses Format wird von sog. *Execution Engines* (Ausführungsmaschinen) verstanden; das heißt, eine Execution Engine kann den Prozess ausführen. Am Rande sei erwähnt, dass Sprachen wie BPEL, die ausführbare Modelle zu beschreiben gestatten, auch *Ausführungssprachen* (Execution Languages) genannt werden.

BPEL basiert auf XML und Web Services

Was genau bedeutet nun „ausführen" an dieser Stelle? Der Grundgedanke von BPEL ist, in Form von Web Services (vgl. Abschnitt 8.2.2) verfügbare Funktionen nacheinander aufzurufen und zur Ausführung zu bringen. Ein in BPEL modellierter Geschäftsprozess besteht also aus einer Kombination von Web Services (softwaretechnisch spricht man von „Orchestrierung" von Web Services).

„Ausführen" in BPEL

Der kurze Abriss macht deutlich, dass BPEL eher auf der (software-)technischen Ebene angesiedelt ist, während BPMN ebenso wie EPKs die fachliche Ebene unterstützen. Im Sinne der ARIS-Beschreibungsebenen gehört BPMN zur Fachkonzeptebene und BPEL zur Implementierungsebene.

Für die Geschäftsprozessmodellierung ist BPEL wegen der Automatisierungsfähigkeit attraktiv. Andererseits werden Prozesse in der Praxis meist mit BPMN oder EPKs modelliert. Aus diesem Grund wurden Werkzeuge entwickelt, welche die Transformation von BPMN-Modellen in die BPEL unterstützen.

Transformationswerkzeuge

Am Rande sei erwähnt, dass es auch Werkzeuge zur Überführung von EPKs in BPMN-Modelle gibt. Aus der BPMN-Spezifikation kann dann ggf. ein ausführbarer Prozess in BPEL erzeugt werden.

BPMN 2.0

Mit zunehmender Verbreitung der BPMN-Version 2.0 ist die Attraktivität von BPEL zurückgegangen. Der Grund ist hauptsächlich der, dass BPMN 2.0 manche Sachverhalte exakt spezifiziert, was eine Voraussetzung für die Überführung eines BPMN-Modells in eine ausführbare Form darstellt.

BPMN 2.0: exakter als BPMN 1.0

Dazu wird die sog. *Ausführungssemantik* (Execution Semantics) mancher Modellelemente spezifiziert. Das heißt, diese Elemente werden so eindeutig und präzise beschrieben, dass eine Execution Engine (s. o.) sie ausführen kann.

Ausführungssemantik (Execution Semantics)

Bei anderen Modellelementen wird angenommen, dass sie nur auf konzeptioneller Ebene verwendet werden und nicht transformiert zu werden brauchen; Beispiele sind manuelle Aufgaben. Diese werden *nicht-operationale Elemente* (non-operational elements) genannt. Für nicht-operationale Elemente spezifiziert der Standard keine Ausführungssemantik.

Die Ausführungssemantik wird in einem gesonderten Kapitel des BPMN 2.0-Standards beschrieben [OMG 2011, Kap. 13]. Auch weiterhin gibt es im Standard ein Kapitel zur Überführung von BPMN-Modellen nach BPEL [OMG 2011, Kap. 14]. Dieses beschreibt, wie ein BPMN-Modell spezifiziert sein muss, damit es in WS-BPEL abgebildet und von einer Execution Engine ausgeführt werden kann.

9.1.2 Weitere Modelle

Wenngleich mit „ausführbaren Modellen" meist Prozessmodelle gemeint sind, gibt es auch andere Modellarten, bei denen „Ausführbarkeit" von Interesse ist. Dies gilt insbesondere für Datenmodelle und Funktionsmodelle.

„Ausführbare" Datenmodelle

Für ein *Datenmodell* bedeutet „ausführbar", dass das Modell letztlich in Form von Tabellen in einem Datenbanksystem vorliegt (sofern ein relationales DBMS verwendet wird) und dass beim Betrieb des DBMS – nachdem die Datenbank mit Daten gefüllt wurde – auf die Tabellen entsprechend der Logik des Datenmodells zugegriffen wird.

ER-Modell ist nicht ausführbar

Ein Entity-Relationship-Modell, ein Klassenmodell mit konzeptuellen Klassen oder ein Relationenmodell ist in diesem Sinne zunächst nicht ausführbar. Ein Datenbankschema (vgl. Abschnitt 5.4) ist hingegen ausführbar, sofern alle Attribute und andere Merkmale der Tabellen vollständig spezifiziert wurden.

Datenbankdefinition ist ausführbar

Wenn beim Übergang vom Entwurfsmodell (d. h. Klassenmodell mit Entwurfsklassen) zum Datenbankschema ein Generator eingesetzt wurde, könnte man auch das Klassenmodell ansatzweise als ausführbar bezeichnen. Der Generator erzeugt dann automatisch eine Datenbankdefinition wie in Abbildung 5.26, die in SQL ausgeführt werden kann.

Funktionsmodelle

Ein *Funktionsmodell* ist ausführbar, wenn es in einer Form vorliegt, die auf einem Computersystem ausgeführt werden könnte. Dies ist bei allen in Kapitel 6 behandelten Modellformen nicht der Fall.

Um ausführbar zu werden, muss das modellierte Informationssystem erst in die Form von Computerprogrammen überführt werden. Diese müssen getestet und möglichst fehlerfrei sein und als ablauffähige „Maschinenprogramme" vorliegen (d. h., sie wurden aus dem Quellcode in einer Programmiersprache in den Maschinencode übersetzt).

Information Engineering (IE)

Ansätze, aus Funktionsmodellen automatisch Computercode zu erzeugen, gab es indessen. Zu erwähnen ist beispielsweise der umfassende Ansatz des *Information Engineering (IE)* von James Martin [Martin 1989], vgl. auch Kapitel 11. Dieser erstreckte sich nicht nur auf die „oberen" Ebenen der Architektur-Pyramide (vergleichbar der „Fachkonzept"-Ebene in ARIS), sondern auch auf die „tieferen", wo die Computerprogramme und Datenbanken angesiedelt waren.

Der IE-Ansatz ging soweit, dass aus der modellhaft auf höheren Ebenen beschriebenen Funktionalität eines Informationssystems mit CASE-Werkzeugen automatisch Programmcode auf der Implementierungsebene generiert werden sollte. Codegenerierung

Dieser Anspruch ließ sich allerdings nicht in befriedigender Weise erfüllen. Vielmehr mussten vor der Programmgenerierung erst so viele programmtechnische Details spezifiziert werden, dass das Vorgehen sich letztlich kaum noch von händischer Programmierung unterschied. Der Ansatz erwies sich als nicht praktikabel und ist heute nicht mehr anzutreffen.

Zusammengefasst lässt sich immerhin festhalten, dass sehr fein spezifizierte Funktionsmodelle insoweit als „ausführbar" angesehen werden konnten, als Softwarewerkzeuge für IE in der Lage waren, aus ihnen ausführbare Computerprogramme zu erzeugen.

9.2 Metamodellierung

Metamodellierung bedeutet, vereinfacht ausgedrückt, Modellierung eines Modells bzw. Modelltyps. Im Metamodell wird festgelegt, wie ein zu modellierendes Modell aussehen darf. Das heißt, welche Modellelemente können verwendet werden, welche Merkmale haben diese, welche Beziehungsarten zwischen den Modellelementen gibt es, welche Beziehungen sind zulässig und welche nicht usw. Modellierung eines Modells

In einer informellen Beschreibung würde beispielsweise das Metamodell für Prozessmodelle, die in *Ereignisgesteuerten Prozessketten (EPKs)* dargestellt werden, die in Abbildung 9.2 aufgeführten Modellbestandteile genauer spezifizieren. Metamodell für EPKs

Der Wert von Metamodellen ist darin zu sehen, dass genau festgelegt ist, wie ein zu erstellendes Modell aussehen darf. Die gerade erwähnte Skizze eines Metamodells ist in diesem Sinne noch nicht präzise, da sie die Modellelemente im Wesentlichen nur aufzählt und angibt, dass Regeln vorhanden sein müssen. Nutzen von Metamodellen

Weiterhin werden meistens Metamodelle benutzt, um eine neue Modellierungsmethodik zu beschreiben. Das heißt, wenn jemand eine solche Methodik entwickelt, dann wird er die neuen Modelltypen mithilfe von Metamodellen (oder einer Modellierungssprache) spezifizieren.

Knoten:	Kante:
Funktion	Kontrollflusskante
Ereignis	Informationsobjekt-Zuordnung
Prozesswegweiser	Organisationseinheit-Zuordnung
Konnektor:	
Und	*Informationsobjekt*
Oder	*Organisationseinheit*
XOR	

Regel:

Vorgänger und Nachfolger eines Ereignisknotens

Vorgänger und Nachfolger eines Funktionsknotens

Vorgänger und Nachfolger eines Prozesswegweiserknotens

Vorgänger und Nachfolger eines Und-Knotens

Vorgänger und Nachfolger eines Oder-Knotens

Vorgänger und Nachfolger eines XOR-Knotens

Jeweils anzugeben: welcher Knotentyp, wieviele Knoten, welche Kantentypen, wieviele Kanten sind zulässig

Abb. 9.2: Im Metamodell zu spezifizierende EPK-Bestandteile.

So gaben etwa Scheer und seine Mitstreiter bei der ersten Vorstellung von ARIS für alle Teilmodelle die jeweils zugrunde liegenden Metamodelle an (s. u.).

ARIS-Metamodelle

Ein Beispiel aus der ARIS-Definition ist in Abbildung 9.3 wiedergegeben. Das Metamodell spezifiziert, wie der Zusammenhang zwischen Zielen, Funktionen und Geschäftsprozessen in ARIS modelliert werden kann. Ein Teil dieser Thematik (Zusammenhang zwischen Zielen und Funktionen) wurde in Abschnitt 6.1.1 diskutiert und in Abbildung 6.4 modelliert.

Notation für Metamodellierung

Die für die Metamodellierung verwendete Notation sind UML-Klassendiagramme. So drückt das Modell etwa aus, dass es zwischen Zielen und Funktionen eine n:m-Assoziation gibt („1,*" an beiden Enden der Kante), ebenso zwischen Unternehmenszielen und Geschäftsprozessen. Die Rollennamen an den Assoziationen zwischen Funktionen bzw. zwischen Zielen (rekursive Assoziationen) zeigen, dass auch Funktions- bzw. Zielhierarchien modelliert werden können.

ARIS: 28 Metamodelle

Auf eine Beschreibung weiterer Details dieses Metamodells wird an dieser Stelle verzichtet. Interessierte Leserinnen und Leser seien auf die Originalquelle verwiesen [Scheer 1998]. Dort sind insgesamt 28 Metamodelle zu den verschiedenen Modellierungsteilbereichen in ARIS angegeben.

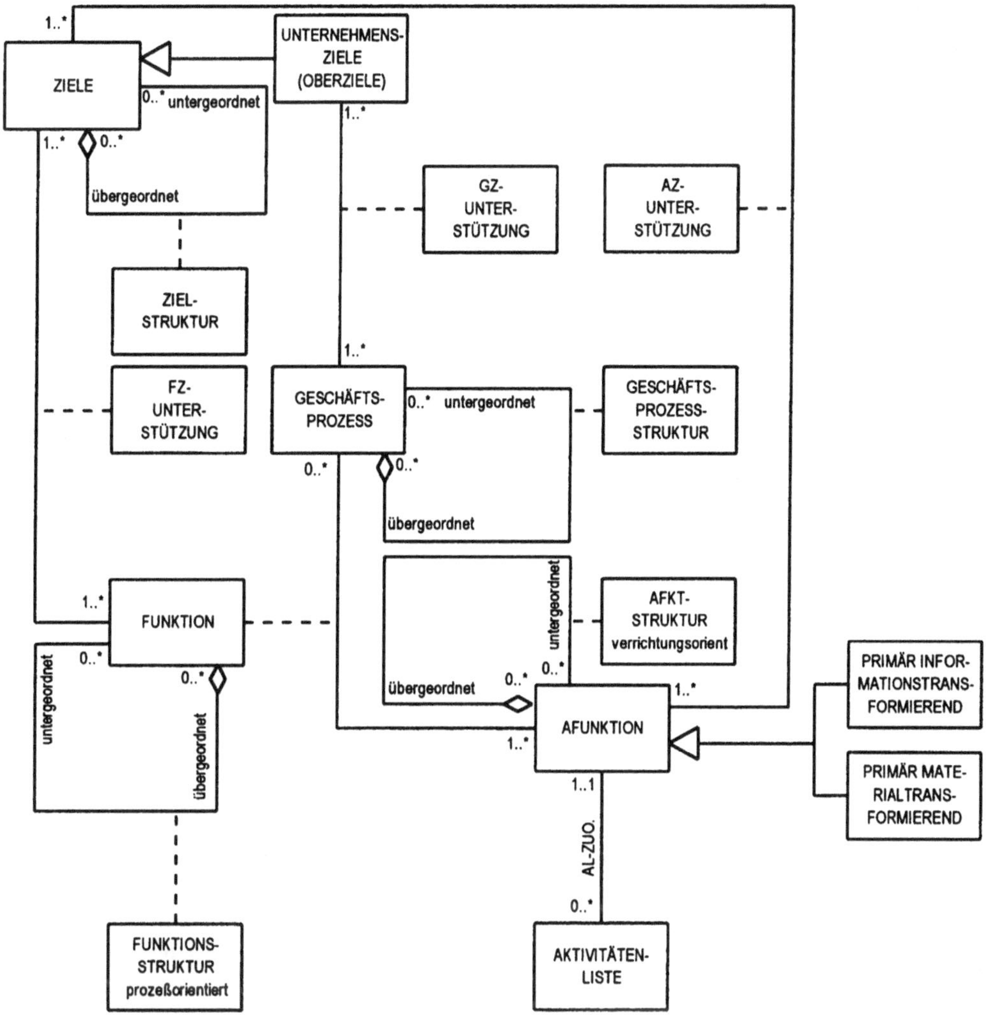

Abb. 9.3: ARIS-Metamodell für den Zusammenhang zwischen Zielen, Funktionen und Geschäftsprozessen [Scheer 1998, S. 27].

Das Metamodell von *Adonis* ist in reduzierter Form im Benutzer- Adonis-Metamodell
handbuch und auf der Website des Herstellers (BOC Group) veröffent-
licht. Abbildung 9.4 zeigt die Zusammenhänge zwischen den wichtigsten Modellierungselementen. Details (wie Kardinalitäten) sind auf dieser
Ebene noch nicht eingeschlossen.

In dem Metamodell sieht man beispielsweise, dass in Adonis einem
Prozess Organisationseinheiten, Bearbeiter, Produkte, Kontrollziele,
Performance-Indikatoren, Maßnahmen und Risiken zugeordnet werden
können. Mit einer *Aufgabe* sind Rollen, Dokumente, Anwendungen und

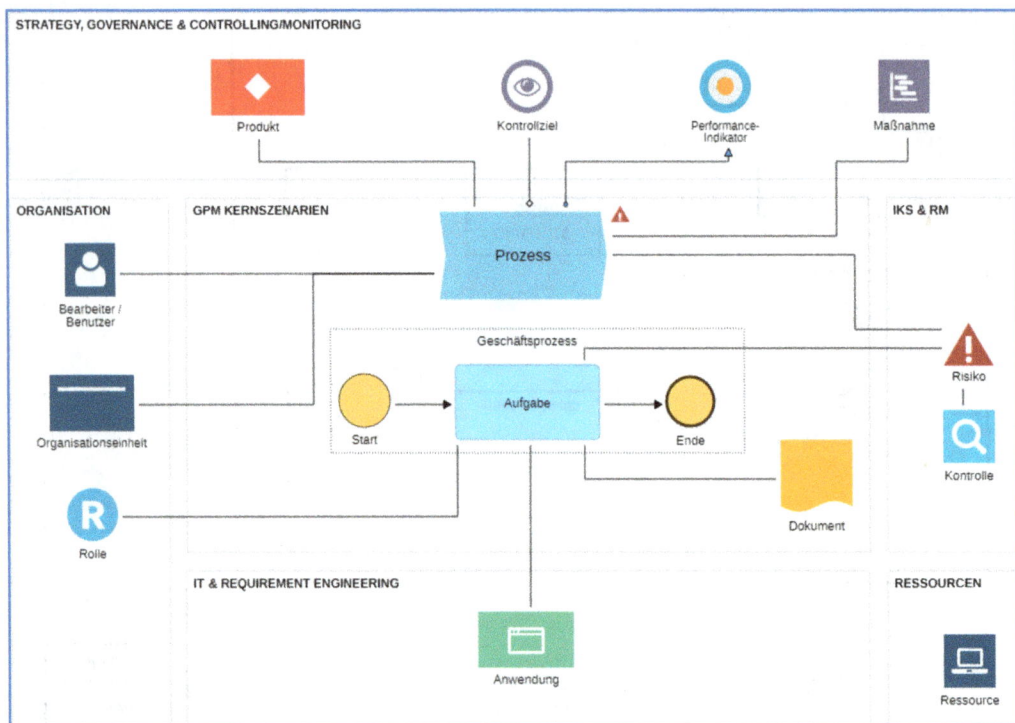

Abb. 9.4: Metamodell von Adonis [BOC 2023a].

Risiken verbunden. Am Rande sei erwähnt, dass das Risikomanagement in Adonis breiten Raum einnimmt.

Basis für BPMN-Metamodelle: MOF
Auch *BPMN* ist auf Basis von Metamodellen spezifiziert. Dazu wird die ebenfalls von der OMG standardisierte Metamodellierungssprache *MOF (Meta Object Facility)* benutzt, die eine spezielle Form von Klassendiagrammen verwendet. Alle im BPMN-Standard beschriebenen Modellelemente werden in Form dieser Klassendiagramme modelliert. Abbildung 9.5 zeigt beispielhaft einen Ausschnitt des Metamodells für die Definition aller Arten von Ereignisse: TerminateEvent, ErrorEvent, CancelEvent, MessageEvent u. v. a.

UML-Metamodell
Für die Spezifikation von UML wird ebenso wie für BPMN *MOF (Meta Object Facility)* benutzt. Da in UML 14 Modelltypen zusammengefasst sind, ist das Metamodell sehr umfangreich. Auch der UML-Standard verwendet Klassendiagramme zur Veranschaulichung der Metamodelle.

Abbildung 9.6 zeigt als Beispiel das Metamodell für Use Cases (vgl. Abschnitt 4.2). Einige wenige Details wurden aus Darstellungsgründen

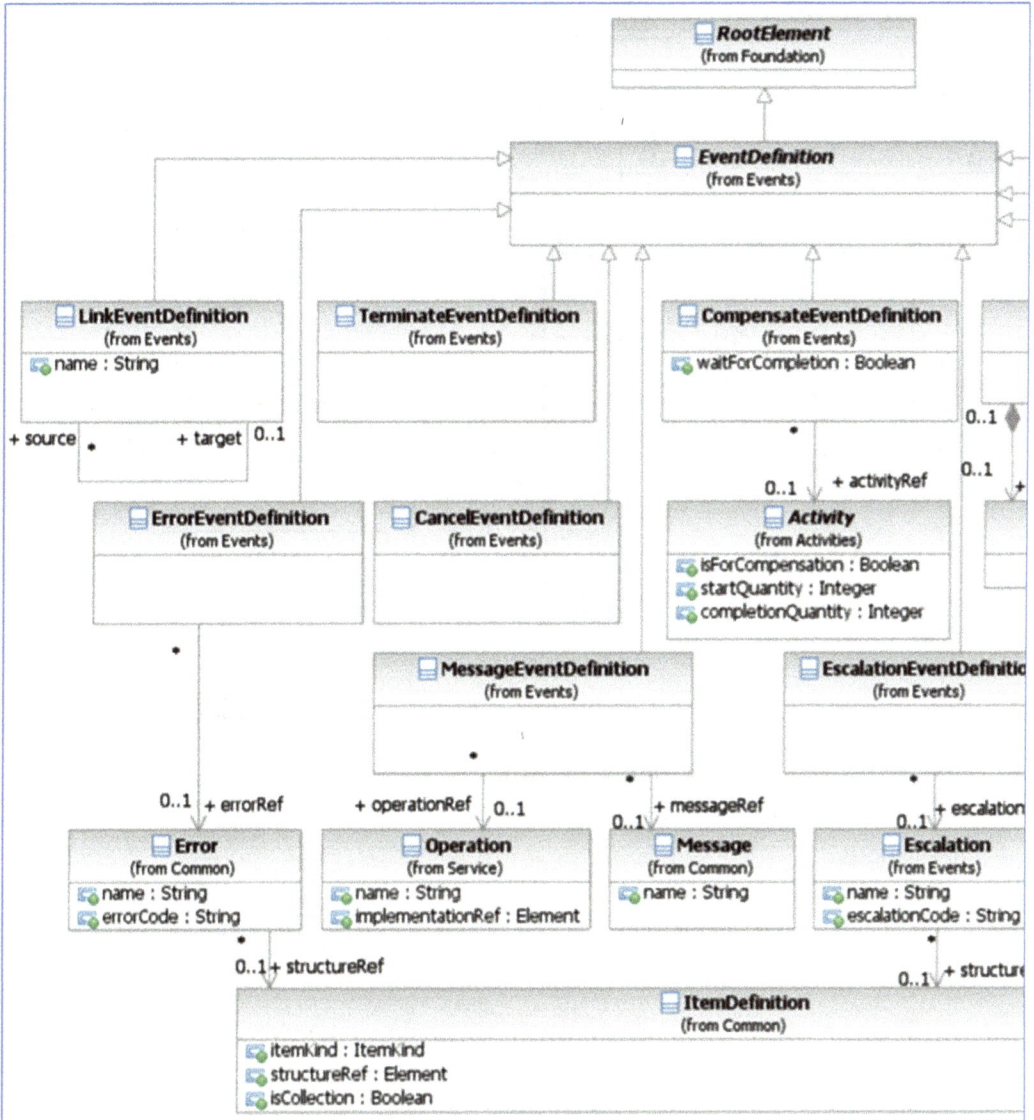

Abb. 9.5: BPMN-Metamodell für Ereignisdefinition [OMG 2011, S. 262].

gegenüber dem Original weggelassen. Wie man sieht, können Use Cases
unter anderem andere Use Cases erweitern („Extend"-Beziehung) oder
einschließen („Include"-Beziehung). Dies wurde oben in Abschnitt 4.2.2
erläutert.

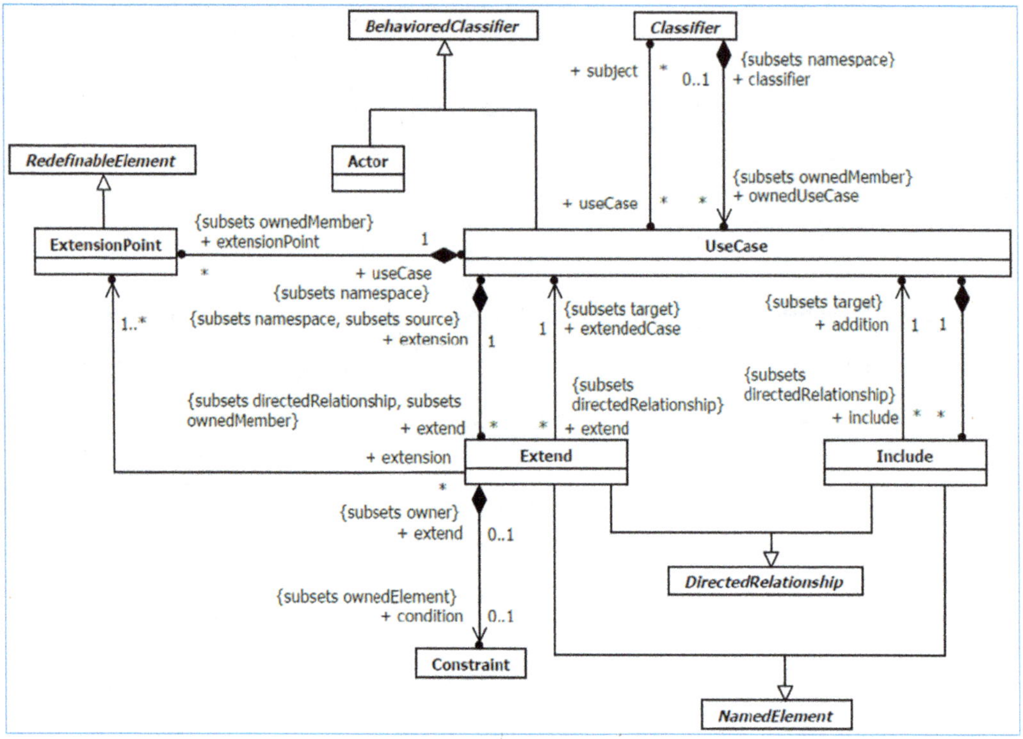

Abb. 9.6: UML-Metamodell für Use Cases [OMG 2017, S. 639].

10 Integrierte Modellierung

Das abschließende Kapitel dieses Buchs widmet sich der integrierten Modellierung eines Informationssystems und seines Umfelds. Es verdeutlicht damit, wie wesentliche Teilmodelle zusammenwirken, die in den vorigen Kapiteln behandelt wurden. Als Grundlage dient ein Modellunternehmen, das nachfolgend beschrieben wird.

10.1 Fallstudie: Modellunternehmen KMI

Kids Mobile International (KMI) ist ein 1991 gegründetes Unternehmen mit ca. 200 Mitarbeitern, das gegenwärtig einen neuen Geschäftszweig – Herstellung und Vertrieb von Kinderwagen im oberen Preissegment – aufbauen möchte. Bisher wurden hauptsächlich Kinderfahrräder, Skateboards, Rollschuhe und Inline-Skates produziert.

Kids Mobile International (KMI)

Das mengenmäßige Marktvolumen für Kinderwagen ist stabil, aber der Markt ist dynamisch, da sich viele Eltern von technischen und modischen Innovationen begeistern lassen. Diese treiben die Preisentwicklung voran, sodass das finanzielle Marktvolumen zunimmt.

Das geplante Produktspektrum reicht von klappbaren Buggies für unterwegs über stabile Standard-, Designer- und Luxusmodelle bis hin zu High-Tech-Kinderwagen mit Sensortechnik sowie Spezialprodukten wie Mehrsitzer und Fahrradanhänger. Abbildung 10.1 zeigt einen Ausschnitt aus dem Produktspektrum.

Produktspektrum

Abb. 10.1: Produkte von Kids Mobile International.

Die Kernkomponenten, z. B. Rahmen, Lenkstangen, Aufhängungen und Räder, stellt Kids Mobile in eigenen Fertigungsstätten her. Andere Komponenten wie Textil- und Kunststoffbezüge, Reifen, Anhängetaschen

Eigenfertigung/Fremdbezug

https://doi.org/10.1515/9783111063843-010

sowie Zubehör und Kleinmaterialien werden von qualitätszertifizierten Lieferanten bezogen. Neben den Kinderwagen vertreibt KMI auch ein breites Spektrum an Zubehör sowie Ersatzteile für die Kinderwagen.

Kunden Die Kunden von Kids Mobile sind Groß- und Einzelhändler im In- und Ausland, aber auch das Endkundensegment wird bedient. An dieses verkauft KMI direkt über einen Web-Shop.

Um in dem dynamischen Markt bestehen zu können, tätigt KMI signifikante Investitionen in Forschung und Entwicklung und Social-Media-Marketing. Angesichts der Zielgruppen sind neue technologische Besonderheiten bei den Kinderwagen essentiell für den Unternehmenserfolg. Selbstfahrende Kinderwagen sind gegenwärtig ein Schwerpunkt in Forschung, Entwicklung und Marketing.

Standorte Kids Mobile International ist als GmbH in Berlin eingetragen, wo sich auch der Hauptsitz und die wichtigsten Unternehmensfunktionen befinden. Die drei Produktionswerke sind in Berlin, Fürstenwalde und Magdeburg angesiedelt. Distributionszentren sind Berlin, Saarbrücken (für den westeuropäischen Markt) sowie Boston und Atlanta (für Nordamerika).

Neue
Informationssysteme Für den neuen Geschäftszweig benötigt KMI genau auf seine Bedürfnisse zugeschnittene Informationssysteme. Die Entscheidung, ob ein ERP-System (Standardsoftware) beschafft, schon vorhandene Software genutzt oder eine Individualentwicklung angestoßen wird, soll mithilfe der Modellierung aller relevanten Sachverhalte vorbereitet und auf dieser Basis später getroffen werden.

Im Falle der Beschaffung von Standardsoftware sollen die Modelle in das Lastenheft eingehen, bei der Bewertung der Alternative herangezogen werden und den Customizing-Aufwand einschätzen helfen. (Customizing bedeutet Anpassung der Standardsoftware an unternehmensspezifische Gegebenheiten und Anforderungen.)

Falls Standardsoftware nicht infrage kommt, sollen die Modelle im Requirements Engineering weiter verwendet werden. Dort bilden sie den Ausgangspunkt für die Ableitung detaillierterer Anforderungen an das bzw. die neuen Informationssysteme.

10.2 Strategische Modelle

10.2.1 Prozesslandkarte

Die Prozesslandschaft von Kids Mobile International lässt sich wie die ähnlicher Produktionsunternehmen in die typischen Prozesskategorien

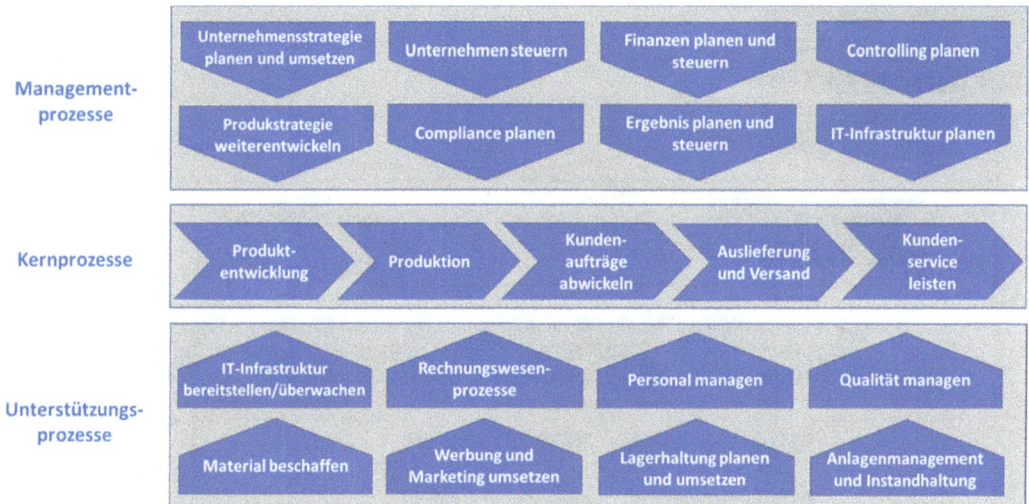

Abb. 10.2: Prozesslandkarte von Kids Mobile International.

Managementprozesse, Kernprozesse und Unterstützungsprozesse untergliedern. Abbildung 10.2 zeigt diese im Überblick.

- *Managementprozesse* sind insbesondere Unternehmensstrategie planen und umsetzen, Unternehmen steuern, Produktstrategie weiterentwickeln, Finanzen und Ergebnis planen und steuern, Controlling planen, IT-Infrastruktur planen sowie Compliance planen und umsetzen.
- *Kernprozesse* sind Produktentwicklung, Produktion (mit Teilprozessen Produktionsplanung, Produktionsdurchführung, auftragsbezogene Produktion), Kundenauftragsabwicklung, Auslieferung und Versand sowie Kundenservice leisten.
- *Unterstützungsprozesse* sind vor allem Material beschaffen, IT-Infrastruktur bereitstellen und überwachen, Personal managen, Qualität managen, Rechnungswesenprozesse, Werbung und Marketing umsetzen, Lagerhaltung planen und umsetzen, Anlagenmanagement und Instandhaltung planen und umsetzen.

Die dargestellte Prozesslandkarte enthält die wichtigsten Prozesse von KMI. Sie ist jedoch in dem Sinne unvollständig, als aus Platzgründen nicht alle Prozesse aufgeführt und manche nur als Prozessgruppe genannt sind (z. B. „Rechnungswesenprozesse"). Deshalb wird in Abbildung 10.3 beispielhaft eine Verfeinerung des Prozesses „Produktion" vorgenommen, und weitere Verfeinerungen werden angedeutet.

Verfeinerung der Prozesslandkarte

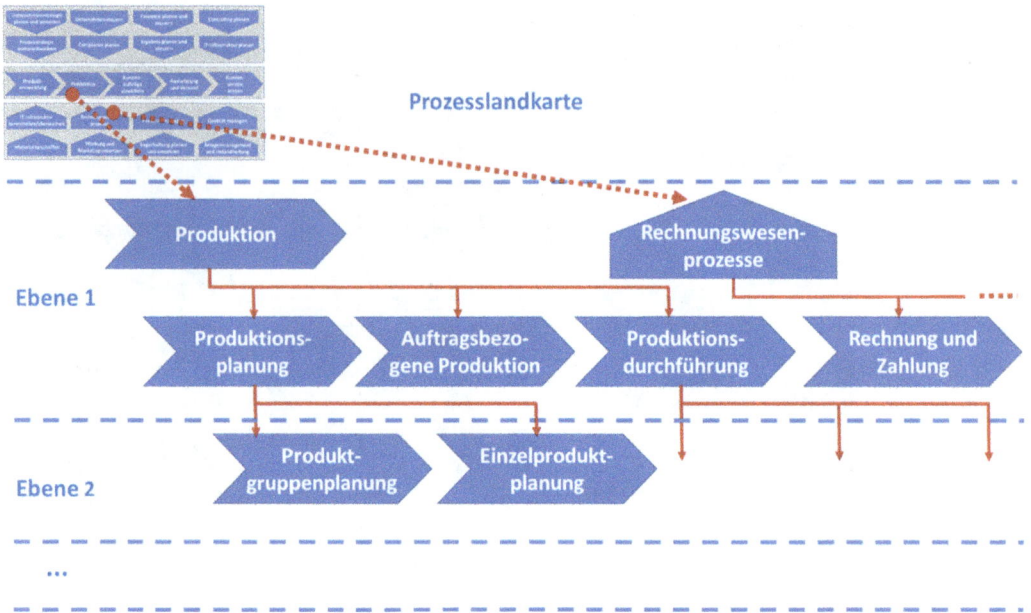

Abb. 10.3: Verfeinerung der Prozesslandkarte von Kids Mobile International.

KMI geht einerseits nach einem längerfristigen Produktionsplan vor, der im Zuge der *Produktionsplanung* erstellt wird. Er hat eine längerfristige Dimension (Planung auf Ebene von Produktgruppen, z. B. Buggies) sowie eine mittelfristige (Planung auf Ebene von Einzelproduktarten, z. B. Buggytyp „Eiskönigin").

Andererseits wird auch *kundenauftragsbezogen* produziert, z. B. bei Großabnehmern. Normalerweise werden Kundenbestellungen aus dem Lagerbestand befriedigt, aber bei Großaufträgen werden gesonderte Produktionsaufträge erstellt, ebenso wenn eine Kundenbestellung wegen mangelndem Lagerbestand nicht erfüllt werden könnte.

10.2.2 Anwendungslandschaft

Anwendungssysteme von KMI

Das sich in Vorbereitung befindliche Anwendungssystem wird nicht das einzige System sein, das Kids Mobile International betreibt. Darüber hinaus werden Systeme für das Kundenmanagement (Customer Relationship Management, CRM), das Lieferantenmanagement (Supplier Relationship Management, SRM), den Produktentwurf (Computer-Aided Design, CAD), die Produktdatenverwaltung (Product Lifecycle Management, PLM), den Einkauf und die Lagerhaltung sowie ein Web-

Shop benötigt. Für die Unternehmensführung sind ein Management-informationssystem (MIS) sowie Reporting- und Business-Intelligence-Funktionalität und eine Business-Analytics-Lösung erwünscht.

Ob alle diese Anforderungen durch jeweils eigene Systeme abgedeckt werden oder ob die entsprechenden Funktionalitäten integriert in übergreifende Lösungen verfügbar sein werden, ist im Augenblick noch unklar. Da diese Entscheidung maßgeblich davon abhängt, ob zur Umsetzung der Prozesslandkarte ein ERP-System (und ggf. welches) beschafft wird, soll sie später getroffen werden. Beispielsweise kann man erwarten, dass von einem einschlägigen ERP-System Bereiche wie Produktionsplanung und -steuerung, Kundenauftragsabwicklung, Lagerverwaltung und Einkauf mit abgedeckt werden, aber es kommt auf das System an.

Abbildung 10.4 zeigt die voraussichtliche Anwendungslandschaft von Kids Mobile International, die zum Zeitpunkt der Modellierung als wahrscheinlich angesehen wird. Darin fehlt noch der Bereich *Rechnungswesen*, über dessen Zukunft die Vorstellungen der Stakeholder auseinanderklaffen. Einige der Stakeholder wollen gern mit der in anderen Unternehmensteilen benutzten Lösung (Nutzung von Datev-Software) weiterarbeiten. Andere gehen davon aus, dass vermutlich

Eigene Anwendungssysteme oder Module anderer Systeme?

Abb. 10.4: Vorläufige Fassung der Anwendungslandschaft von Kids Mobile International (mit ARIS Express [ARIS 2023] modelliert).

doch ein ERP-System angeschafft werden wird, bei dem Rechnungswesenfunktionalität ohnehin enthalten sein wird.

10.3 Organisationsmodell

Das Unternehmen ist im Wesentlichen funktionsorientiert gegliedert (Linienorganisation). Zwei wichtige Bereiche sind jedoch als Stabsabteilungen direkt der Unternehmensleitung zugeordnet: *Forschung & Entwicklung* sowie *Informationstechnik (IT)*. Abbildung 10.5 gibt das Organigramm von Kids Mobile International wieder.

Materialwirtschaft: Der Bereich Materialwirtschaft hat zwei große Hauptabteilungen, Einkauf und Lagerverwaltung. Der *Einkauf* ist in zwei Abteilungen unterteilt. Für diejenigen Teile und Baugruppen, die direkt in die Herstellung der Kinderwagen eingehen, ist der *Einkauf Teile* zuständig. Alle anderen Materialien (Rohmaterial, Kleinteile, Schmierstoffe, Farben etc.) einschließlich des Büromaterials beschafft der *Einkauf Material*.

Da KMI mehrere Arten von Lagern betreibt, ist die *Lagerverwaltung* in Unterabteilungen *Fertigwarenlager, Warenausgangslager, Wareneingangslager* und *Materiallager* untergliedert. Im Materiallager werden alle Materialien gelagert, die nicht Enderzeugnisse sind (einschl. Halbfabrikate).

Vertrieb: Drei regionale Verkaufsorganisationen bilden zusammen den Vertrieb von Kids Mobile International. *Vertrieb DACH* ist für den deutschsprachigen Raum zuständig. Das restliche Europa bearbeitet der *Vertrieb Europa*, der in Saarbrücken ansässig ist. Nord-, Mittel- und Südamerika versucht der *Vertrieb Amerika* zu erschließen.

Produktion: Der Produktionsbereich ist in die Teilbereiche *Produktionsplanung, Fertigungssteuerung, Fertigung* und *Qualitätssicherung* gegliedert. Die Fertigung wird räumlich und technologisch nach *Teilefertigung* (d. h. Herstellung der einzubauenden Teile und Baugruppen) und *Montage* (Zusammenbau der Teile und Baugruppen zu Zwischenprodukten und schließlich zum Endprodukt „Kinderwagen") unterschieden. Die Qualitätssicherung ist für die Umsetzung des Qualitätsmanagements verantwortlich.

Rechnungswesen: Auf die Feingliederung des Bereichs Rechnungswesen wird hier verzichtet. Zur Spezifikation der Zuständigkeiten innerhalb der Geschäftsprozesse ist die Unterteilung in die Abteilungen Abwicklung von *Rechnung & Zahlung* sowie *Buchhaltung* ausreichend.

Personalwirtschaft: Dieser auch als HR („Human Resources") bezeichnete Bereich ist sehr umfangreich. Er umfasst alle personal-

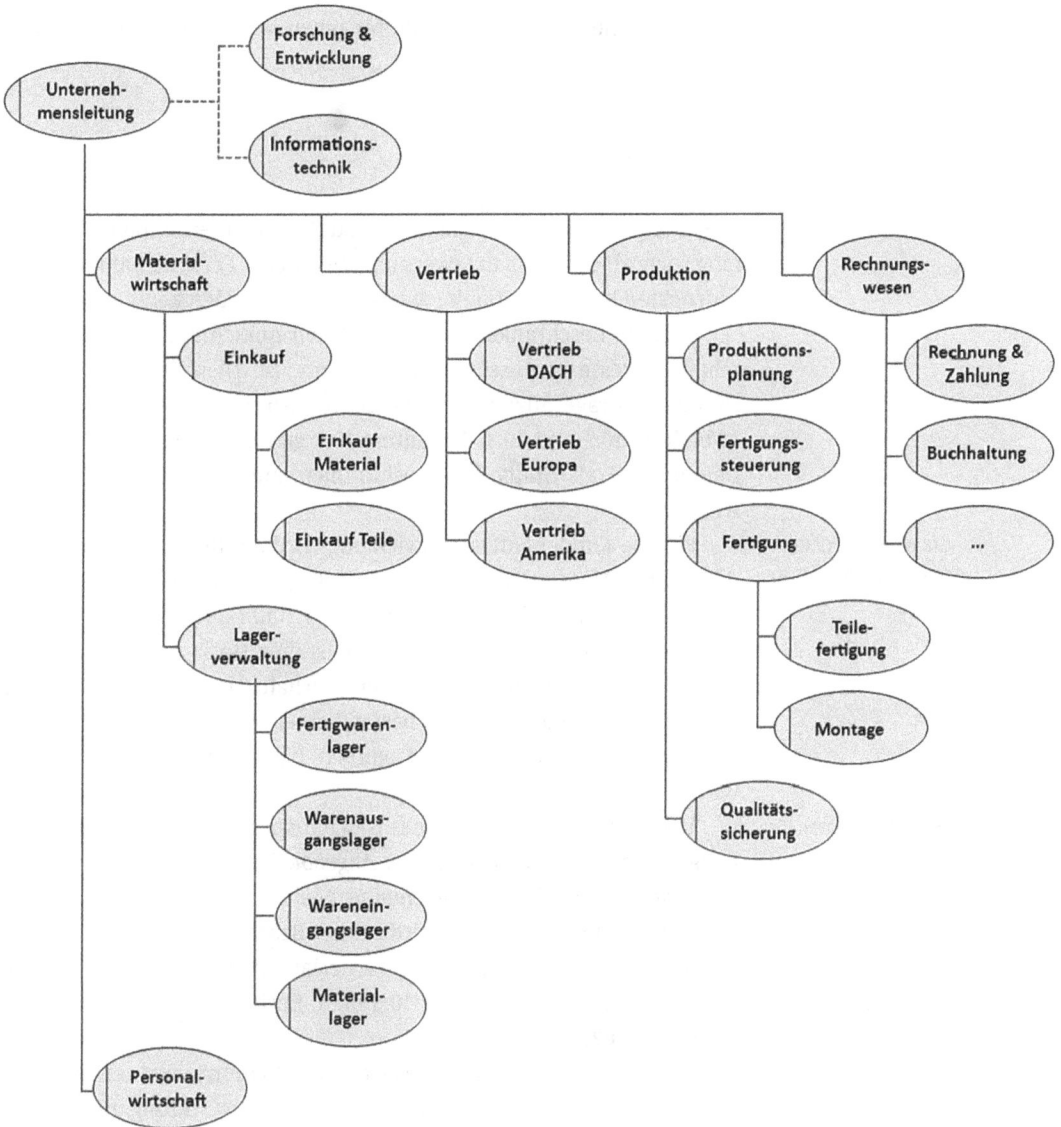

Abb. 10.5: Organigramm von Kids Mobile International.

wirtschaftlichen Funktionen wie Personalakquisition und Gehaltsabrechnung. Auf eine organisatorische Untergliederung wird ebenfalls verzichtet.

Die Organisationseinheiten im Organigramm der Abbildung 10.5 werden später bei der Modellierung der Geschäftsprozesse (vgl. Abschnitt 10.5) herangezogen. Dort wird jeweils angegeben, welche organisatorische Einheit oder Rolle für einen bestimmten Prozessschritt zuständig ist.

10.4 Datenmodell

Das Datenmodell des Unternehmens Kids Mobile International ist zu umfangreich, als dass es in halbwegs übersichtlicher Form im Rahmen eines gedruckten Buchs vollständig wiedergegeben werden könnte.

Deshalb beschränken wir uns auf den Ausschnitt, der für die Geschäftsprozesse in Abschnitt 10.5 relevant ist. Dies sind die Prozesse „Kundenaufträge abwickeln" und „auftragsbezogene Produktion" aus Abbildung 10.2 und 10.3. Abbildung 10.6 gibt den Ausschnitt aus dem Datenmodell als Entity-Relationship-Diagramm in Krähenfußnotation wieder.

Stammdaten für Kundenauftragsabwicklung

Für die Kundenauftragsabwicklung wird auf die Stammdaten *Kunde, Debitor, Material, Konditionen* und *Lager* zugegriffen. *Material* ist dabei ein Oberbegriff für Endprodukte, Halbfabrikate, Baugruppen, Einzelteile und Rohmaterialien. *Lager* ist eine stark vereinfachte Sicht auf die tatsächliche Speicherung von lagerhaltungsrelevanten Daten. Es wird unterstellt, dass der Lagerbestand eines Materials als Summe über alle möglicherweise verteilten Lagerorte hinweg in einer Zahl geführt wird.

Bewegungsdaten für Kundenauftragsabwicklung

Daten, die erst im Zuge eines Geschäftsprozesses entstehen (Bewegungsdaten), sind *Kundenanfrage, Angebot, Terminauftrag, Materialbeleg, Lieferung, Auslieferung, Rechnung, offener Posten* und *Zahlung.* Ihre Bedeutung und Verwendung wird bei der Beschreibung des Auftragsabwicklungsprozesses in Abschnitt 10.5 erläutert. Entitytypen mit Bewegungsdaten sind in Abbildung 10.6 blau, Entitytypen mit Stammdaten grau hinterlegt.

In dem Prozess „auftragsbezogene Produktion" wird teilweise auf die gleichen Entitytypen wie bei der Auftragsabwicklung zugegriffen. Hinzu kommen die Stammdaten *Arbeitsplan, Erzeugnisstruktur* und *Betriebsmittel* sowie die Bewegungsdaten *Fertigungsauftrag* und *Auftragsrückmeldung.* Auch diese werden im Zusammenhang mit ihrer Verwendung im nächsten Abschnitt genauer erläutert.

10.5 Geschäftsprozessmodelle

Das Unternehmen Kids Mobile International hat mehr als 100 Geschäftsprozesse. Dies erkennt man, wenn man einen Blick auf die Prozessland-

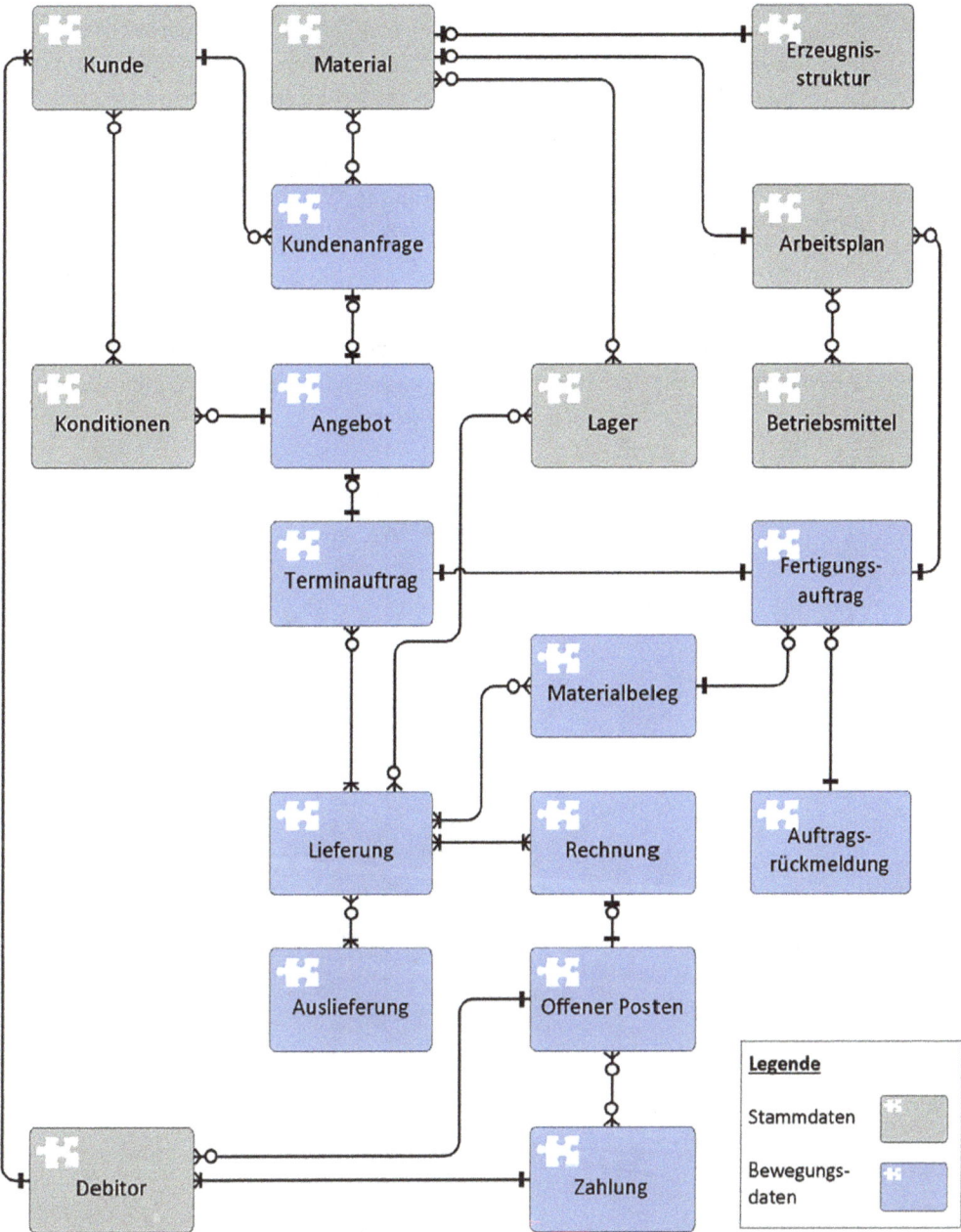

Abb. 10.6: Ausschnitt aus dem Datenmodell von Kids Mobile International (mit ARIS Express [ARIS 2023] modelliert).

Stamm- und Bewegungsdaten für Produktionsprozess

karte wirft (vgl. Abbildung 10.2) und Verfeinerungen der groben Prozesse, ähnlich wie in Abbildung 10.3, in Betracht zieht.

Im Folgenden kann deshalb nur ein kleiner Ausschnitt aus der Prozesslandschaft von KMI erörtert werden. Wir beschränken uns auf die Prozesse „Kundenaufträge abwickeln" und „auftragsbezogene Produktion" aus den Abbildungen 10.2 und 10.3.

Ein kleiner Ausschnitt aus der Prozesslandschaft

10.5.1 Use-Case-Modelle

Use Cases zu Auftragsabwicklung

Um den *Auftragsabwicklungsprozess* besser zu verstehen, werden zuerst die zugehörigen Use Cases modelliert. In Abbildung 10.7 sind diese – in noch grober Form – wiedergegeben.

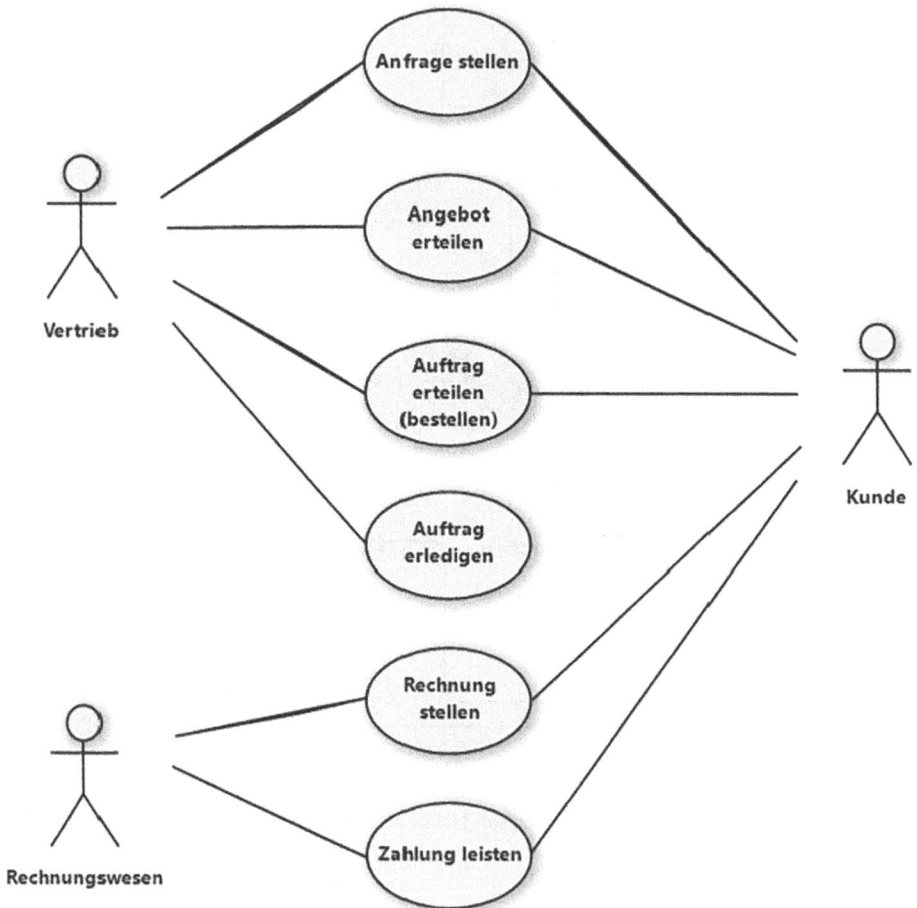

Abb. 10.7: Use Cases zur Auftragsabwicklung bei KMI (mit *Software Ideas Modeler* [Rodina 2023] erzeugt).

Der erste Use Case zeigt an, dass ein Kunde eine Anfrage nach bestimmten Produkten sowie deren Preisen und Lieferterminen stellt. Der Vertrieb von KMI gibt im zweiten Use Case ein Angebot ab. Der Kunde erteilt, wenn er mit dem Angebot einverstanden ist, einen Auftrag, d. h., er bestellt. Bei KMI muss daraufhin der Auftrag ausgeführt werden. Anschließend wird die Rechnung gestellt, und der Kunde bezahlt.

Hauptakteur ist der Vertrieb. Daneben muss das Rechnungswesen von Kids Mobile International tätig werden sowie natürlich der Kunde, der den ganzen Prozess anstößt.

Der Prozess „auftragsbezogene Produktion" beginnt, wenn ein Kundenauftrag vorliegt, bei dem die Bestellung nicht aus dem Lagerbestand befriedigt werden kann. Dann müssen die fehlenden Mengen produziert werden.

Bei den Use Cases in Abbildung 10.8 geht es im Wesentlichen darum, einen Auftrag für die Fertigung zu erzeugen (erster Use Case), die Voraussetzungen sicherzustellen und den Auftrag freizugeben (zweiter Use Case) sowie den Fertigungsauftrag zu erledigen, d. h. insbesondere, die Arbeitsgänge zur Herstellung der Produkte durchzuführen (dritter Use Case). *Use Cases zu Produktion*

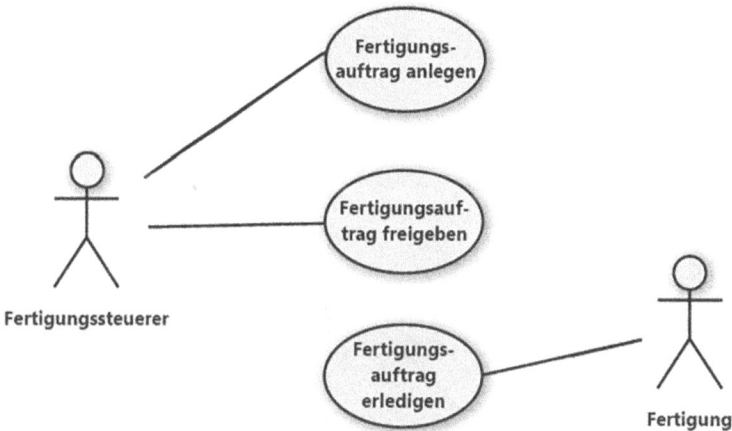

Abb. 10.8: Use Cases zur auftragsbezogenen Produktion (mit *Software Ideas Modeler* [Rodina 2023] erzeugt).

Die Use Cases in Abbildung 10.7 und 10.8 skizzieren die Schritte nur ganz grob. Um sie letztlich in Prozessbeschreibungen überführen zu können, ist es hilfreich, sie zu verfeinern. Dies erfolgt in den Abbildungen 10.9 bis 10.13.

Die ersten drei Use Cases aus Abbildung 10.7 werden in dem Paket „Kundenanfrage und -angebot" gruppiert und verfeinert bzw. erweitert *Verfeinerungen*

Name	Kundenanfrage und -angebot
Ziel	Der Kunde möchte zu einem Produktwunsch ein Angebot erhalten.
Vorbedingung	− Produkte laut Online-Katalog sind im Lager verfügbar. − Kundenstammdaten existieren bereits.
Nachbedingung	Kunde hat Angebot erhalten.
Akteure	Vertriebsmitarbeiter (Hauptakteur), Kunde
Normalablauf	1. Der Kunde fragt wegen Preis und Liefertermin an. 2. Der Vertriebsmitarbeiter legt eine Kundenanfrage im System an. 3. Der Vertriebsmitarbeiter ermittelt den Verkaufspreis. 4. Der Vertriebsmitarbeiter legt ein Angebot im System an und verschickt es. 5. Der Vertriebsmitarbeiter überprüft regelmäßig den Bestellungseingang.
Sonderfall zu 2.	*Der Kunde existiert noch nicht im System.* Der Vertriebsmitarbeiter legt die Kundenstammdaten an.

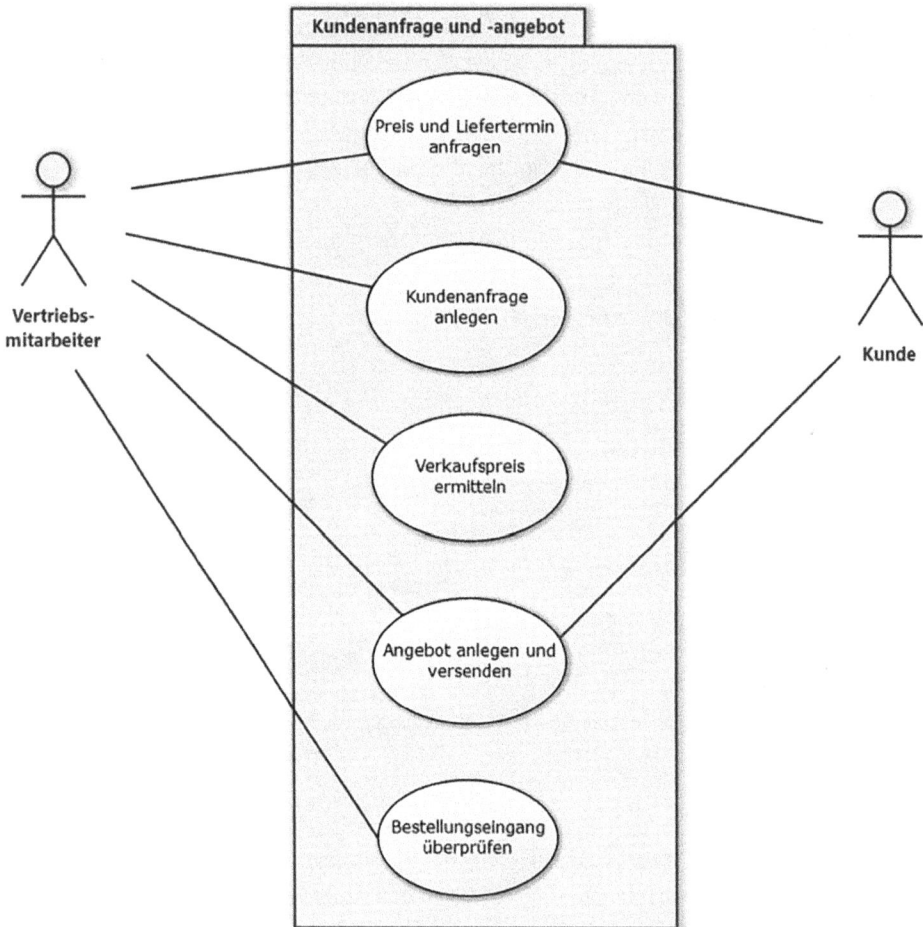

Abb. 10.9: Use Cases zu „Kundenanfrage und -angebot" (mit *Software Ideas Modeler* [Rodina 2023] erzeugt).

(vgl. Abbildung 10.9). Zur Angebotserstellung muss der Verkaufspreis ermittelt werden, das Angebot muss im System gespeichert und dem Kunden zugeschickt werden, und schließlich muss der Bestelleingang daraufhin überwacht werden, ob eine Bestellung dieses Kunden eingeht.

Abbildung 10.9 zeigt erst die Kurzbeschreibung der Use Cases als Text und anschließend die gruppierte Darstellung im Use-Case-Diagramm.

Im zweiten Paket, „Kundenauftrag und Auslieferung", werden die Use Cases ab dem Eingang der Kundenbestellung bis zum Versand gruppiert. Abbildung 10.10 zeigt die Use Cases wiederum zunächst als Textversion und dann als Diagramm.

Use Cases zu „Kundenauftrag und Auslieferung"

Der aufgrund der Bestellung im System angelegte Kundenauftrag wird hier und im Folgenden „Terminauftrag" genannt. Falls der Vertriebsmitarbeiter bei Anfrage in seinem System feststellt, dass die gewünschten Produkte im Lager nicht verfügbar sind, muss er Folgeaktionen anstoßen, z. B. Produktion der fehlenden Mengen (Sonderfall zu 3. in Abbildung 10.10).

Die dritte Gruppe von Use Cases in Zusammenhang mit der Kundenauftragsabwicklung beschreibt schließlich die Rechnungsstellung durch die Rechnungswesenabteilung von Kids Mobile International und die Bezahlung durch den Kunden (vgl. Abbildung 10.11). Hier sind verschiedene Sonderfälle denkbar, die behandelt werden müssen.

Use Cases zu „Rechnungsstellung und Zahlung"

Erfahrungsgemäß kommt es häufig vor, dass Kunden nicht genau den Betrag bezahlen, der in Rechnung gestellt wurde, sondern einen anderen (Sonderfall zu 3.). Dies kann verschiedene Gründe haben, zum Beispiel:

Sonderfälle zu „Zahlung"

- Der Kunde hat unberechtigt Skonto abgezogen.
- Der Kunde hat mehr bezahlt, weil er noch andere, offene Rechnungen zu begleichen hatte.
- Der Kunde hat weniger bezahlt, weil nur ein Teil der Bestellung ausgeliefert wurde.
- Der Kunde hat weniger bezahlt, weil er eine kleinere Menge als die gelieferte bestellt hatte.
- Der Kunde hat weniger bezahlt, weil er wegen Qualitätsmängeln die Minderung erklärt hat.

Möglicherweise bezahlt der Kunde gar nicht, zumindest nicht bis zum Fälligkeitstermin (Sonderfall zu 4.). In diesem Fall wird der zuständige Mitarbeiter im Rechnungswesen in den Mahnprozess eintreten und z. B. als Erstes eine mehr oder weniger freundliche Zahlungserinnerung initiieren.

Name	Kundenauftrag und Lieferung
Ziel	Die bestellten Produkte werden an den Kunden ausgeliefert.
Vorbedingung	Kundenauftrag (Bestellung) liegt vor.
Nachbedingung	Bestellung ist an den Kunden ausgeliefert.
Akteure	Vertriebsmitarbeiter (Hauptakteur), Lagerverwaltung, Versand, Kunde
Normalablauf	1. Der Kunde erteilt eine Bestellung (Kundenauftrag). 2. Der Vertriebsmitarbeiter legt einen Terminauftrag im System an. 3. Der Vertriebsmitarbeiter überprüft Verfügbarkeit der bestellten Produkte. 4. Ein Lagermitarbeiter stellt die Lieferung zusammen. 5. Der Versand liefert die Lieferung aus.
Sonderfall zu 3.	*Verfügbarkeit kann nicht bestätigt werden.* Der Vertriebsmitarbeiter initiiert die Produktion der fehlenden Produkte.

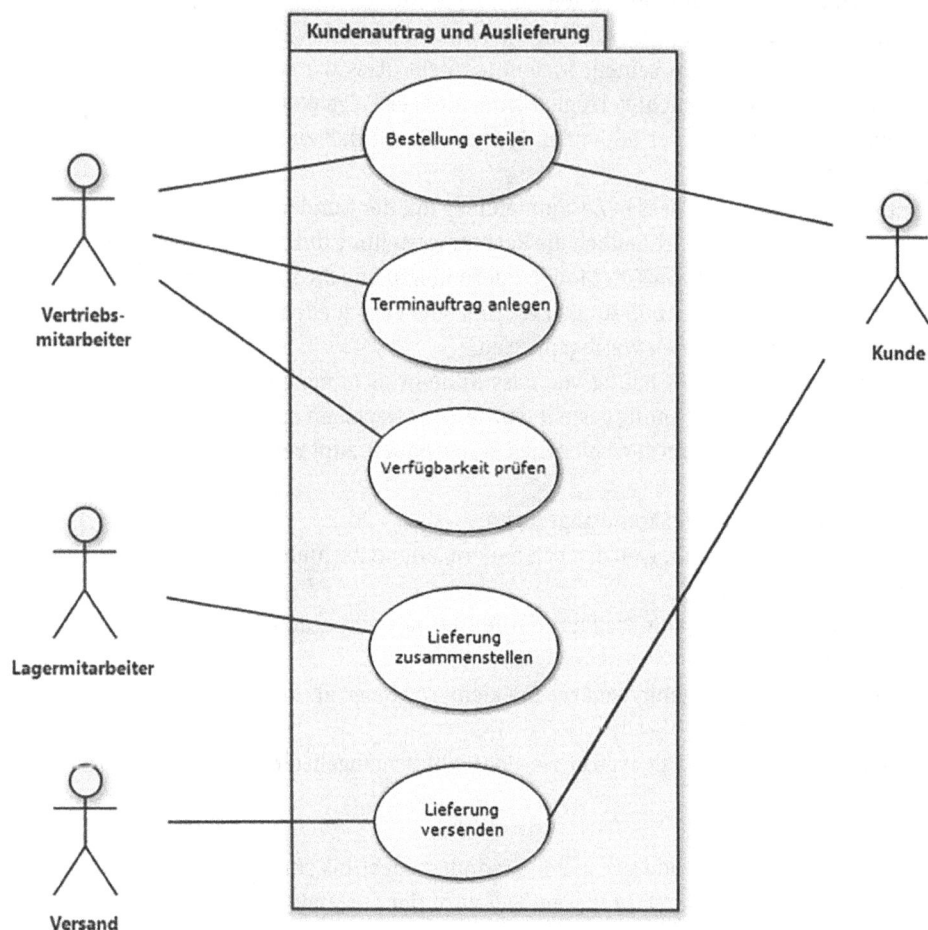

Abb. 10.10: Use Cases zu „Kundenauftrag und Auslieferung" (mit *Software Ideas Modeler* [Rodina 2023] erzeugt).

Name	Rechnungstellung und Zahlung
Ziel	Der Kunde bezahlt die bestellten Produkte.
Vorbedingung	Auslieferung der Bestellung (Kundenauftrag) ist erfolgt.
Nachbedingung	Der Kunde hat die gelieferten Produkte bezahlt.
Akteure	Rechnungswesenmitarbeiter (Hauptakteur), Kunde
Normalablauf	1. Der Rechnungswesenmitarbeiter (Rewe-MA) erstellt die Rechnung. 2. Der Rewe-MA schickt die Rechnung an den Kunden. 3. Der Kunde bezahlt die Rechnung. 4. Der Rewe-MA überprüft regelmäßig die Zahlungseingänge. 5. Der Rewe-MA verbucht die Zahlung des Kunden.
Sonderfall zu 3.	*Der Kunde bezahlt einen anderen Betrag als den Rechnungsbetrag.* 3.1 Der Rewe-MA prüft die Rechnung gegen Bestellung und Auslieferung. 3.2 Der Versandmitarbeiter überprüft die Auslieferung. 3.3 Der Rewe-MA veranlasst Folgeaktionen.
Sonderfall zu 4.	*Kein Zahlungseingang nach Fälligkeit* Der Rechnungswesenmitarbeiter aktiviert die erste Mahnstufe.

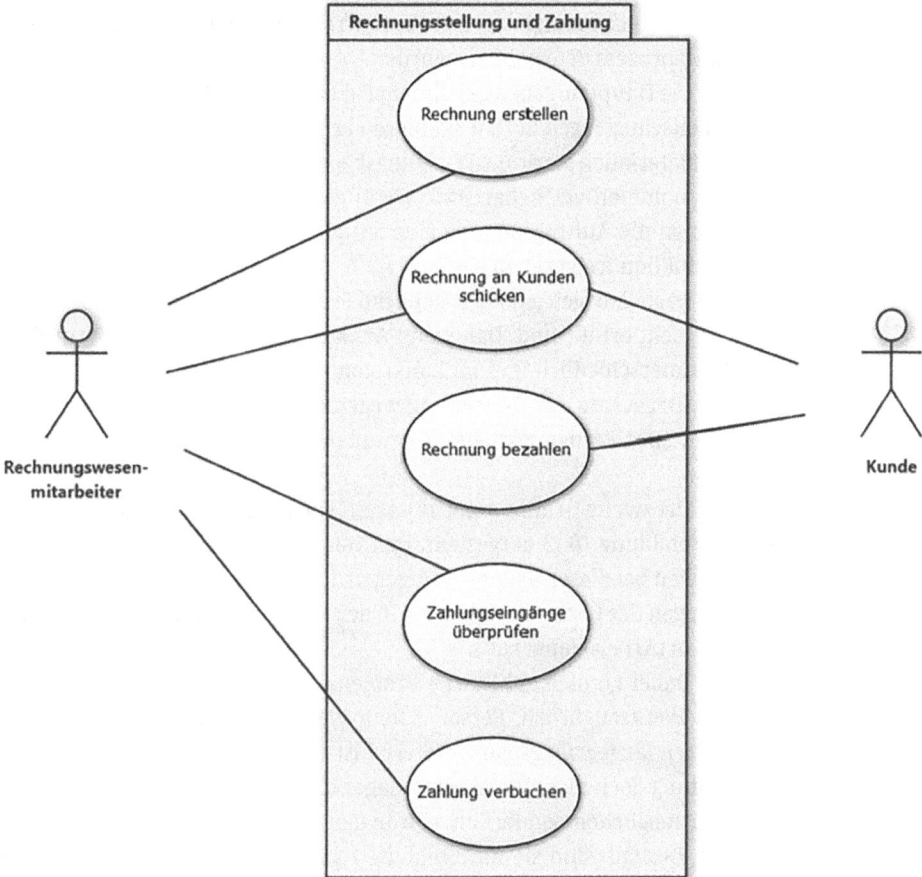

Abb. 10.11: Use Cases zu „Rechnungsstellung und Zahlung" (mit *Software Ideas Modeler* [Rodina 2023] erzeugt).

Wenn eine korrekte Zahlung eingegangen ist, wird diese als letzter Use Case im Geschäftsprozess „Kundenaufträge abwickeln" verbucht. Damit ist der Prozess beendet.

Prozess „auftragsbezogene Produktion"

Für den Prozess *„auftragsbezogene Produktion"* werden die Use Cases aus Abbildung 10.8 verfeinert und in zwei Pakete gruppiert. Das eine beinhaltet, zu einem Kundenauftrag (Terminauftrag) einen Fertigungsauftrag anzulegen, die Voraussetzungen zu prüfen und den Auftrag freizugeben. Im anderen geht es darum, den Auftrag in der Fertigung tatsächlich abzuwickeln.

Use Cases zu „Fertigungsauftrag anlegen und freigeben".

Abbildung 10.12 zeigt das erste Paket, „Fertigungsauftrag anlegen und freigeben". Voraussetzung für einen Fertigungsauftrag ist grundsätzlich, dass entweder ein Terminauftrag oder ein Planauftrag vorliegt, aufgrund dessen die Produktion veranlasst werden muss. Der Begriff „Terminauftrag" steht, wie bereits erwähnt, für einen Kundenauftrag (mit Liefer- oder Wunschtermin). Der Begriff „Planauftrag" wird in der Produktionsplanung dagegen für Aufträge verwendet, die in einem Planungsprozess determiniert wurden.

Die Hauptaufgaben bei diesem Paket sind, den Auftrag mit all seinen Arbeitsgängen genau zu terminieren und zu überprüfen, ob die benötigten Materialien sowie die Fertigungskapazitäten tatsächlich so wie zuvor angenommen verfügbar sind. Wenn diese Voraussetzungen vorliegen, können die Auftragspapiere erzeugt und der Fertigungsauftrag für die Produktion freigegeben werden.

Sonderfälle „mangelnde Verfügbarkeit"

Es stellen sich jedoch erhebliche Probleme, wenn die Voraussetzungen nicht erfüllt sind. Dann sind Anpassungsmaßnahmen erforderlich, die unterschiedlich und im konkreten Fall sehr umfangreich sein können. Der Kürze der Darstellung wegen sind diese Sonderfälle pauschal unter „Der Fertigungssteuerer veranlasst Folgeaktionen" zusammengefasst.

Use Case „Fertigungsauftrag abwickeln"

Die zweite Gruppe von Use Cases, „Fertigungsauftrag abwickeln", ist in Abbildung 10.13 dargestellt. Den Hauptteil der praktischen Arbeiten machen bei dieser Gruppe – entgegen der visuellen Reduktion auf einen einzigen Use Case – natürlich die in der Fertigung durchzuführenden Arbeiten (Arbeitsgänge) aus.

Zahlreiche „Sonderfälle"

Dabei können zahlreiche Probleme auftreten, z. B. Maschinenausfall, Werkzeugbruch, Personal fehlt wegen Erkrankung, Arbeitsgänge dauern länger als geplant, Material ist trotz vorheriger Verfügbarkeitsprüfung doch nicht im Werkstattlager u. v. a. Die explizite Beschreibung aller möglichen Sonderfälle würde den Rahmen dieses Beispiels sprengen. Deshalb sind sie in Abbildung 10.13 in den Sonderfällen pauschal unter dem Begriff „Störung" zusammengefasst; die Störungen müssen in „Folgeaktionen" behandelt werden.

Name	Fertigungsauftrag anlegen und freigeben
Ziel	Die Herstellung eines Fertigungsauftrags kann beginnen.
Vorbedingung	Terminauftrag oder Planauftrag liegt vor.
Nachbedingung	Material- und Kapazitätsverfügbarkeit ist bestätigt.
Akteure	Fertigungssteuerer (FSt, Hauptakteur), Lagermitarbeiter
Normalablauf	1. Der FSt legt für den Termin- oder Planauftrag einen Fertigungsauftrag an. 2. Der Fertigungssteuerer terminiert den Fertigungsauftrag. 3. Der FSt und Lagermitarbeiter überprüfen die Materialverfügbarkeit. 4. Der Fertigungssteuerer überprüft die Kapazitätsverfügbarkeit. 5. Der FST erzeugt die Auftragspapiere und gibt den Fertigungsauftrag frei.
Sonderfall zu 3.	*Materialverfügbarkeit kann nicht bestätigt werden.* Der Fertigungssteuerer veranlasst Folgeaktionen. → Schritt 2.
Sonderfall zu 4.	*Kapazitätsverfügbarkeit kann nicht bestätigt werden.* Der Fertigungssteuerer veranlasst Folgeaktionen. → Schritt 2.

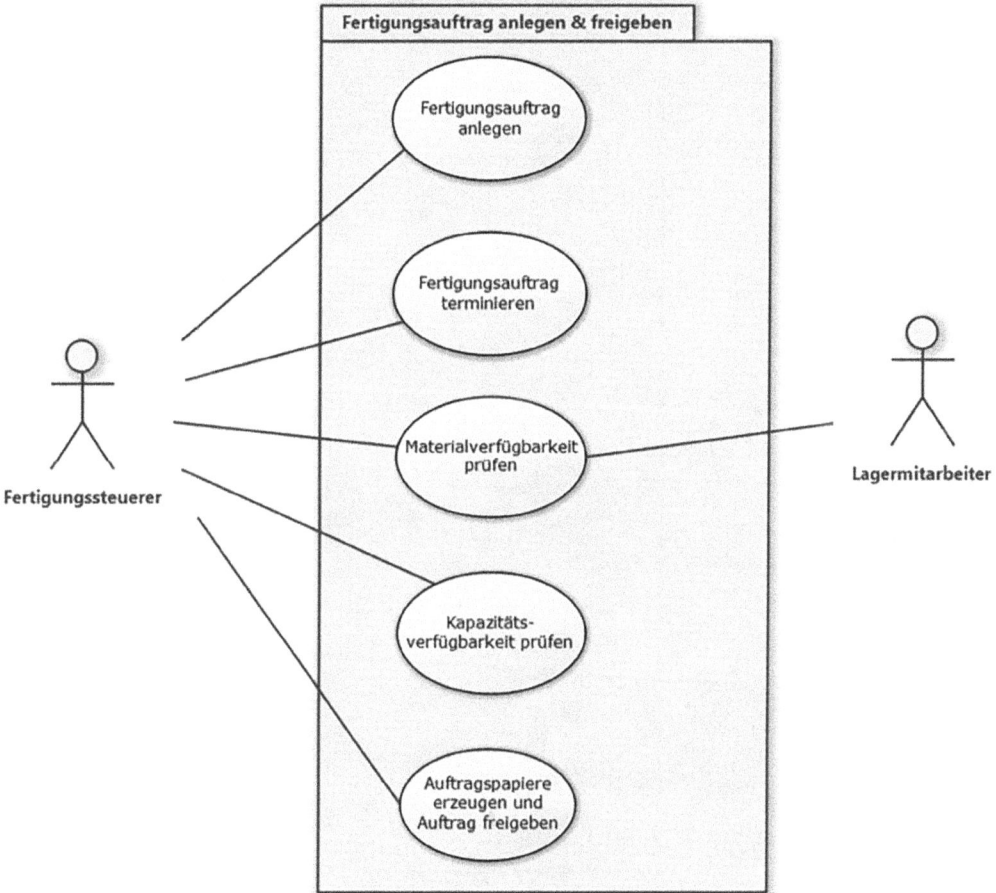

Abb. 10.12: Use Cases zu „Fertigungsauftrag anlegen und freigeben" (mit *Software Ideas Modeler* [Rodina 2023] erzeugt).

Name	Fertigungsauftrag abwickeln
Ziel	Der Fertigungsauftrag wird durchgeführt und abgeschlossen.
Vorbedingung	Die Auftragsfreigabe ist erfolgt.
Nachbedingung	Der Fertigungsauftrag ist abgeschlossen.
Akteure	Fertigungssteuerer (FSt, Hauptakteur), Fertigung, Lagermitarbeiter
Normalablauf	1. Der Lagermitarbeiter entnimmt die benötigten Materialien aus dem Lager. 2. Die Fertigung führt die Arbeiten für den Fertigungsauftrag aus. 3. Der Fertigungssteuerer meldet die Fertigstellung des Auftrags zurück. 4. Der Lagermitarbeiter führt die fertigen Produkte dem Fertigwarenlager zu. 5. Der Fertigungssteuerer veranlasst die Erzeugung der Buchungsbelege.
Sonderfall zu 2.	*Eine Störung im Fertigungsablauf tritt auf.* 2.1 Der Fertigungssteuerer untersucht die Störung. 2.2 Der Fertigungssteuerer veranlasst Folgeaktionen. → Schritt 2., wenn Störung behoben

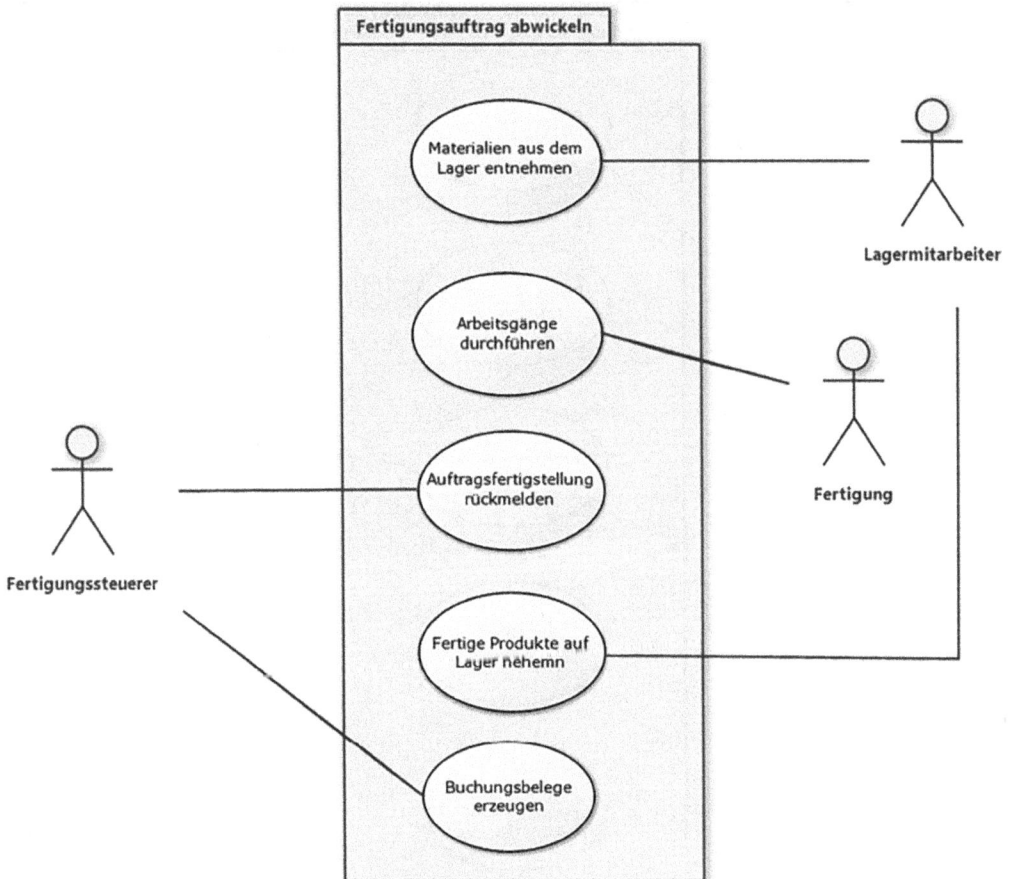

Abb. 10.13: Use Case „Fertigungsauftrag abwickeln" (mit *Software Ideas Modeler* [Rodina 2023] erzeugt).

10.5.2 Auftragsabwicklungsprozess

Aus den bereits genannten Gründen beschränken wir uns bei der Prozessmodellierung auf die beiden Geschäftsprozesse „Kundenaufträge abwickeln" und „auftragsbezogene Produktion" aus Abbildung 10.2 und 10.3. Nachdem die einschlägigen Use Cases beschrieben wurden, erfolgt nun der nächste Modellierungsschritt, den Ablauf der Geschäftsprozesse genauer zu modellieren.

Als Modellierungshilfsmittel kommen EPKs (Ereignisgesteuerte Prozessketten), BPMN (Business Process Model and Notation) und Aktivitätsdiagramme aus UML in Betracht. Der Vorzug wird hier den EPKs eingeräumt, da sich mit ihrer Hilfe mehrere Modellierungsgegenstände zusammen – Abläufe, Daten und Organisation – am besten darstellen lassen. Ziel der Modellierung in diesem Abschnitt ist es, nicht nur die einzelnen Prozessschritte, sondern auch die jeweils relevanten Datenobjekte und die zuständigen Organisationseinheiten anzugeben.

EPKs, BPMN oder Aktivitätsdiagramme?

Die Geschäftsprozesse werden nur grob skizziert. Auf Details wird nicht näher eingegangen, da der Fokus dieses Buchs auf der Modellierungsmethodik und nicht auf Vertriebs- oder Produktionssteuerung liegt.

Abbildung 10.14 zeigt den bereits um die Datenobjekte ergänzten Auftragsabwicklungsprozess. Die Datenobjekte („Informationsobjekte" in der EPK-Terminologie) korrespondieren mit dem Datenmodell in Abbildung 10.6.

Abbildung 10.15 erweitert die EPK um diejenigen Organisationselemente, die für die Erledigung eines Prozessschritts jeweils zuständig sind. Dabei wird das Organisationsmodell aus Abschnitt 10.3 zugrunde gelegt. Aus Darstellungsgründen, d. h. aufgrund des beschränkten Platzes, werden manche Organisationseinheiten und Assoziationen nicht neben den Funktionen und Informationsobjekten angeordnet (vgl. z. B. Abbildung 4.8), sondern teilweise grafisch darüber gelegt.

Zuständige Organisationseinheiten

Die folgende Beschreibung des Prozesses lehnt sich an Kurbel [Kurbel 2021, S. 288 ff.] an. Der erste Zugriff auf die Stammdaten (hier des Kunden und des Materials) erfolgt, wenn eine Anfrage eines Kunden eingeht und im System angelegt werden soll. Bei der Erstellung des Angebots greift der *Vertriebsmitarbeiter* auf die gespeicherte Anfrage sowie auf die auf den Kunden anwendbaren Konditionen zu. Da in der Anfrage schon die meisten Angaben zum Kunden und zu den angefragten Materialien enthalten waren, werden diese einfach übernommen. Auch das Angebot wird in der Datenbank abgelegt.

Wenn der Kunde den Auftrag erteilt, geht dieser z. B. auf Papier oder in elektronischer Form ein. Da es sich um ein externes Dokument

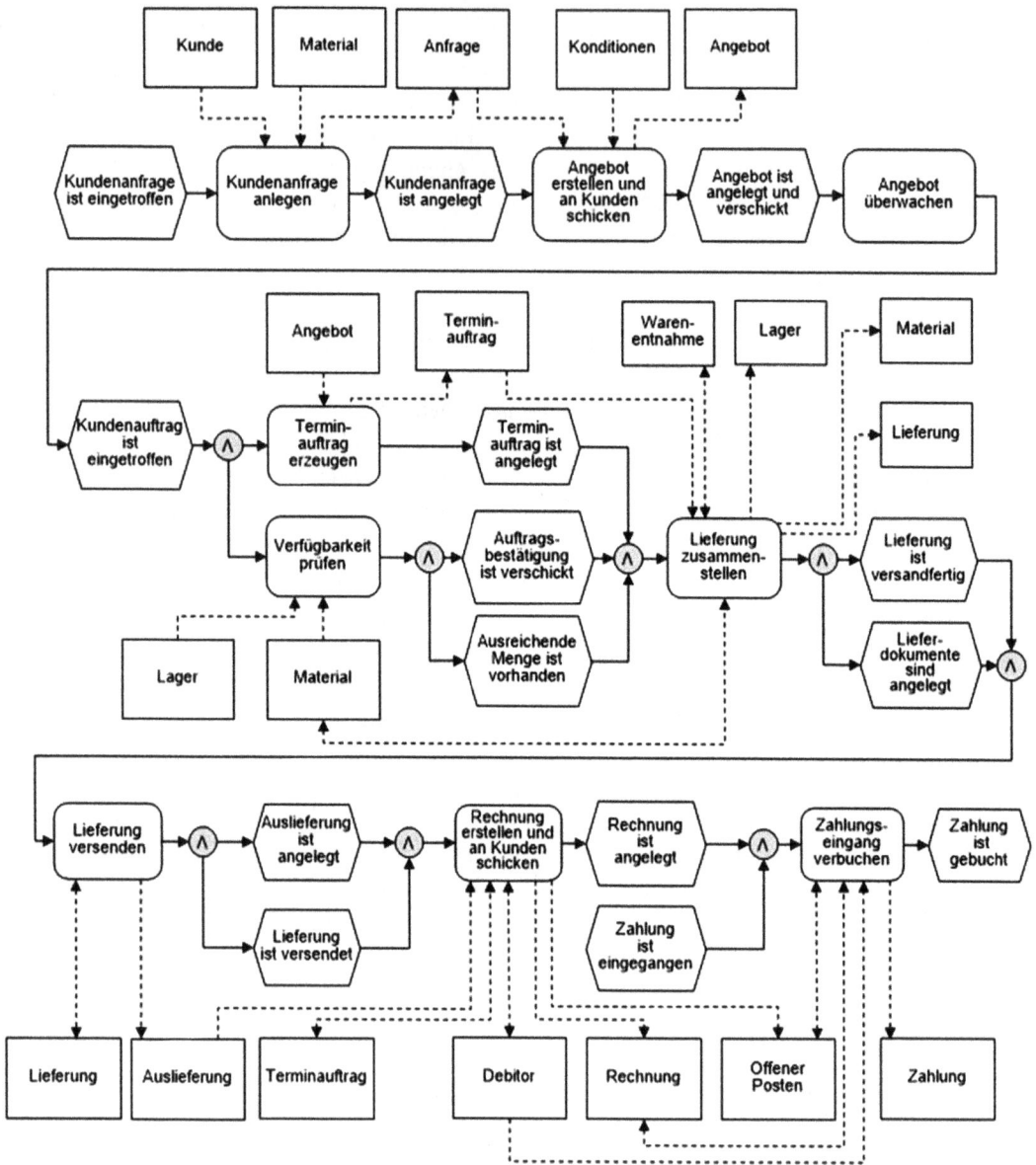

Abb. 10.14: Auftragsabwicklungsprozess ergänzt um Informationsobjekte [Kurbel 2021, S. 290].

handelt, erzeugt der zuständige Mitarbeiter als internes Äquivalent zum Kundenauftrag nun einen Terminauftrag. Er überprüft, ob Angebot und Kundenauftrag übereinstimmen, und speichert den Terminauftrag in der Datenbank ab.

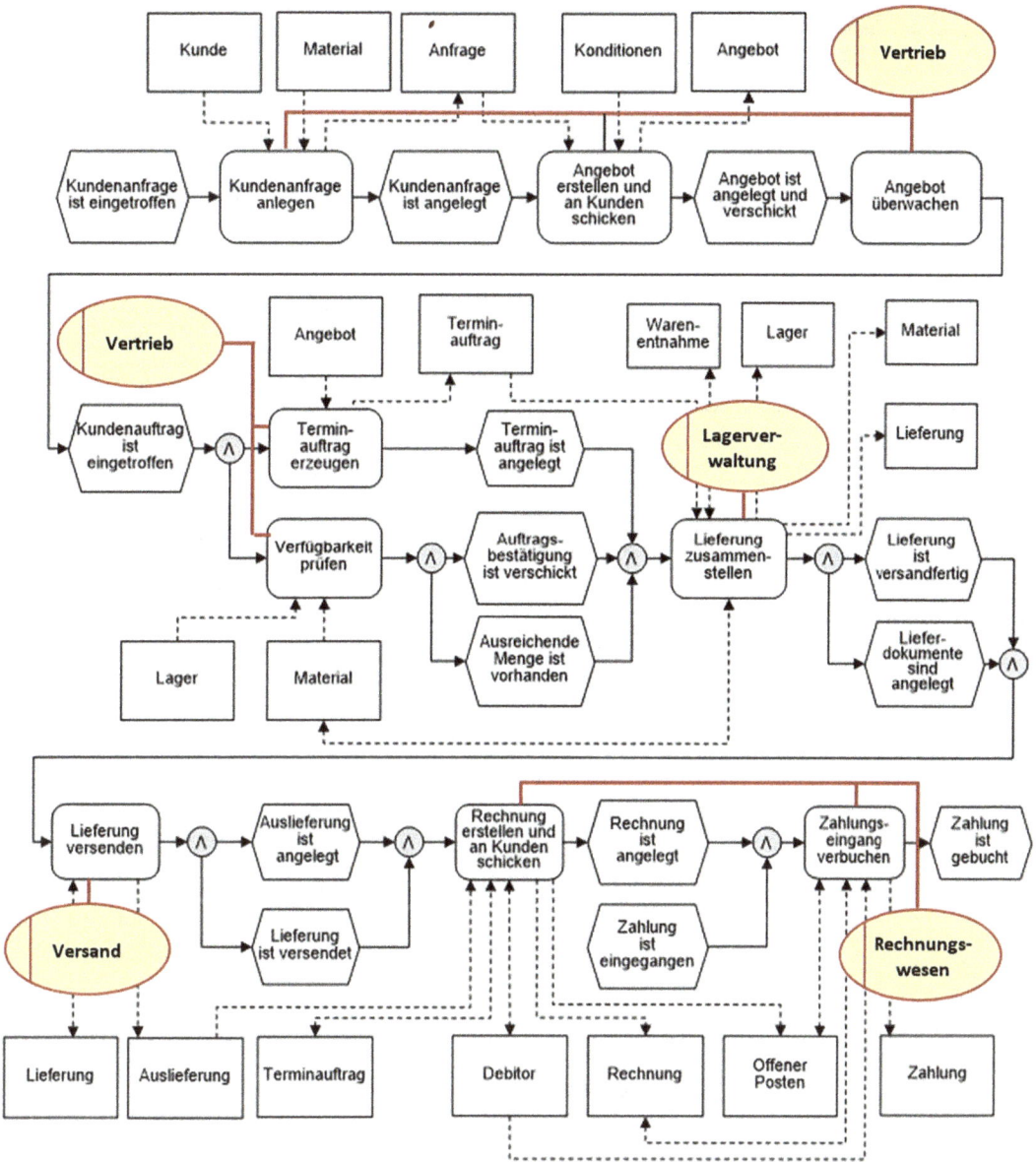

Abb. 10.15: Auftragsabwicklungsprozess ergänzt um Organisationselemente.

Für die Verfügbarkeitsprüfung wird auf die Lagerdaten zugegriffen. In dem vereinfachten Prozess in Abbildung 10.14 wird unterstellt, dass eine für die Bestellung des Kunden ausreichende Menge vorhanden ist, sodass eine Auftragsbestätigung verschickt werden konnte.

Bei der Aktivität „Lieferung zusammenstellen" werden aus dem Terminauftrag und Lagerdaten zunächst verschiedene Dokumente erzeugt, die für die weiteren Prozessschritte erforderlich sind (z. B. Kommissionierungsliste, Transportauftrag und Lieferschein).

Der *Lagerarbeiter* entnimmt mithilfe des Kommissionierungs- oder Transportdokuments die Waren von den angegebenen Lagerplätzen. Bei Abweichungen aktualisiert er ggf. die vorgedruckten Dokumente. Die Warenentnahme wird als Bewegungsdatum gebucht, und der Lagerbestand in den Material- bzw. Lagerstammdaten wird aktualisiert. Die Lieferung wird als Bewegungsdatum in die Datenbank eingetragen.

Im Rahmen der Aktivität „Lieferung versenden" wird auch das Bewegungsdatum „Auslieferung" angelegt, das den tatsächlichen Versand der Lieferung widerspiegelt. Lieferung und Auslieferung unterscheiden sich. Der Begriff Auslieferung steht für diejenigen Produkte und Mengen, die tatsächlich das Unternehmen verlassen. Darin können Teilmengen oder die Gesamtmenge für den gerade betrachteten Kunden enthalten sein, aber möglicherweise auch andere Bestellungen (ggf. auch anderer Kunden), die zusammen ausgeliefert werden.

Für die Rechnungsstellung greift das *Rechnungswesen* auf die Auslieferung, den Terminauftrag und die Debitorenstammdaten zu, erzeugt die Rechnung und speichert diese.

Am Ende des Auftragsabwicklungsprozesses stehen die Durchführung des Zahlungsvorgangs und die Speicherung des entsprechenden Bewegungsdatums. Bereits beim Anlegen der Rechnung wird ein offener Posten erzeugt. Wenn später die Zahlung eingeht und verbucht werden soll, wird sie gegen die gespeicherte Rechnung geprüft. Bei Übereinstimmung wird der Status der Rechnung aktualisiert (von „offen" auf „beglichen"). Der eingegangene Betrag wird erfasst und dem offenen Posten des Kunden zugeordnet; d. h., dieser wird ausgebucht.

10.5.3 Produktionsprozess

Geschäftsprozess mit Organisationseinheiten

Der um die beteiligten Datenobjekte („Informationsobjekte") angereicherte Geschäftsprozess „auftragsbezogene Produktion" ist in Abbildung 10.16 dargestellt. Angestoßen wird er bei Eintreffen eines Termin- oder Planauftrags. Die beteiligten Organisationseinheiten werden in Abbildung 10.17 wieder über die Grafik aus der Abbildung davor gelegt. Die nachfolgende Prozessbeschreibung lehnt sich an [Kurbel 2021, S. 295 ff.] an.

Aus dem Termin- oder Planauftrag erzeugt die Fertigungssteuerung einen *Fertigungsauftrag* und terminiert diesen im Detail, unter Zugriff

Planauftrag | Terminauftrag | Arbeitsplan | Erzeugnis-struktur | Lager | Material | Betriebsmittel

Planauftrag ist vorhanden → V → Fertigungsauftrag erzeugen und terminieren → Fertigungsauftrag ist angelegt und terminiert → Materialverfügbarkeit prüfen → Materialien sind verfügbar → Kapazitätsverfügbarkeit prüfen

Terminauftrag ist vorhanden | Betriebsmittel | Fertigungsauftrag

Kapazitäten sind verfügbar → Auftrag freigeben → Auftragspapiere sind gedruckt → Materialentnahme durchführen → Warenausgänge sind gebucht → Arbeitsgänge durchführen

Betriebsmittel | Fertigungsauftrag | Auftragsrückmeldung | Lager | Material | Materialbeleg | Betriebsmittel

Arbeitsgänge sind abgeschlossen → Auftrag rückmelden → Auftragsrückmeldung liegt vor → Waren einlagern → Waren sind auf Lager → Buchungsbelege erzeugen → Buchungsbelege sind erzeugt

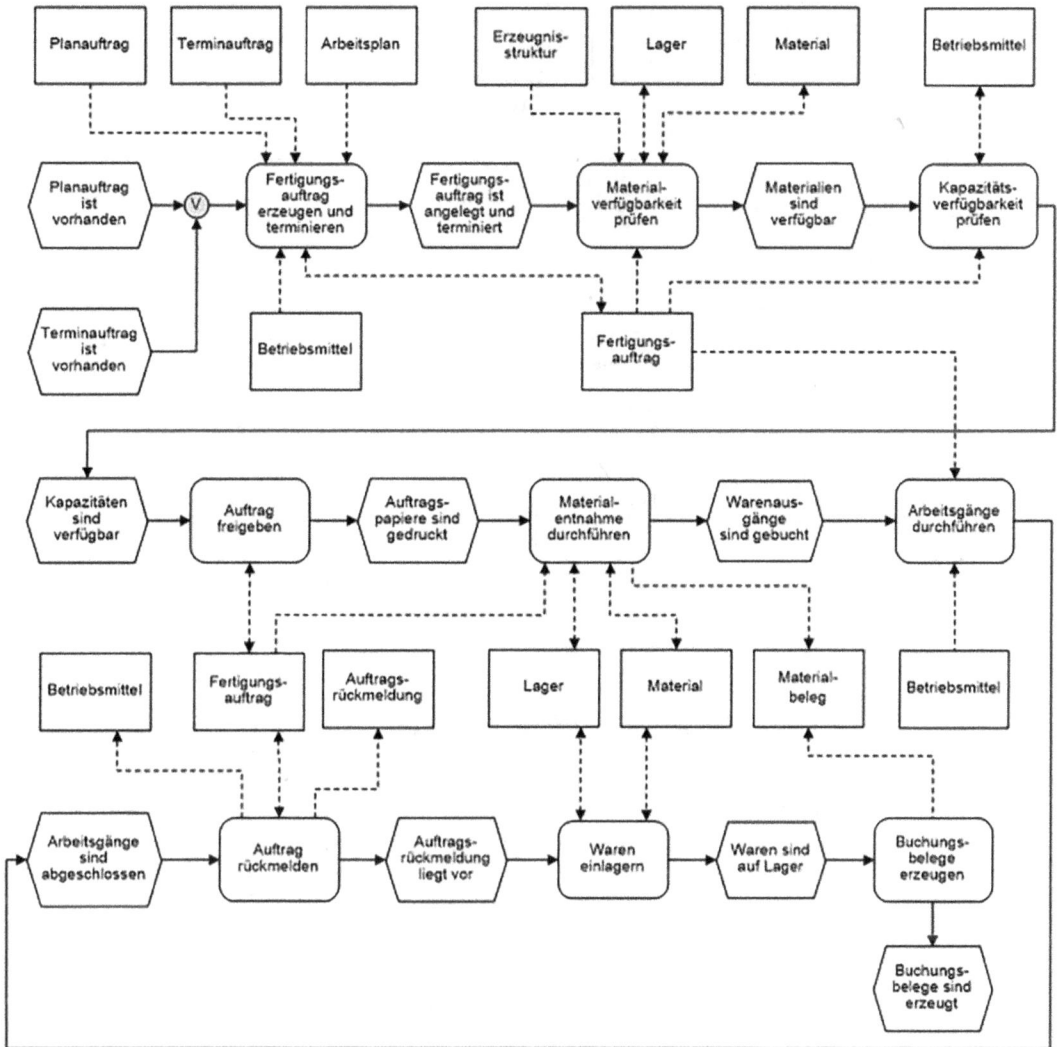

Abb. 10.16: Produktionsprozess ergänzt um Informationsobjekte [Kurbel 2021, S. 297].

auf den *Arbeitsplan* des Produkts. Im Arbeitsplan sind die Arbeitsgänge mit den Zeitangaben enthalten.

Zur Prüfung der Materialverfügbarkeit muss zunächst ermittelt werden, welche Materialien für den Auftrag erforderlich sind (d. h., welche Materialien gehen in das Produkt ein). Diese Angaben stehen in den *Erzeugnisstrukturdaten*. Die verfügbaren Bestände werden den jeweiligen *Lagerstammdaten* entnommen.

Zur Prüfung der Kapazitätsverfügbarkeit wird auf die *Betriebsmittelstammdaten* zugegriffen, wo die kapazitätsmäßige Belastung der Be-

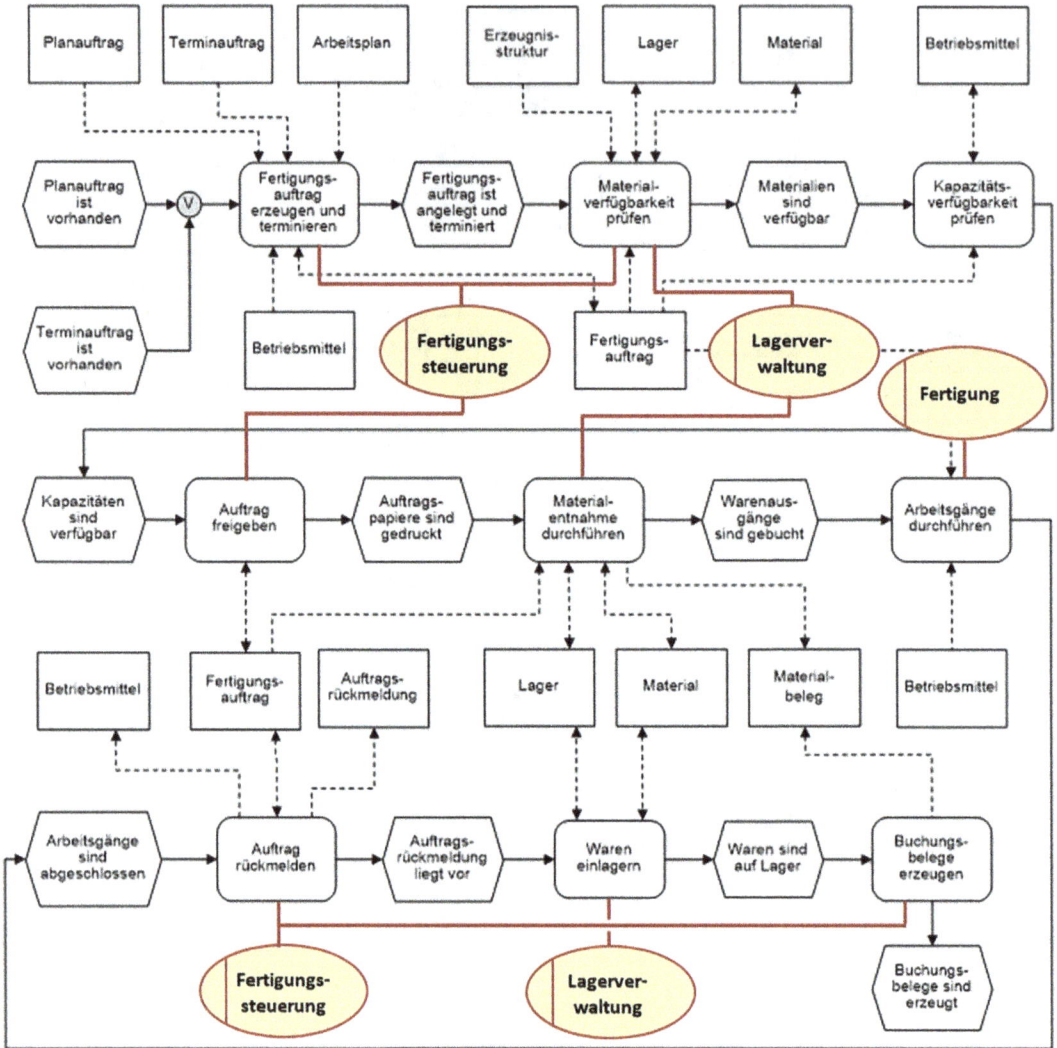

Abb. 10.17: Produktionsprozess mit Organisationseinheiten.

triebsmittel, die sich bei der Terminierung ergibt, gebucht wurde. Welche Betriebsmittel im Einzelnen betroffen sind, steht im Arbeitsplan.

Wenn nicht nur die Material-, sondern auch die Kapazitätsverfügbarkeit bestätigt wurde, kann der Auftrag freigegeben werden (was passieren muss wenn nicht, wird später thematisiert). Die Durchführung des Auftrags beginnt mit der Entnahme des benötigten Materials aus dem Lager. Dabei wird ein Materialentnahmeschein („*Materialbeleg*") erzeugt; zum Auffinden des Materials im Lager wird auf die Lagerdaten zugegriffen; und die Materialbestände in den Lagerdaten werden aktualisiert.

Wenn der Fertigungsauftrag abgeschlossen ist, erfolgt die *Auftrags-rückmeldung*. Der Einfachheit halber zeigt Abbildung 10.16 nur den Fall, dass der Auftrag als ganzer rückgemeldet wird. Alternativ könnten auch einzelne Arbeitsgänge rückgemeldet werden.

Mit der Rückmeldung werden gleichzeitig die Betriebsmittel um die für den Auftrag gebuchten Kapazitäten entlastet, und der Fertigungsauftrag wird mit dem Status rückgemeldet versehen.

Die fertigen Produkte werden in der Aktivität „Waren einlagern" dem Lager zugeführt. Dazu werden verschiedene *Buchungsbelege* erzeugt und gespeichert, mit denen die Buchhaltung die Kosten des Auftrags verrechnen und die betroffenen Konten des internen und externen Rechnungswesens aktualisieren kann. In der Abbildung wird nur der Materialbeleg, der den Eingang der Auftragsmenge im Lager widerspiegelt, explizit erwähnt. Mit der Erzeugung der Buchungsbelege ist der Produktionsprozess beendet.

10.5.4 Prozessintegration

In den vorstehenden Abschnitten wurden die beiden Geschäftsprozesse unabhängig voneinander beschrieben. In der Wirklichkeit laufen Prozesse jedoch nicht isoliert ab, sondern haben gemeinsame Schnittstellen.

Der Auftragsabwicklungsprozess ging zum Beispiel davon aus, dass   Schnittstellen ausreichende Produktmengen, um die Kundenbestellung zu decken, am Lager verfügbar sind. Wenn dies nicht der Fall ist, dann müssen die fehlenden Mengen erst produziert werden: Das heißt, ein Produktionsprozess muss ausgelöst, durchgeführt und beendet werden, bevor der Auftragsabwicklungsprozess fortgesetzt werden kann.

Der auf den Schritt „Verfügbarkeit prüfen" folgende Ablauf in Abbildung 10.14 muss also neu gestaltet werden. Das Ergebnis ist in Abbildung 10.18 dargestellt. Aus Platzgründen wurden Informationsobjekte und Organisationseinheiten weggelassen.

Wenn die Lagerbestände ausreichen, wird der Auftrag unter Angabe eines Liefertermins bestätigt und die Lieferung zusammengestellt. Ist dagegen keine ausreichende Menge vorhanden, muss ein *Produktionsprozess* gestartet werden. Der Kunde bekommt dann eine Auftragsbestätigung, die noch keinen verbindlichen Termin enthält. Dieser kann erst später angegeben werden.

In der EPK wird ein *Prozesswegweiser* verwendet, um den Auftrags-   Prozesswegweiser abwicklungsprozess mit dem Produktionsprozess zu verbinden. Der Pfeil vom Ereignis „Buchungsbelege sind erzeugt" zum Konnektor „xor" zeigt, dass die Verfügbarkeit für alle Fälle nochmals geprüft wird. Wenn

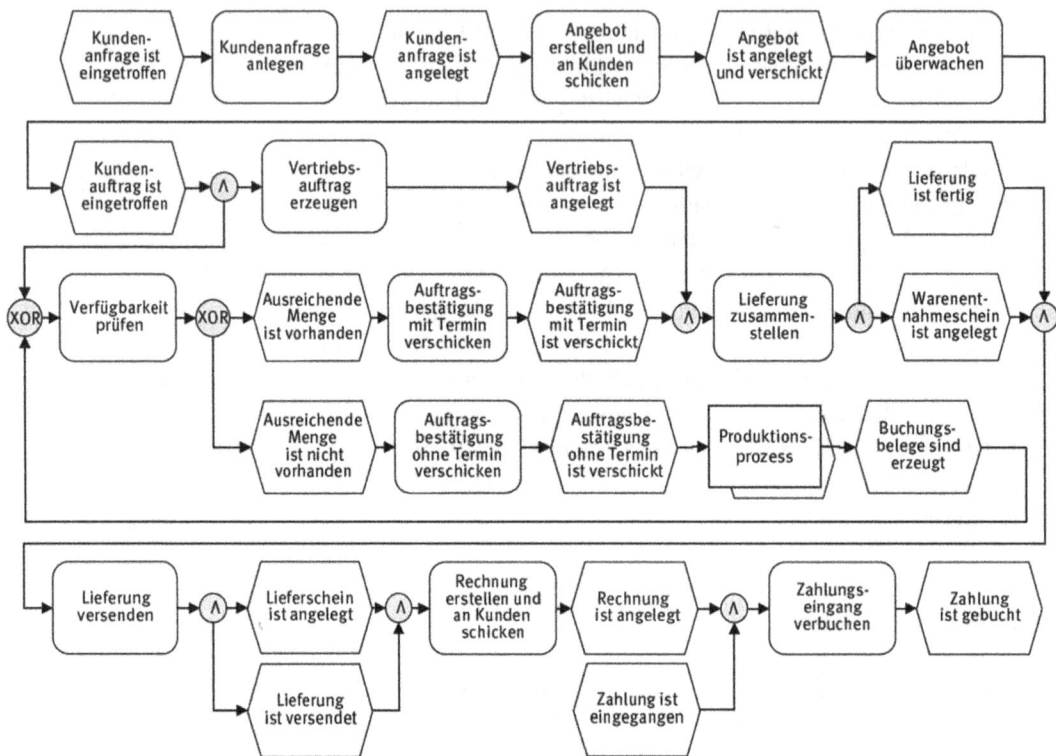

Abb. 10.18: Auftragsabwicklungsprozess mit Prozesswegweiser.

Integration
Produktionsprozess und
Beschaffungsprozess

nun eine ausreichende Menge vorhanden ist, kommt die Funktion „Auftragsbestätigung mit Termin verschicken" zur Ausführung, sodass die Lieferung zusammengestellt werden kann.

Als zweites Beispiel zur Prozessintegration betrachten wir noch einmal den Produktionsprozess aus Abbildung 10.17. Als Ergebnis des Prozessschritts „Materialverfügbarkeit prüfen" wurde dort angenommen, dass die für die Fertigung benötigten Materialien verfügbar sind. Käme die Prüfung jedoch zu dem Ergebnis, dass Material fehlt, dann müsste eigentlich eine Bestellung (für fremdbezogenes Material) oder eine Produktion (für eigengefertigtes Material) ausgelöst werden.

In Abbildung 10.19, die nochmals den Produktionsprozess zeigt, sind deshalb zwei Prozesswegweiser eingefügt – einer zum Beschaffungsprozess und einer rekursiv zum Produktionsprozess hin, je nachdem, ob es sich um Fremdbezug oder Eigenfertigung handelt.

Der relevante Zweig des Beschaffungsprozesses, der bereits in Kapitel 4 in Abbildung 4.7 gezeigt wurde, endet mit dem Ereignis „Materialbestand am Lager ist erhöht" (vgl. Abbildung 10.20). Dieses wird nach

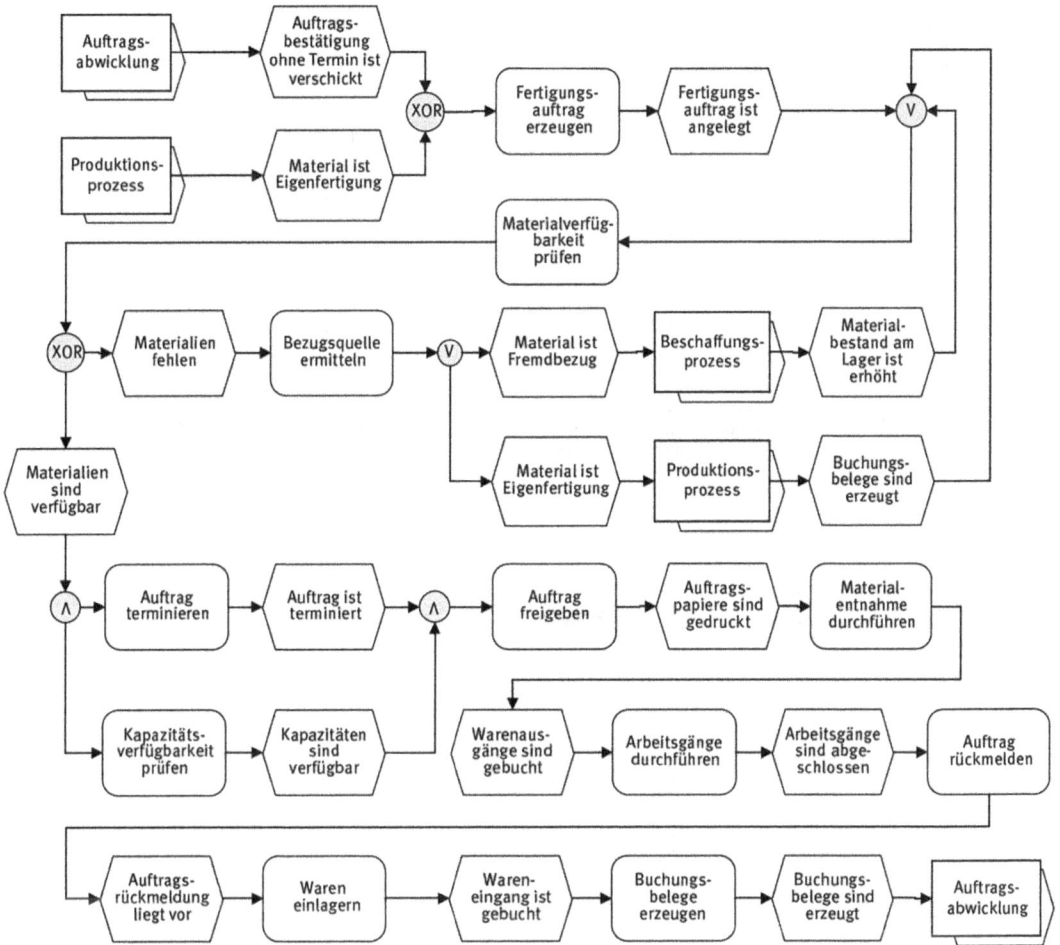

Abb. 10.19: Produktionsprozess mit Prozesswegweisern.

dem Prozesswegweiser im Produktionsprozess (vgl. Abbildung 10.19) nochmals aufgeführt. Analog wird auch das Ereignis „Buchungsbelege sind erzeugt" (am Ende des Produktionsprozesses) hinter dem Prozesswegweiser nochmals notiert. In beiden Zweigen kann der übergeordnete Produktionsprozess dann mit einer erneuten Materialverfügbarkeitsprüfung fortgesetzt werden.

Zu beachten ist, dass bei Verwendung von Ereignisgesteuerten Prozessketten die aufgerufenen Prozesse (Beschaffungsprozess sowie Produktionsprozess) um Prozesswegweiser für den „Rückweg" zum aufrufenden Prozess ergänzt werden müssen.

Abschließend bleibt anzumerken, dass die Benennungen der Ereignisse vor und nach den Prozesswegweisern abhängig von den konkre-

Prozesswegweiser für den „Rückweg"

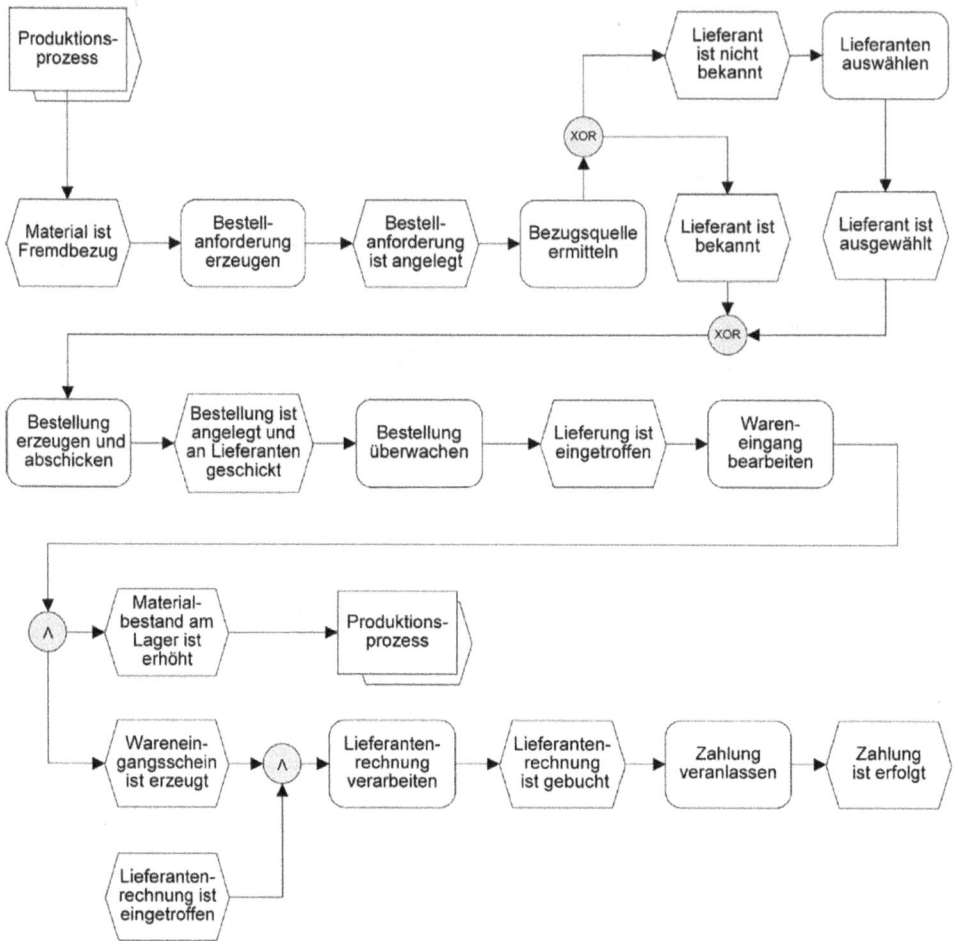

Abb. 10.20: Beschaffungsprozess mit Prozesswegweisern.

ten Prozessschritten gewählt wurden. Dies trägt zur Verständlichkeit im konkreten Fall bei, aber nicht nur allgemeinen Verwendbarkeit der Prozesse. Das heißt, wenn ein Prozess wie „Beschaffung" wiederverwendbar sein soll, dann sollten allgemeinere Bezeichnungen für Ereignisse an den Schnittstellen gewählt werden.

10.6 Funktionsmodell

Eine Architektur des oder der neuen Informationssysteme kann im Vorbereitungsstadium noch nicht beschrieben werden, da sie maßgeblich davon abhängt, ob später ein ERP-System beschafft wird oder nicht.

Ebenso wenig erscheint eine detaillierte Funktionsmodellierung im gegenwärtigen Stadium angezeigt.

Als Übersicht über die gewünschte Systemfunktionalität und ihre Verankerung soll aber ein *grobes Funktionsmodell* auf einer hohen Abstraktionsebene erstellt werden. Dieses kann später zur Einschätzung von Standardsoftware, die im Falle einer Ausschreibung möglicherweise angeboten wird, herangezogen werden. Ebenso kann es als Leitschnur für das Lastenheft dienen, das im Fall der Eigenentwicklung zu erstellen wäre.

Grobes Funktionsmodell als Übersicht

Das Funktionsmodell ist in Abbildung 10.21 wiedergegeben. Aus Platzgründen wurden die Hauptfunktionen teilweise etwas unorthodox angeordnet. Rechnungswesen, Marketing sowie Forschung und Entwicklung mussten nach unten verschoben werden.

Weiter aufgefächert sind Vertrieb, Produktion, Einkauf und Lagerung. Für die Produktion und den Einkauf sind jeweils Qualitätssicherungsfunktionen vorgesehen. Im ersteren Fall geht es um die Qualität der im Unternehmen hergestellten Produkte, im letzteren Fall um die von Lieferanten beschafften Materialien.

Qualitätssicherung

Auf dem Gebiet der Produktion spielt neben den früher schon angesprochenen Funktionen auch die Anlageninstandhaltung eine Rolle. Dem Einkauf werden neben der Einkaufsabwicklung und Beschaffungsplanung auch die Lieferantenauswahl und -bewertung sowie die Wareneingangsbearbeitung zugeordnet.

Die Funktionen zur *Lagerung* schließen nicht nur die bereits erwähnten mengenorientierten Funktionen (Lagerbestandsführung) und die Bestellmengenplanung ein, sondern auch die Lagerverwaltung. Damit ist die Verwaltung der physischen Lagerorte (z. B. Hochregallager am Standort Berlin) und Lagerplätze (z. B. Regale, Behälter) gemeint. Diese Daten sind für die Ein-/Auslagerung und als Input für automatisierte Lager- und Transportsysteme erforderlich.

Lagerfunktionen

Die Schnittstellen zu diesen technischen Systemen sind in Abbildung 10.21 farblich abgesetzt. Mit „Technische Steuerung" im Zweig Lagerung ist die Schnittstelle zu den Steuerungssystemen für Lagerroboter und andere automatisierte Lager- und Transportsysteme gemeint. Die Systeme selbst sind nicht Gegenstand der Modellierung, da davon auszugehen ist, dass sie von Drittanbietern bezogen werden.

Schnittstellen zu technischen Systemen

Eine weitere Schnittstelle zu technischen Systemen, ebenfalls als „Technische Steuerung" bezeichnet, gibt es im Bereich Produktion (z. B. zu Fertigungsautomaten, ggf. Fertigungs- und Montagerobotern, Materialflusssystemen hin).

„Technische Planung" schließt den Produktentwurf mit CAD- und CAP-Systemen ein (CAD = Computer Aided Design, CAP = Computer Ai-

Technische Planung

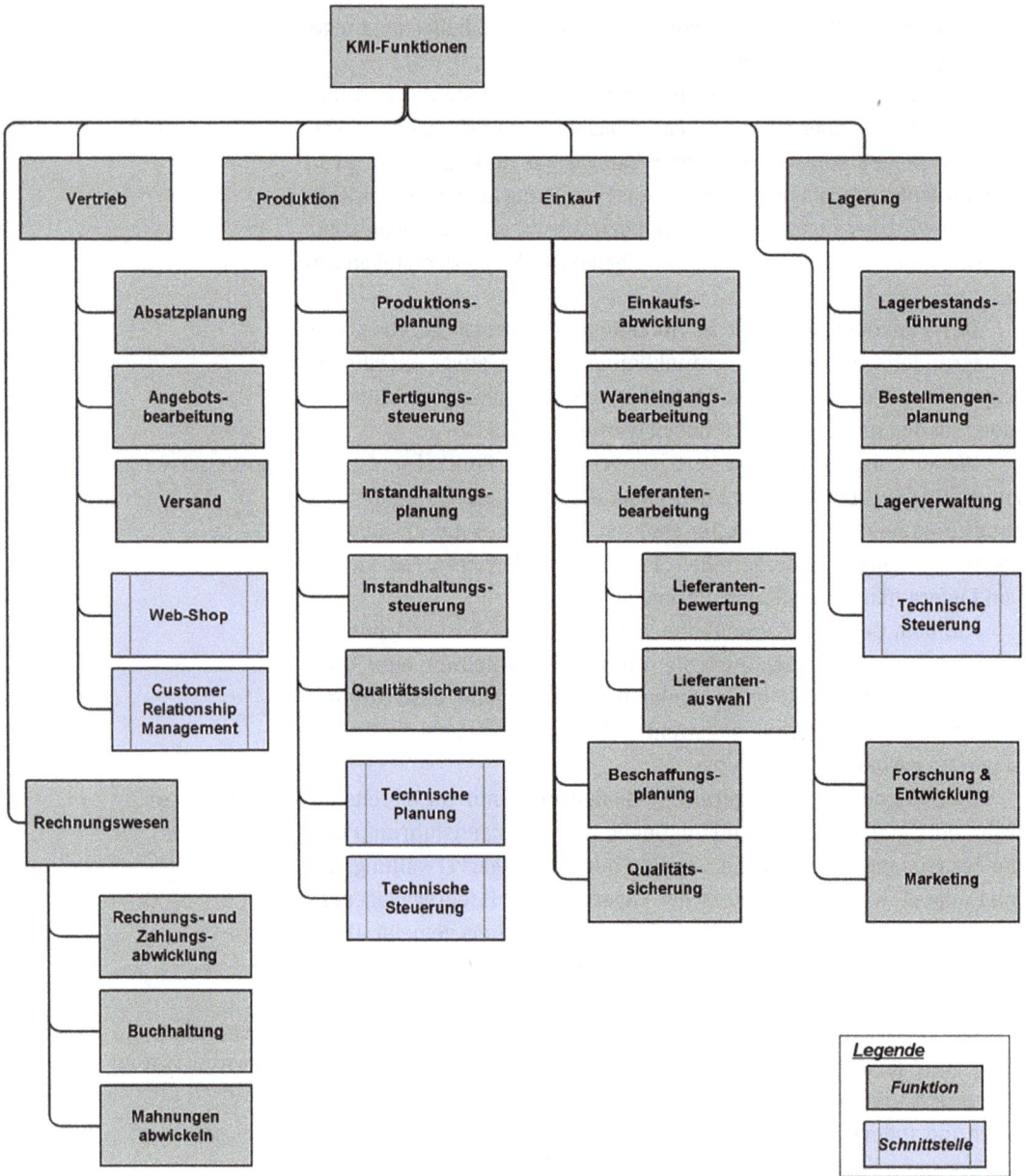

Abb. 10.21: Grobes Funktionsmodell von Kids Mobile International (mit ARIS Express [ARIS 2023] modelliert).

ded Planning i. S. v. technischer Arbeitsplanung). Auch diese Systeme werden nicht modelliert, aber ihre Schnittstellen müssen bei der Modellierung eines betrieblichen Informationssystems berücksichtigt werden.

Bei den Vertriebsfunktionen werden Schnittstellen zu dem Web-Shop und zu einem Customer-Relationship-System (CRM-System) benötigt. Beide stehen außerhalb des gerade modellierten Systems. Wie bereits erwähnt, können Endkunden ihre Bestellungen über einen Web-Shop erteilen. Die Schnittstelle hat dann beispielsweise dafür zu sorgen, dass die Bestellung in die Angebotsbearbeitung des modellierten Systems übernommen wird. Ein CRM-System soll wie der Web-Shop auf dem Markt beschafft werden.

Schnittstellen zu Web-Shop und CRM

11 Epilog

Zum Abschluss gehen wir noch auf zwei Fragen ein, die auf den ersten Blick nicht ganz ernst gemeint erscheinen mögen, aber dennoch einen ernsthaften Hintergrund haben.

1) Wäre es nicht schön, wenn man sich nach allem Modellieren zurück- lehnen könnte und der Rest würde automatisch erledigt?

2) Wozu braucht es so viele Modelle und Werkzeuge? Würde eines nicht reichen?

Ad 1) Warum reicht es nicht, zu modellieren, um zu einem lauffähigen Informationssystem zu kommen? Immerhin decken die Modelle alle Aspekte des Informationssystems ab, und ihre Erstellung verursacht bereits erheblichen Aufwand. Dies wurde in den früheren Kapiteln an- satzweise thematisiert. Der fehlende „Rest" – das sind alle jene Schritte, die von den verschiedenen Modellen bis zu einem lauffähigen Software- system noch erforderlich sind.

Information Engineering (James Martin)

In einem nostalgischen Rückblick sei an die Vision von James Martin erinnert, der schon 1989 die automatische Erzeugung von Informations- systemen aus Modellen anstrebte. Sein als *Information Engineering (IE)* bezeichneter Ansatz beschrieb eine allumfassende Methodik, die von der Informationsstrategieplanung über die Geschäftsbereichsanalyse und den Systementwurf bis zur Konstruktion reichte:

- In der *Informationsstrategieplanung* (ISP – Information Strategy Planning) werden Ziele, Erfolgsfaktoren und Informationsbedarfe aller Unternehmensbereiche identifiziert.
- Bei der *Geschäftsbereichsanalyse* (BAA – Business Area Analysis) werden für einen oder mehrere Bereiche des Unternehmens Pro- zessmodelle, Datenmodelle und andere Modelle erstellt sowie die zur Deckung der Informationsbedarfe der Geschäftsbereiche erfor- derlichen Anwendungssysteme abgegrenzt.
- Beim *Systementwurf* (SD – System Design) werden detailliertere Spe- zifikationen erstellt, z. B. für Programmabläufe, Module, Geschäfts- regeln, Datenstrukturen, Bildschirmfenster, Reports u. a.
- Bei der *Konstruktion* wird das System auf der Grundlage des Ent- wurfs im wahrsten Sinne des Wortes „gebaut", sodass es am Ende lauffähig und getestet ist.

Information- Engineering-Pyramide

Abbildung 11.1 zeigt diese Ebenen in der bekannten *Information-Engi- neering-Pyramide*. Interessant an dieser Pyramide ist am Rande, dass die Daten- und die Funktionssicht gleichrangig nebeneinanderstehen. Dieses

https://doi.org/10.1515/9783111063843-011

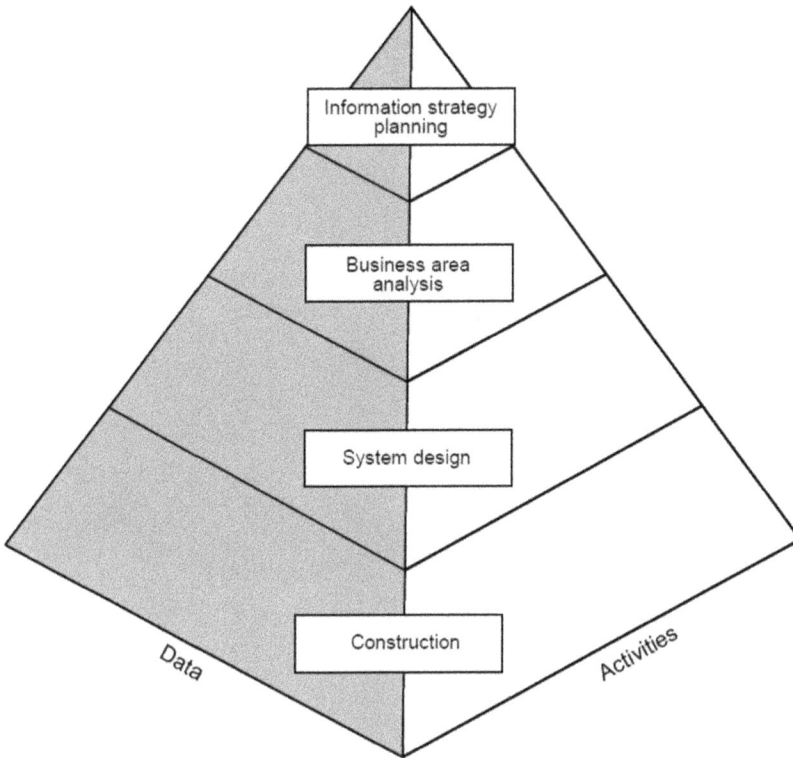

Abb. 11.1: Information-Engineering-Pyramide [Martin 1989, S. 4].

Merkmal zeichnet auch neuere Softwareentwicklungsparadigmen (objektorientierte Programmierung) aus.

Bei der umfassenden IE-Methodik wurden alle Modelle, Datendefinitionen, Programme und andere Artefakte in einem zentralen Repository, *Enzyklopädie* (Encyclopedia) genannt, abgelegt, sodass sowohl für menschliche Modellierer als auch für einen Codegenerator alle möglicherweise relevanten Sachverhalte im Zugriff waren. „Enzyklopädie"

Abbildung 11.2 gibt die Darstellung der Enzyklopädie von James Martin wieder. In der Mitte steht ein sog. *Wissenskoordinator* (Knowledge Coordinator), der alle im Modellierungsprozess entstehenden Artefakte versteht und verwaltet. Dies wird mit der visuellen Analogie zu einem menschlichen Gehirn zum Ausdruck gebracht. In Informatikterminologie und mit etwas weniger Dramaturgie würde man von einem *einheitlichen Repository* sprechen. Wissenskoordinator

Die Komplexität eines Vorhabens wie der automatischen Generierung eines Informationssystems lässt sich erahnen, wenn man alle in diesem Buch behandelten Modelle sozusagen „in einen Topf wirft" und

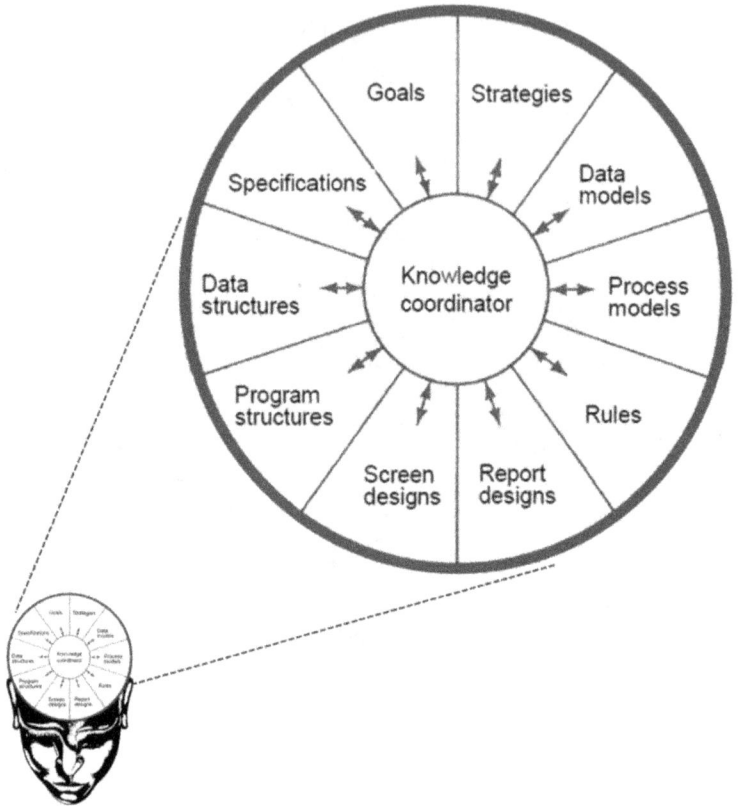

Abb. 11.2: Repository beim Information Engineering [Martin 1989, S. 15].

überlegt, was nun getan werden muss, um sie zu integrieren. Alles „Wissen" (wie in Abbildung 11.2), das im Modellierungsprozess gesammelt wurde, ist im Repository vorhanden.

Theoretisch sollte es nun möglich sein, darauf aufbauend ein Informationssystem automatisiert zu erzeugen, aber praktisch erwiesen sich die vielfältigen Beziehungen und Interaktionen zwischen den Modellen als kaum noch handhabbar.

Die Vision von James Martin ist letztlich an der *Komplexität* gescheitert. Ebenso erging es anderen Forschern und Unternehmen (z. B. IBM), die sich an ähnlichen Vorhaben versuchten.

Künstliche Intelligenz als Hoffnungsträger? Heute kann man vielleicht eine gewisse Hoffnung auf die *Künstliche Intelligenz (KI)* setzen. Wenn es gelänge, Codegeneratoren mit so viel Wissen anzureichern, dass sie in der Lage wären, aus Modellen der Fachkonzeptebene lauffähige Computerprogramme, Datenbanken und mehr zu erzeugen, wäre ein großer Schritt getan.

Solche Generatoren hätten aber deutlich schwierigere Aufgaben zu lösen als die heute in anderen Bereichen anzutreffenden sprachbasierten Generatoren. Sie könnten ihre Ergebnisse – im vorliegenden Fall etwa Programmcode – nicht primär auf der Basis von Wahrscheinlichkeiten erzeugen (wie etwa ChatGPT), sondern müssten auch sicherstellen, dass der Code zielführend ist und fehlerfrei läuft.

Ad 2) Der andere Punkt auf dem Wunschzettel der Informationssystementwickler hinterfragt, warum es so vieler unterschiedlicher Modelle und Werkzeuge bedarf, um ein betriebliches Informationssystem zu spezifizieren. Warum reicht nicht ein Modell oder ein Werkzeug? In diesem Buch wurden beispielsweise sieben Werkzeuge benutzt, um die Abbildungen zu erstellen:

Ein Modell, ein Werkzeug?

- ARIS Express
- Adonis Community Edition
- bflow Toolbox
- Software Ideas Modeler
- Wondershare EdrawMax
- MS Visio
- MS Powerpoint

Dies erfolgte nicht, um ein möglichst breites Spektrum an Werkzeugen auszuschöpfen, sondern einfach deshalb, weil es nicht das eine Werkzeug gibt, das alle, hier gleichwohl recht bescheidenen Anforderungen erfüllt. Das eine Werkzeug hat seinen Schwerpunkt hier, das andere dort, die eine Modellart lässt sich mit Werkzeug x, die andere mit Werkzeug y besser erzeugen, und die dritte Modellart wird von Werkzeug z gar nicht unterstützt.

Der Wunsch nach dem einen einheitlichen Werkzeug ist vordergründig darin begründet, dass sich Systemplaner und -entwickler in nur ein Werkzeug und nicht in mehrere einarbeiten müssen.

Unterschiedlichen Personen arbeiten mit unterschiedlichen Werkzeugen

In der Praxis hat dieser Wunsch indessen keine besondere Relevanz, da die verschiedenen Modellierungsaufgaben in der Regel von unterschiedlichen Personen oder Personengruppen wahrgenommen werden. Das Fachkonzept für einen Funktionsbereich oder einen Geschäftsprozess erstellen beispielsweise Systemanalytiker oder Anforderungsingenieure (Requirements Engineers), für das Datenmodell wird eher die Datenbankgruppe zuständig sein, und das Architektur- oder Funktionsmodell definiert ein erfahrener Softwareentwickler (Senior Software Engineer).

Insofern ist die Werkzeugvielfalt kein Hindernis. In einem marktwirtschaftlichen Wirtschaftssystem ließe sie sich ohnehin kaum vermeiden.

Literatur- und Quellenverzeichnis

[Abba 2022] Abba, I. V.: What is an ORM – The Meaning of Object Relational Mapping Database Tools; freeCodeCamp, October 21, 2022; https://www.freecodecamp.org/news/what-is-an-orm-the-meaning-of-object-relational-mapping-database-tools/ (Abruf: 25.6.2023).

[Allweyer 2009] Allweyer, T.: Kollaborationen, Choreographien und Konversationen in BPMN 2.0 – Erweiterte Konzepte zur Modellierung übergreifender Geschäftsprozesse; Fachhochschule Kaiserslautern, Juni 2009; online verfügbar unter: https://www.kurze-prozesse.de/software-und-papers-zum-download/ (Abruf: 22.7.2023).

[APQC 2018] American Productivity & Quality Center (APQC): APQC Process Classification Framework (PCF) – Cross Industry – PDF Version 7.2.1, September 2018; Houston, TX: APQC 2018; online verfügbar unter: https://www.apqc.org/resource-library/resource-listing/apqc-process-classification-framework-pcf-cross-industry-pdf-8 (Abruf: 16.8.2023).

[ARIS 2023] ARIS Community: ARIS Express 2.4d; https://www.ariscommunity.com/aris-express (Abruf: 22.7.2023).

[Bea et al. 2020] Bea, F. X., Scheurer, S., Hesselmann, S.: Projektmanagement, 3. Auflage; München: UVK Verlag 2020.

[Bigelow et al. 2022] Bigelow, S. J., Lutkevich, B., Kranz, G.: Definition – What is network-attached storage (NAS)? A complete guide, Sept 2022; https://www.techtarget.com/searchstorage/definition/network-attached-storage (Abruf: 31.7.2023).

[BOC 2023a] BOC Group: Das ADONIS 15.0 Benutzerhandbuch; Wien 2023: BOC Products & Services AG; https://docs.boc-group.com/adonis/de/docs/15.0/user_manual/ (Abruf: 22.7.2023).

[BOC 2023b] BOC Products & Services AG: Adonis: Community Edition – Ihr kostenloses Cloud-BPM-Tool; https://www.adonis-community.com/de/ (Abruf: 12.10.2023).

[Boldau et al. 2022] Boldau, M., Weidner, S., Ruß, B.: Controlling (CO) – Curriculum: Einführung in S/4HANA mit Global Bike, Lehrmaterial-Version 4.1, SAP University Alliances; Magdeburg: SAP UCC Mai 2022.

[Buckl, Schweda 2023] Buckl, S., Schweda, C. M.: Hauptseminar: Modellierung, Simulation und Steuerung adaptiver soziotechnischer Systeme; Fakultät für Informatik, Technische Universität München; https://wwwmatthes.in.tum.de (Abruf: 20.7.2023).

[Chen 1976] Chen, P. P.: The Entity-Relationship Model – Toward a Unified View of Data; ACM Transactions on Database Systems 1 (1976) 1, S. 9–36.

[Codd 1970] Codd, E. F.: A Relational Model of Data for Large Shared Data Banks; Communications of the ACM 13 (1970) 6, S. 377–387.

[Crawshaw 2021] Crawshaw, M.: Techniques for visualizing application landscapes; Aplas.com/blog, Dec 16, 2021; https://aplas.com/blog/techniques-for-visualizing-application-landscapes#toc-11 (Abruf: 22.5.2023).

[DeMarco 1978] DeMarco, T.: Structured Analysis and System Specification; New York: Yourdon Press 1978.

[Dijkstra 1972] Dijkstra, E. W.: The Humble Programmer; Communications of the ACM 15 (1972) 10, S. 859–866.

[Dikmans 2008] Dikmans, L.: Transforming BPMN into BPEL: Why and How; Oracle Technical Article, Sept 2008; https://www.oracle.com/technical-resources/articles/dikmans-bpm.html (Abruf 22.6.2023).

[Fleig 2022] Fleig, F.: Prozesslandkarten erstellen – Beispiele und Praxistipps – Bausteine für das Qualitätsmanagement nach ISO 9001, 1. Dezember 2022; https://www.business-wissen.de/hb/prozesslandkarten-erstellen-beispiele-und-praxistipps (Abruf: 16.8.2023).

[Frank, van Laak 2003] Frank, U., van Laak, B. L.: Anforderungen an Sprachen zur Modellierung von Geschäftsprozessen; Arbeitsberichte des Instituts für Wirtschaftsinformatik Nr. 34, Universität Koblenz-Landau 2003; online verfügbar unter: http://www.wi-inf.uni-due.de/FGFrank/documents/Arbeitsberichte_Koblenz/Nr34.pdf (Abruf: 11.8.2023).

[Gabriel 2019] Gabriel, R.: Informationssystem, 8.4.2019; in: [Gronau et al. 2022] (Abruf: 11.8.2023).

https://doi.org/10.1515/9783111063843-012

[Gronau et al. 2022] Gronau, N., Becker, J., Kliewer, N., Leimeister, J. M., Overhage, S. (Hrsg.): Enzyklopädie der Wirtschaftsinformatik – Online-Lexikon, 11. Auflage; Berlin: GITO 2022; https://wi-lex.de (Abruf: 11.8.2023).

[Hansen et al. 2019] Hansen, H. R., Mendling, J., Neumann, G.: Wirtschaftsinformatik, 12. Aufl.; Berlin: deGruyter 2019.

[Hammer, Champy 1993] Hammer, M., Champy, J.: Reengineering the Corporation – A Manifesto for Business Revolution; London: Nicholas Brealey 1993.

[Howson 2013] Howson, C.: Successful Business Intelligence – Unlock the Value of BI & Big Data, Second Edition; New York, NY: McGraw-Hill 2013.

[Ionos 2018] Ionos SE: UML – eine grafische Modellierungssprache; 30.4.2018; https://www.ionos.de/digitalguide/websites/web-entwicklung/uml-modellierungssprache-fuer-objektorientierte-programmierung (Abruf: 22.7.2023).

[Jacobson et al. 1995] Jacobson, I., Ericsson, M., Jacobson, A.: The Object Advantage: Business Process Reengineering With Object Technology; New York, NY: ACM Press 1995.

[Keller et al. 1992] Keller, G., Nüttgens, M., Scheer, A.-W.: Semantische Prozeßmodellierung auf der Grundlage „Ereignisgesteuerter Prozeßketten (EPK)"; Veröffentlichungen des Instituts für Wirtschaftsinformatik (IWi), Universität des Saarlandes, Heft 89; Saarbrücken 1992.

[Kemper, Eickler 2015] Kemper, A., Eickler, E.: Datenbanksysteme – Eine Einführung, 10. Aufl.; Berlin: de Gruyter Oldenbourg 2015.

[Krallmann et al. 2013] Krallmann, H., Bobrik, A., Levina, O.: Systemanalyse im Unternehmen – Prozessorientierte Methoden der Wirtschaftsinformatik, 6. Auflage; München: Oldenbourg 2013.

[Krallmann, Trier 2019] Krallmann, H., Trier, M.: Workflow-Modellierung, 8.4.2019; in: [Gronau et al. 2022] (Abruf: 11.8.2023).

[Krcmar 1990] Krcmar, H.: Bedeutung und Ziele von Informationssystem-Architekturen; Wirtschaftsinformatik 32 (1990) 5, S. 395–402.

[Kurbel 2021] Kurbel, K.: ERP und SCM – Enterprise Resource Planning und Supply Chain Management in der Industrie, 9. Auflage; Berlin: deGruyter 2021.

[Kurbel 2008] Kurbel, K.: The Making of Information Systems – Software Engineering and Management in a Globalized World; Berlin, Heidelberg: Springer 2008.

[Laudon, Laudon 2022] Laudon, K. C., Laudon, J. P.: Management Information Systems: Managing the Digital Firm, 17th Edition; Harlow (UK): Pearson 2022.

[Ludewig, Lichter 2013] Ludewig, J., Lichter, H.: Software Engineering: Grundlagen, Menschen, Prozesse, Techniken, 3. Aufl.; Heidelberg: dpunkt 2013.

[Martin 1989] Martin, J.: Information Engineering – Book I Introduction; Englewood Cliffs, NJ: Prentice Hall 1989.

[Matthes 2008] Matthes, F.: Softwarekartographie – Anwendungslandschaften verstehen und gestalten; Informatik Spektrum 31 (2008) 6, S. 527–536.

[Microtool 2023] Microtool GmbH: Workflows. Automatisiert Effizienz und Qualität schaffen; https://www.microtool.de/wissen-online/was-sind-workflows (Abruf 22.7.2023).

[Myers 1976] Myers, G. J.: Software Reliability – Principles and Practices; New York et al.: Wiley & Sons 1976.

[Nüttgens 2019] Nüttgens, M.: EPK, 8.4.2019; in: [Gronau et al. 2022] (Abruf: 11.8.2023).

[OASIS 2007] Organization for the Advancement of Structured Information Standards (OASIS): Web Services Business Process Execution Language Version 2.0, OASIS Standard, 11 April 2007; http://docs.oasis-open.org/wsbpel/2.0/OS/wsbpel-v2.0-OS.html (Abruf 12.10.2023).

[OMG 2011] Object Management Group (OMG): Business Process Model and Notation (BPMN), Version 2.0; OMG Document Number: formal/2011-01-03, January 2011; abrufbar unter: http://www.omg.org/spec/BPMN/2.0/ (Abruf: 23.7.2023).

[OMG 2017] Object Management Group (OMG): OMG Unified Modeling Language (OMG UML), Version 2.5.1; OMG Document Number: formal/2017-12-05, December 2017; https://www.omg.org/spec/UML/2.5.1/PDF (Abruf: 23.7.2023).

[Parnas 1972] Parnas, D. L.: On the Criteria to be Used in Decomposing Systems into Modules; Communications of the ACM 15 (1972) 12, S. 1053–1058.

[Parnas 1974] Parnas, D. L.: On a Buzzword: Hierarchical Structure; in: Information Processing 74, IPIP Congress 74; Amsterdam, London: North Holland 1974, S. 336–339.

[Plattner 2014] Plattner, H.: A Course in In-Memory Data Management – The Inner Mechanics of In-Memory Databases, Second Edition; Berlin, Heidelberg: Springer 2014.

[Pousttchi 2013] Pousttchi, K.: Wirtschaftsinformatik für iBWL (3. Sem.): ARIS – Visuelles Lehrmaterial der Forschungsgruppe wi-mobile, Universität Augsburg 2013; online abrufbar unter: https://www.youtube.com/watch?v=TUZbCu43b_Q (Abruf: 2.8.2023).

[PMI 2008] Project Management Institute (PMI): A Guide to the Project Management Body of Knowledge Institute (PMBOK Guide), Fourth Edition; Newtown Square, PA: PMI 2013.

[Rodina 2023] Rodina, D.: Software Ideas Modeler – CASE tool for diagrams, software design & analysis; https://www.softwareideas.net/ (Abruf: 28.7.2023).

[Scheer 1997] Scheer, A.-W.: Wirtschaftsinformatik – Referenzmodelle für industrielle Geschäftsprozesse, 7. Aufl.; Berlin et al.: Springer 1997.

[Scheer 1998] Scheer, A.-W.: ARIS – Modellierungsmethoden, Metamodelle, Anwendungen, 3. Aufl.; Berlin et al.: Springer 1998.

[Schelle, Linssen 2018] Schelle, H., Linssen, O.: Projekte zum Erfolg führen: Projektmanagement systematisch und kompakt, 8. Auflage; München: dtv 2018.

[Schlageter, Stucky 1983] Schlageter, G., Stucky, W.: Datenbanksysteme: Konzepte und Modelle, 2. Aufl.; Stuttgart: Teubner 1983.

[Schröder 2023] Schröder, A.: Business Process Management – Übersicht der Software Programme und Anbieter; https://axel-schroeder.de/ubersicht-bpm-software-und-anbieter/ (Abruf: 11.8.2023).

[Schumann, Mertens 1990] Schumann, M., Mertens, P.: Nutzeffekte von CIM-Komponenten und Integrationskonzepten (Teil 1); CIM Management 6 (1990) 3, S. 45–51.

[Siegel 2005] Siegel, J.: Introduction to OMG's Unified Modeling Language (UML); July 2005; https://www.uml.org/what-is-uml.htm (Abruf: 22.7.2023).

[Sparx 2023] Sparx Systems Ltd: Unified Modeling Language (UML); https://sparxsystems.com/enterprise_architect_user_guide/15.2/model_domains/whatisuml.html (Abruf: 22.7.2023).

[Wagner et al. 2022a] Wagner, B., Weidner, S., Ruß, B.: Finanzwesen (FI) – Curriculum: Einführung in S/4HANA mit Global Bike, Lehrmaterial-Version 4.1, SAP University Alliances; Magdeburg: SAP UCC April 2022a.

[Wagner et al. 2022b] Wagner, B., Weidner, S., Ruß, B.: Vertrieb (SD) – Curriculum: Einführung in S/4HANA mit Global Bike, Lehrmaterial-Version 4.1, SAP University Alliances; Magdeburg: SAP UCC April 2022b.

[White 2004] White, S. A.: Introduction to BPMN; BPTrends (2004) July 6; abrufbar unter: http://yoann.nogues.free.fr/IMG/pdf/07-04_WP_Intro_to_BPMN_-_White-2.pdf (Abruf: 19.7.2023).

[Wittenburg 2007] Wittenburg, A.: Softwarekartographie: Modelle und Methoden zur systematischen Visualisierung von Anwendungslandschaften, Dissertation am Institut für Informatik; Technische Universität München 2007.

[Wysocki 2019] Wysocki, R. W.: Effective Project Management – Traditional, Agile, Extreme, 7th Edition; Indianapolis, IN: Wiley & Sons 2019.

[Yourdon, Constantine 1979] Yourdon, E., Constantine, L.: Structured Design: Fundamentals of a Discipline of Computer Program and Systems Design; Englewood Cliffs, NJ: Yourdon Press 1979.

Stichwortverzeichnis

https://doi.org/10.1515/9783111063843-013